国家重点研发计划（2018YFC0604502）
国家自然科学基金青年科学基金（51604093）

煤样的静动力学特性

Static and Dynamic Characteristics of Coal Samples

王　文　著

科　学　出　版　社
北　京

内 容 简 介

煤层物理力学特性是煤矿安全开采的关键，本书对深部煤矿冲击地压发生机理具有新的认识。本书主要内容包括：煤样的物理化学特性，静载作用下含水煤样力学试验特征，一维、三维动静组合加载作用下含水煤样强度、能量、破碎特性规律，真三维动静组合加载含水煤样力学试验特征、动静组合加载含水煤样损伤断裂特征等。

本书可供从事煤岩的静动力学性质研究的科研设计工作者、高校师生学习参考。

图书在版编目（CIP）数据

煤样的静动力学特性 = Static and Dynamic Characteristics of Coal Samples / 王文著. —北京：科学出版社，2022.10

ISBN 978-7-03-067926-0

Ⅰ. ①煤…　Ⅱ. ①王…　Ⅲ. ①煤样-冲击地压-动力学分析-研究　Ⅳ. ①TD94

中国版本图书馆CIP数据核字（2021）第017436号

责任编辑：李　雪　崔元春 / 责任校对：彭珍珍
责任印制：吴兆东 / 封面设计：无极书装

科 学 出 版 社 出版
北京东黄城根北街 16 号
邮政编码：100717
http://www.sciencep.com
北京凌奇印刷有限责任公司 印刷
科学出版社发行　各地新华书店经销
*
2022 年 10 月第　一　版　开本：720 × 1000　1/16
2024 年　1 月第二次印刷　印张：11 1/4
字数：221 000

定价：128.00 元

（如有印装质量问题，我社负责调换）

前　言

随着煤矿开采深度逐渐增大，巷道失稳灾变也越来越频繁。事故的发生不仅与巷道支护理论和技术有关，还与巷道断面加大、巷道围岩变形控制难度增加密切相关。深部巷道始终处于高地应力、采掘活动等复杂动静载荷应力环境下，导致深部巷道围岩损伤不断增大，给煤矿正常生产带来了极大的安全隐患。

深部煤炭资源处于“三高一扰动”物理环境中，煤矿采掘活动引起的上覆岩层垮落、工程爆破应力波和机械开挖振动等动力扰动，易诱发冲击地压灾害。煤层注水是防治冲击地压常用方法之一，但含水煤样在动静组合加载条件下的损伤破坏和能量耗散机理研究尚欠缺。

本书共包括 6 章：煤样的物理化学特性、静载作用下含水煤样力学试验特征、动静组合加载下煤样动力学试验特征、真三维动静组合加载含水煤样力学试验特征、动静组合加载含水煤样损伤断裂特征、动静组合加载含水煤样的破坏与能量耗散特征。

煤矿动力灾害严重威胁矿井的安全生产和人员的生命安全，国内外对动力灾害的发生机理、预测预报方法都进行了大量研究。本书的研究成果不仅对深部煤矿冲击地压发生机理提出了新的认识，也对煤矿冲击地压的预测和防治提供了理论指导。

感谢李化敏教授、李东印教授、李夕兵教授、赵坚教授、周子龙教授、宫凤强教授、张乾兵博士、刘凯博士、吴秋红博士在煤样力学试验方面给予的帮助与指导。

由于作者知识水平有限，书中难免存在不足之处，希望读者批评指正，作者不胜感激。

作　者

2021 年 8 月

目　　录

第 1 章　煤样的物理化学特性

煤岩是一种多尺度材料：在最小尺度下是煤岩矿物晶粒(孔径小于 10^{-4}m)，通过扫描电镜(scanning electron microscope，SEM)可观测到矿物颗粒(孔径大于 10^{-9}m 且小于 10^{-4}m)和微孔洞(孔径小于 10^{-2}m)；孔径大于 10^{-2}m 且小于 1m 时，进入实验室尺度；孔径大于 1m 后进入工程运用尺度，即在微观和细观层面上的微裂隙和微孔洞可以近似忽略，整个煤岩结构是一个均质体。图 1-1 给出了不同尺度下观测到的煤岩特征[1]。

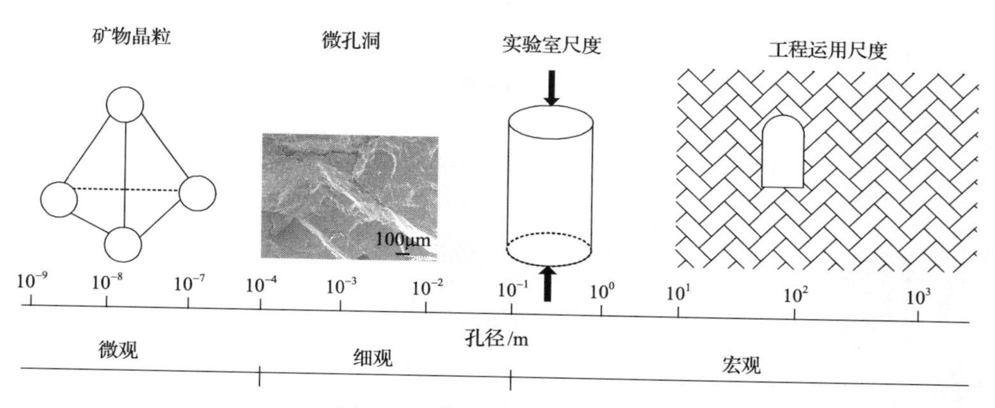

图 1-1　不同尺度下煤岩示意图

煤层由于其成分、成因环境、物理化学等特性方面的差异，与岩石相比有较大区别，Close 等认为煤层是由孔隙、裂隙组成的双重结构系统；Pmarnson 认为在孔隙、裂隙之间还存在着一种过渡类型的孔隙、裂隙；按形态和成因将煤的裂隙分为割理(内生裂隙)、外生裂隙和继承性裂隙；傅雪海等[2]认为煤层是由宏观裂隙、孔隙和显微裂隙组成的多尺度介质，得出宏观裂隙是瓦斯运移的通道，显微裂隙是联系孔隙与裂隙的桥梁。

通过对相关的科研成果的分析得出煤岩中的微观结构主要有以下 3 类[3]。

(1)孔隙：岩石中的孔隙如果其各方向的尺寸属于同一量级，则可分为两类：水力连通孔隙和水力不连通孔隙。

(2)裂隙：岩石孔隙在某一方向的尺寸远大于其他两个方向的尺寸，也称结构面；若某一方向延伸较长，其他两个方向延伸相对较短，也称溶洞或孔洞。若岩石中无裂隙存在，则称为完整岩石；若岩石中有裂隙存在，则称为裂隙岩石。从渗水性方面可将完整岩石视为孔隙介质。

(3) 微裂纹：岩石中的孔隙在某一个方向的尺寸远大于其他方向，且最长方向的尺寸微小。岩石为脆性材料，在形成过程中受到多种高温高压环境影响而出现微裂纹。微裂纹的分布既有完全随机的，也有定向的。微裂纹尖端产生的应力集中现象，对岩石强度有重大影响。

煤体是由不同矿物和孔隙、裂隙形成的组合体，而煤样的物理力学性质取决于内部矿物的成分和缺陷的分布特征(孔隙、裂隙等)。在冲击作用下，煤体不仅会在宏观结构上发生失稳破坏，而且在微观结构上其裂隙会扩展与贯通。煤样在饱水前后，水分子进入煤裂隙中，对煤裂隙及孔隙有劣化作用，在受到冲击作用时，含水直接影响煤样失稳，对煤样能量积聚、释放和耗散具有较大的控制作用。

1.1 煤岩微细观及化学成分特征

由于煤是一种特殊的沉积岩，其结构具有明显的层状特征，原生结构煤体一般层理完整、清晰，以水平裂隙为主。煤层受地质运动、采掘活动应力、机械加工等的影响，煤样裂隙出现穿层裂隙，还伴生有微裂隙。图 1-2 展示了不同尺度下煤体裂纹的发育情况，由图可知，裂纹具有定向性，但也有穿裂纹。

(a)

(b)

(c)

图 1-2　煤样的裂隙分布特征

为分析裂隙水对裂隙煤体强度的影响，需从含水对微细观结构稳定性方面分析，掌握煤样内原生节理裂隙的空间分布及形态。为直观分析煤样的裂隙分布特征，分析了煤体不同形状的原生节理裂隙的分布，如图 1-3 所示。图 1-3(a)为平行裂隙，裂隙中主裂隙和短次裂隙发育方向一致，主裂隙与短次裂隙之间基本平行；图 1-3(b)为斜平行裂隙，主裂隙周围伴生一部分短斜裂隙；图 1-3(c)为贯通网状裂隙，贯通网状裂隙是将煤样分割成很多小的规则结构，裂隙之间相互正交[4]。

动静组合加载煤样弹性变形阶段存在差别，其内部原因是煤样内部存在微裂隙及孔隙流体，外部原因是载荷作用下应变率不同。煤层裂隙的发育特征、连通性、规模和形式决定着其渗透性，影响煤样的力学性质。姚艳斌等[5]论述了煤的裂隙是微裂隙且多呈树枝状或羽状发育，微裂隙多以长度小于 300μm 且宽度小于

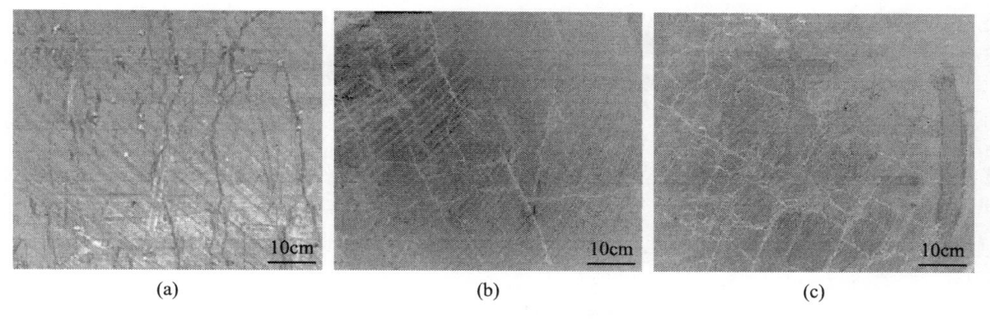

(a) (b) (c)

图 1-3　煤样原生节理裂隙分布形态

5μm 的裂隙为主，裂隙密度一般都在 1～6 条/cm^2。张慧等[6]提出裂隙包含失水裂隙和缩聚裂隙，单根失水裂隙多呈弯曲状、裂隙较短、不易穿过煤分层，可组合成不规则网状，裂隙宽度从几至几十微米，为大孔级（>1μm）。煤中裂隙的尺度比砂岩大，裂隙赋存密度较大，宏观表现与砂岩强度不同。研究煤体细观结构特征对分析煤样失稳破坏具有基础性作用，能较直观地分析煤样破裂过程的损伤断裂机理。为分析煤体受力前后节理裂隙的变化，对煤岩结构中毫米及以下尺度的层理和节理裂隙进行了讨论。

煤岩孔隙结构是指原生煤体在生成过程中内部存在的各种微细观孔洞等。按煤层成因可将孔隙分为气孔、植物组织孔、溶蚀孔、晶间孔，如图 1-4 所示；按孔径大小可将孔隙结构分为微孔、小孔、中孔、大孔等[7]，如图 1-5 所示。研究表明[8-10]，煤的总孔容一般为 0.02～0.2cm^3/g，孔隙比表面积为 9～35cm^3/g，孔隙度为 1%～6%。煤基质微小孔隙具有很大的比表面积和较强的吸附能力，是瓦斯、水吸附富集的主要场所，也是瓦斯、水发生脱附解吸、扩散的载体。但是，当进入宏观领域的可见孔隙的直径大于 0.1mm 时，构成了层流与紊流混合渗透的区间，并决定着煤样的宏观(软、硬和中硬煤)破坏面。

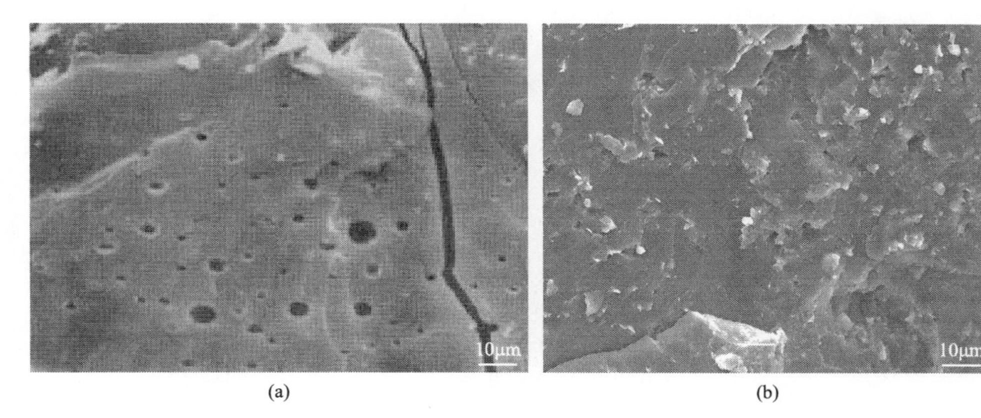

(a) (b)

图 1-4　煤层的孔隙结构

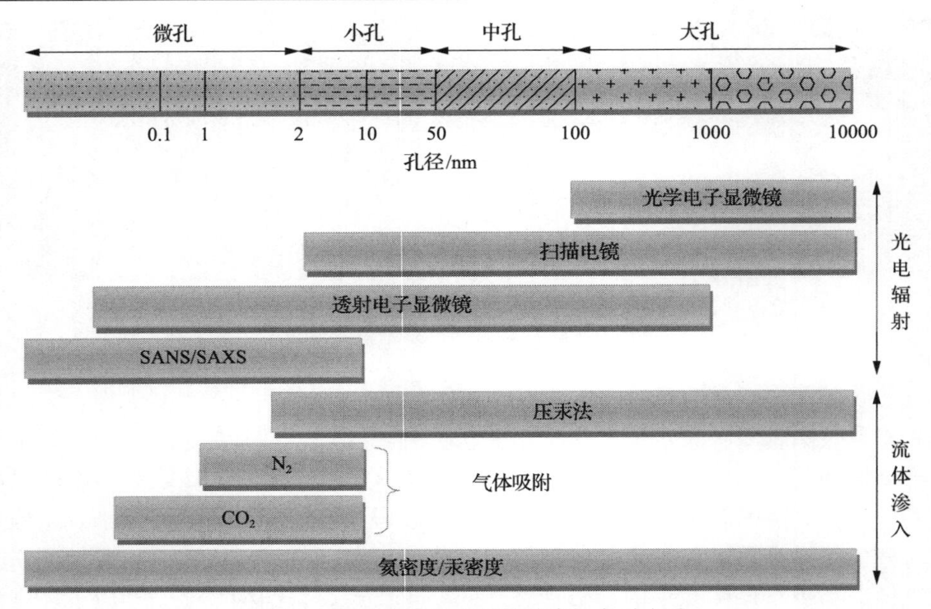

图 1-5　孔隙分类及表征孔隙率的各种方法

SANS/SAXS-小角中子散射/X 射线小角散射

由于煤体本身微细观结构的复杂性，以往关于煤体细观结构特征的研究缺乏系统性，近 10 年，X 射线衍射(X-ray diffraction，XRD)技术在研究煤组分与结构基础方面有较好的发展，扫描电镜技术和光学电子显微镜观测技术，使观察煤体细观结构及矿物组分变为可能，将煤体矿物成分及含量、组分、细观形貌与裂隙发展联系了起来。以下介绍体视显微镜和扫描电镜煤样试验的对比。

1. 体视显微镜设备试验系统

煤样微观试验选用德国蔡司的 Stereo Discovery.V20 体视显微设备(图 1-6)，该

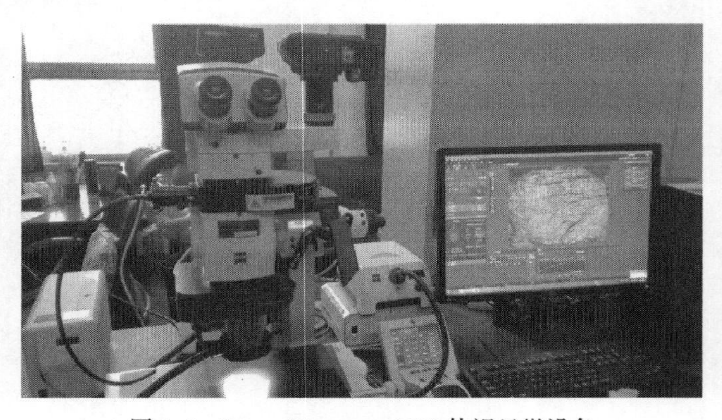

图 1-6　Stereo Discovery.V20 体视显微设备

设备设计有拍摄物的景深和最大的变倍范围，在 20∶1 变倍范围内可以实现样品的概览至最细微的切换。其特点是：采用平场复消色差校正镜体，变倍比为 20∶1；借助 10 倍目镜可实现高达 345 倍总放大倍率；最佳分辨率为 1000lp/mm（物镜：Planapo S2.3X），可以实现集成至显微镜的模块化系统中，最高放大倍率下有较好的三维立体效果；电动和编码型组件使重复性的实验操作更加简便。

采用体视显微镜的目的是观察煤样表面裂纹的分布及裂隙密度，分析煤样饱水前后表面裂隙的分布情况，了解煤样在水化作用下的裂隙分布特征。图 1-7 为干燥和饱水时的煤样。

(a) 干燥煤样　(b) 饱水煤样

图 1-7　干燥和饱水时的煤样

为了统计煤样表面裂隙的分布，对煤样进行人工破碎，大致取 1cm×1cm 煤样，表面未进行打磨，保持表面粗糙，用体视显微镜观测其裂隙分布，进行单位面积上的裂隙条数统计，A1 和 A2 自然状态煤样裂隙密度（大于 0.3cm）约 26 条/cm^2 和 16 条/cm^2，饱水后煤样裂隙尺寸大于 0.3cm，数量没有增加，裂隙宽度变小，是饱水后煤样膨胀导致，表面有凸凹特征。图 1-8 为煤样裂隙及不同饱水状态裂隙素描情况。

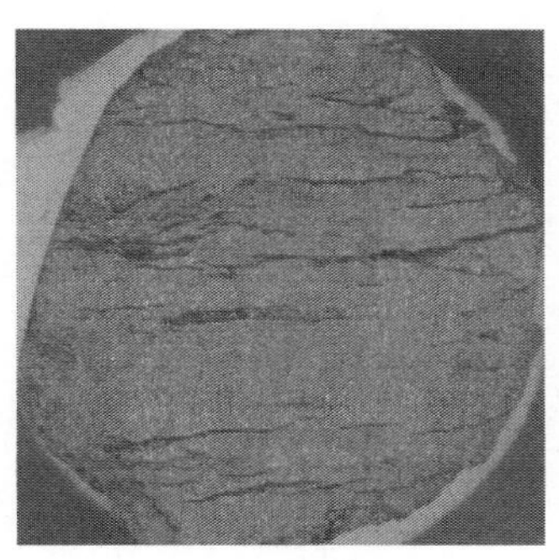

(a) A1煤样

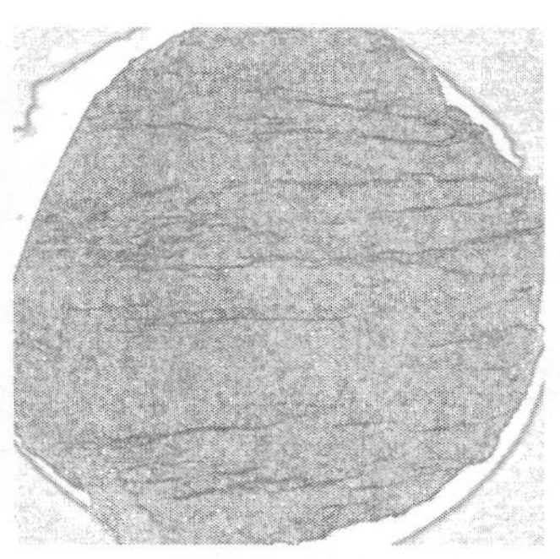

(b) Al煤样自然状态素描图

(c) Al煤样饱水素描图

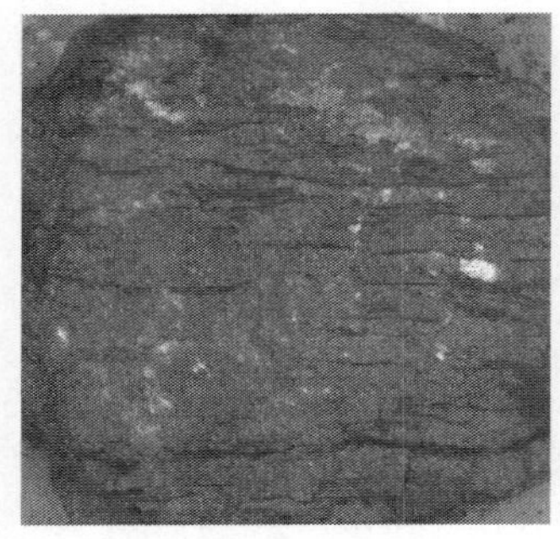

(d) A2煤样　　(e) A2煤样自然状态素描图　　(f) A2煤样饱水素描图

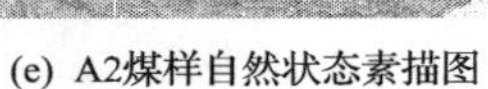

图 1-8　煤样裂隙及不同饱水状态裂隙素描情况

2. 扫描电镜试验系统

为了研究煤岩的内部细观结构特征，采用河南理工大学的数字化 JSM-6390LV 钨灯丝扫描电镜，其主要特点是具有全数字化自动控制系统、高分辨率和高精度的变焦聚光镜、全对中样品及高灵敏度半导体背散射探头等，可进行各种材料的形貌组织观察，以及材料断口分析和失效分析，设备如图 1-9 所示。

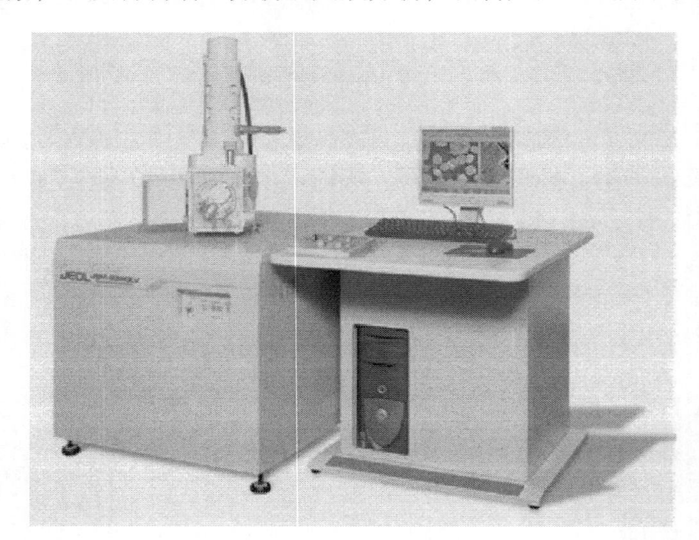

图 1-9　JSM-6390 LV 钨灯丝扫描电镜

JSM-6390 LV 钨灯丝扫描电镜试验过程如下所述。

1) 放置样品步骤

仪器接通电源，打开冷却水管路及主控计算机；将样品舱门打开，将处理好的样品固定在圆形样品平台上，一次可放置 7 组样品。先测量样品高度，然后将样品放入样品舱，缓慢将样品舱门关闭；将测试舱抽真空到 10^{-4}Pa。在抽真空的同时，将样品高度升高至 10mm 线。

2) 观察样品步骤

打开高压模式，加压至 20kV；在桌面工具栏中选择合适的扫描速度和图片分辨率，用鼠标左键双击查看需要观察的区域，并将其移动至观察范围正中部位，找到观察口位置。

3) 扫描图像选取

选择合适的样品放大倍数，根据试验需要继续放大，然后聚焦，再返回至理想倍数，完成精细聚焦；调节明暗对比(contrast)和亮度(brightness)值，然后选择合适清晰的照片导出。

4) 岩石微细观结构特征

按照煤层裂隙形成过程，可将煤层裂隙分为原生裂隙、扰动裂隙、采动裂隙。原生裂隙是在煤层形成过程中存在结构面，且由各种矿物沉积充填形成的裂隙；扰动裂隙是原生裂隙在受外力扰动作用下发育、扩展、贯通形成的微观裂隙，尺度大于原生裂隙，裂隙宽度小于 1cm；采动裂隙是煤层开采过程受采动应力或冲击应力作用，井下可直观看到的裂隙，一般裂隙宽度大于 1cm。

图 1-10 为煤的扰动裂隙结构。扰动裂隙对煤层的整体强度影响较小，而对于小尺寸煤样的影响较大。研究裂隙状态可以更好地解释煤样的宏观力学特性。煤样中裂隙的存在为水分子进入煤样提供了很好的通道，进而增加煤样吸水量，使煤样含水率增加，影响煤样的抗压强度、弹性模量等物理参数。

图 1-11 为不同放大倍数灰岩和砂岩岩样的扫描电镜图像。图 1-11(a)、(b)为神东矿区的灰岩试样扫描电镜图像，颜色以灰–灰黑色为主，具有白云质节理，泥晶结构，呈致密块状结构，分别为 50 倍和 500 倍扫描电镜图像，有灰岩呈层状分

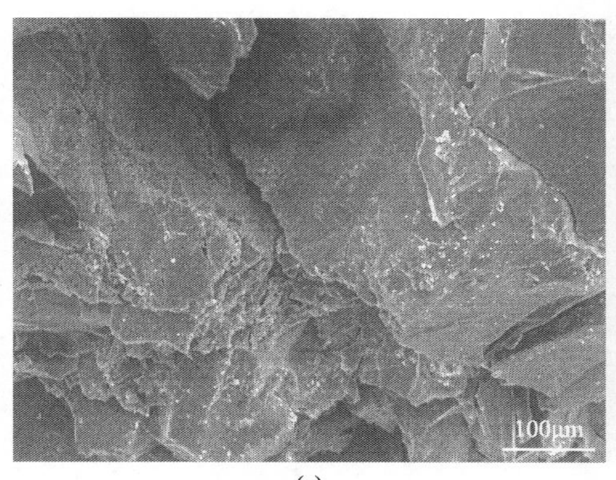

(a)

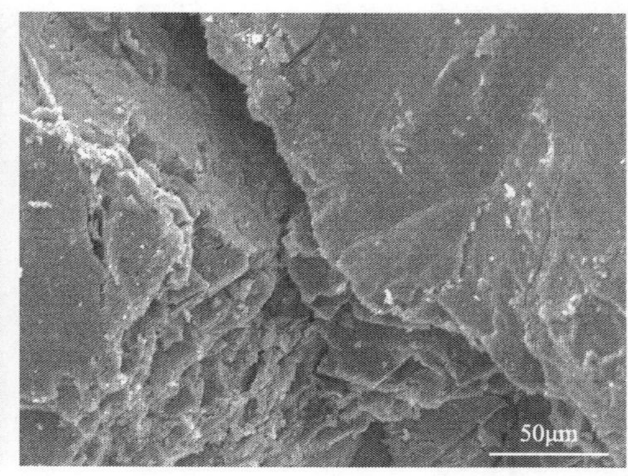

(b)

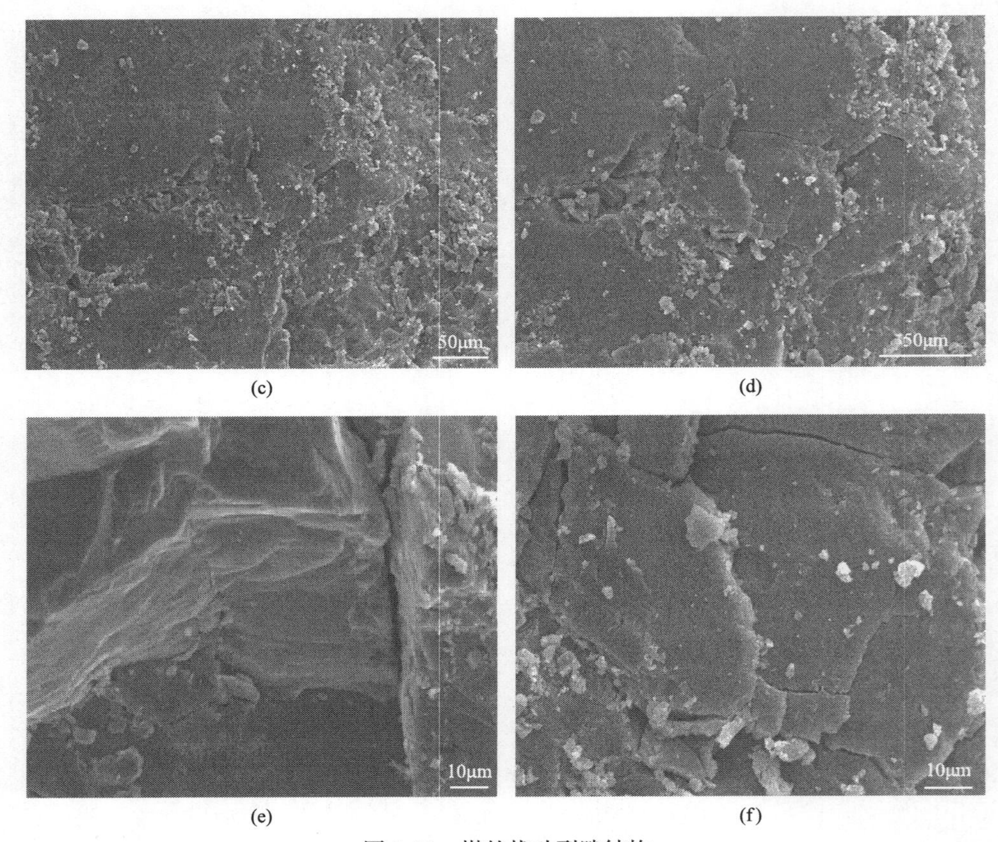

(c)　　(d)

(e)　　(f)

图 1-10　煤的扰动裂隙结构

布，层状裂纹较为明显，有泥屑灰岩和钙质细粒灰岩。文献[9]测试了砂岩细观结构，图 1-11(c)、(d)分别为三峡库区砂岩 50 倍和 500 倍细观结构特征，50 倍砂岩粒径为 0.1～0.5mm，平均粒径约 0.2mm，属于细砂岩，岩屑颗粒分布较均匀；500 倍图像颗粒较为清晰，孔隙胶结较好，胶结物与岩石颗粒间胶结密切，全部附着在岩石颗粒表面。

(a) 神东灰岩(50倍)

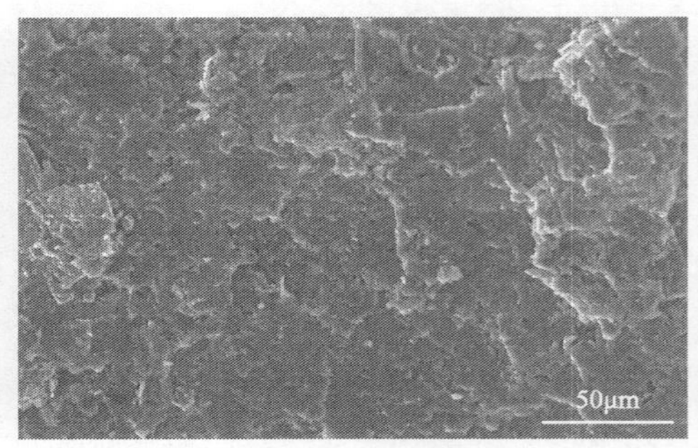

(b) 神东灰岩(500倍)

(c) 三峡库区砂岩(50倍)

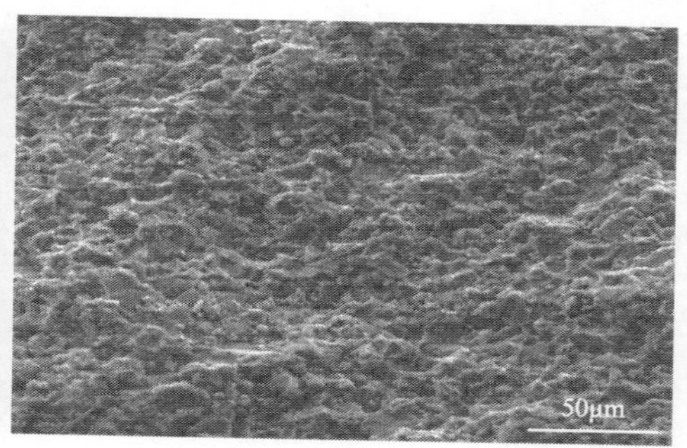

(d) 三峡库区砂岩(500倍)

图 1-11　不同放大倍数灰岩和砂岩岩样的扫描电镜图像

通过对煤样、砂岩、灰岩的扫描电镜图像试验分析，在相同放大倍数下(50～500 倍)，煤样的扰动裂隙较为明显，而灰岩和砂岩颗粒间有较多孔隙，但胶结致密，未出现扰动裂隙，整体性较好。因此，煤样与灰岩、砂岩在饱水作用下，水分子均可以进入裂隙和孔隙，静载作用下起到软化作用，而动载作用下是弱化还是强化值得讨论。

1.2　试验煤样制备

1.2.1　煤样采集及制备

煤岩样品取自河南能源义马煤业集团股份有限公司(简称义马集团)跃进煤矿二$_1$煤层。因煤层的层理、节理较发育，为减小煤体力学参数的离散性，在同一层位取样，并在取样过程中尽量避免外部扰动，使煤样保持原始状态。采取以下顺序进行取样及制样工作：

(1)为保持煤样完整，并避免工作面超前支撑压力的影响，取样时要从掘进工作面迎头进行打钻，切割较为完整的煤样，所取煤样体积尽量大(一般大于200mm×200mm×200mm)。

(2)对现场采集煤样按工作面进行编号，注明采样的煤层、地点、层位等，并对煤样进行外观描述和主要裂隙特征记录。

(3)取下煤样进行密封处理，煤样在井下采用软塑料膜缠绕密封，防止遇风风化、自燃等使煤的内部结构发生改变。

(4)煤样从工作面切割下来后，从工作面至井上派专人、协调专车进行运输，运输过程中应轻拿轻放，避免表面煤样被破坏，使煤样保持原有的结构状态；采用石蜡对煤样外表面进行密封，并贴标签，装箱后运至实验室。现场采集的煤样如图 1-12 所示。

(a)　　(b)

图 1-12　煤样未加工前部分照片

加工过程如下所述。

(1)取心：为获取较完整的煤样，在采集后的煤块上有计划地钻取煤心。采用湿式加工法钻心，用夹具将煤块加紧固牢，使钻头垂直钻取煤体，用冷却水给钻头降温，避免出现钻头过热影响煤心的质量问题，钻取设备采用立式钻心机(图 1-13)。

图 1-13　煤样钻心设备

(2)切割：钻取后煤心的端部基本不平整，需进行切割，切割后应保证煤心的尺寸及端面平整，切割设备如图 1-14 所示。

(3)打磨：对切割后的煤样的两端面进行打磨，将端面平整度控制在 0.02mm 以内，以保证煤样加工的精度，打磨设备利用工业磨床(图 1-15)。

为达到煤样试验尺寸精度的要求，需对煤样进行尺寸及端面完整性分析，对其进行编号分组标记。煤样数量要求如下：为进行煤样的离散性分析，每组煤样数量不应少于 3 个，进行三轴围压试验的煤样不少于 5 个。需测试煤样的体积、质量、密度、超声波等，加工完成的煤样如图 1-16 所示。

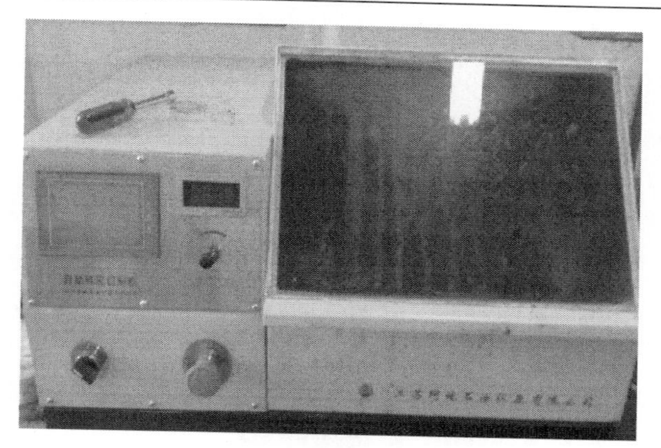

图 1-14　煤样切割设备

图 1-15　煤样打磨设备

(a)

(b)

图 1-16　部分制备成型的煤样

1.2.2　煤样的饱水处理方法

煤岩含水率大小对煤体强度和弹性模量具有显著影响。为了掌握煤体的孔隙率及其吸水过程中含水率随时间的变化规律，对煤样进行密度、孔隙率、吸水率等测试试验。依据国家标准《煤和岩石物理力学性质测定方法　第 5 部分：煤和岩石吸水性测定方法》(GB/T 23561.5—2009)进行煤样饱水试验。

(1)从煤样中选取有代表性的煤样，清除其表面加工时残留的碎屑和容易掉落的煤屑，尽量避免产生人为裂隙。

(2)参照煤矿井下相对湿度为 60%～70%设置空气环境，将煤样自然放置 7d，称其自然质量，然后再称煤样烘干后的质量 M。

(3)将煤样放入盆中，向盆中倒入水至煤样的四分之一处，每隔 2h 注一次水，直至液面高出煤样 2～3cm 为止。

(4)将煤样在水中放置 24h 后取出，然后进行第一次称重。随后，每隔 24h 称重一次，直到前后两次质量差不超过 0.01g 为止。保持到 7d 以后，看质量是否发生变化，饱水最后一次的称重是煤样吸水后的质量 M_{i}。煤样饱水试验设备如图 1-17 所示。

(a) 水浸泡

(b) 称质量

图 1-17　煤样饱水试验设备

按照式(1-1)计算煤样自然吸水率结果：

$$\omega_{\mathrm{z}}=\left(\frac{M_{\mathrm{i}}}{M}-1\right)\times 100\% \tag{1-1}$$

式中，ω_{z} 为煤样自然吸水率；M_{i} 为煤样自然饱和吸水后的质量，g；M 为煤样烘干后的质量，g。

对煤样进行饱水处理后，发现煤样饱水 7d 以后已经达到饱和状态，后续试验将对自然、饱水 3d 和饱水 7d 三种状态的煤样进行随机分组。经测试，饱水 3d 煤样相对含水率范围为 1.3%～2.6%，饱水 7d 煤样相对含水率范围为 3.2%～6.1%，表 1-1 给出了部分饱水煤样相对自然状态下的含水率。

表 1-1　饱水煤样参数及饱和含水率

序号	直径/mm	高度/mm	质量/g	密度(饱和前)/(10^3kg/m^3)	饱和质量/g	饱和含水率/%
1	4.96	3.10	77.83	1.30	80.82	3.84
2	4.96	3.04	75.73	1.29	79.26	4.66
3	4.96	2.98	78.27	1.36	81.15	3.68
4	4.99	3.00	77.40	1.32	79.75	3.04

1.2.3　饱水前后煤样裂隙微观特征

采用 Talysurf CLI2000 三维表面激光形貌仪，对岩石表面进行三维表面描述。进行煤样加工时，先用切割机将岩石锯成薄片，然后在磨石机上将其逐渐磨光，磨光至煤样上、下表面平整，再用地下水对煤样进行饱水处理，地下水的 pH 为 7.1。将饱水后的煤样进行干燥 48d 的烘干处理，烘干后进行三维表面扫描。将试验样品扫描过后，放置于放置溶液的烧杯中，让其充分反应，48d 后取出，然后再进行扫描，并保存扫描图形。图 1-18 为两种岩石试样水-岩试验前后表面微观形貌特征。

水-岩作用下的煤样，样品含水率随饱水天数的增加有所增加，表面各部分将随含水率的增加而膨胀，当煤样内部某矿物遇水产生晶胞膨胀时，会使煤样表面因膨胀产生隆起，内部裂纹将出现。可将煤样表面同一个部分三维变化情况的干湿放大效果图进行相互比较，水分子的渗透作用造成结晶格架膨胀，产生一定的

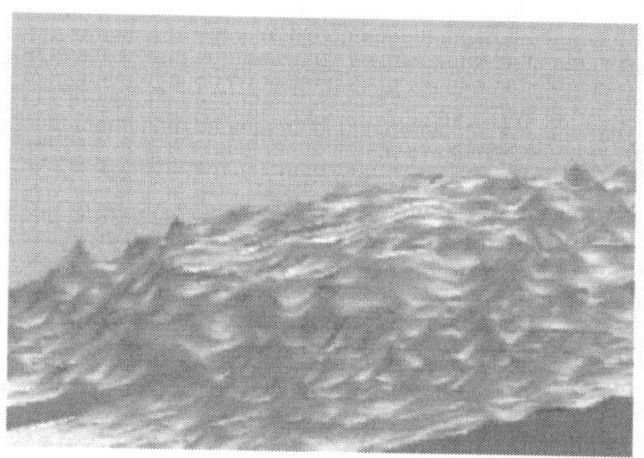

(a) 大理岩

(b) 二辉橄榄岩

图 1-18 两种岩石试样水-岩试验前后表面微观形貌

膨胀变形，必然出现新的裂隙，且在开始时间段内变化较剧烈，煤样表面中有凸起或下凹，由于样品的矿物成分不同，煤样表面的凸起形状、凸起高度或凸起密度等参数不同。

1.3 含水煤样水化腐蚀损伤效应特征

1.3.1 水化腐蚀损伤对煤体的影响

1. 煤及裂隙矿物构成分析

煤的可溶性涉及较复杂的物理化学过程，研究其可溶性需要了解煤中有机物分子间及其与溶剂分子之间的相互作用，以及其有机物的分子结构。可溶性是揭示煤中有机物分子结构的条件，而揭示煤中有机物分子结构有助于深入研究煤的可溶性。现代煤化学理论认为，煤是复杂的混合物，是由彼此结构相似但又不完全相同的结构单元通过桥键连接的。其结构单元由缩合芳香环组成，单元的外端为烷基侧链和官能团，单元之间的桥键由不同长度的次甲基键、次甲基醚键、醚键、芳香碳碳键等排列形成[11]。

煤岩中包含着数量不等、形状各异的孔隙和裂隙，裂隙中含有多种矿物质(包含同生、后生的矿物)，对岩石力学特性的影响基本一致，在工程中很难将二者区分开，统称为岩石的孔隙性，用孔隙率来表示。孔隙率 n 的表达式：

$$n = \frac{V_R}{V} \tag{1-2}$$

式中，V_R 为岩石孔隙的体积；V 为岩石总体积。

完整岩石的孔隙率通过固体颗粒或骨架密度 ρ_s 和干密度 ρ_d 表示，即

$$n = \frac{\rho_s - \rho_d}{\rho_s} \tag{1-3}$$

孔隙率是衡量煤岩体工程质量的重要物理特征指标。孔隙率反映了孔隙和裂隙在煤岩体中所占的百分率，孔隙率越大，煤岩体中孔隙和裂隙数目越多，岩石的力学性能差距越大。岩石中不是所有孔隙和裂隙均为水力连通的，当水力相互连通且通达上下游表面的孔隙体积 V_e 时才能对渗水性起作用。因此，可定义有效孔隙率 n_e：

$$n_e = \frac{V_e}{V} \tag{1-4}$$

因孔隙率越小，有效孔隙率越小，所以大多数完整岩石的渗透系数均非常小[12]，煤样渗透性主要取决于裂隙及裂隙矿物成分。煤中含有多种矿物成分，直接影响到煤的物理化学性质，其主要矿物质见表 1-2。

表 1-2　煤中含有的矿物质一览表

矿物类型	同生的		后生的	
	水成或风成的	新生	沿裂隙空洞等堆积的	由同生矿物改造的
硫化物		黄铁矿、胶黄铁矿-黄铁矿结核，黄铁矿（白铁矿）的包裹体和颗粒，FeS_2-$CuFeS_2$-ZnS 结核，丝质组中的黄铁矿	黄铁矿、白铁矿，偶尔有锌、铅的硫化物、黄铜矿，丝质组中的黄铁矿	由同生菱铁矿结核改造形成的黄铁矿
氧化物	各种粒度的石英颗粒	石英、少数玉髓（由于长石和云母的风化）、硅质结核	石英	
碳酸盐		菱铁矿（颗粒和结核）、菱铁矿-铁白云石及铁白云石结核、方解石，丝质组中的菱铁矿、方解石矿、铁白云石	方解石、铁白云石、白云石，丝质组中的菱铁矿、方解石矿、铁白云石	
硅酸盐（黏土矿物）	高岭石、伊利石、绢云母、混合层状黏土矿物、水云母、高岭石夹矸		高岭石	绿泥石、伊利石
磷酸盐	磷灰石	磷钙石		
重矿物和副矿物	锆石、金红石、电气石、正长石、黑云母等		氧化物、硫酸盐和硝酸盐	

2. 水化腐蚀损伤作用对煤样特征的影响

水化腐蚀损伤作用在煤矿中较为普遍。遇到的地下水成分比较复杂的化学溶液，其成分与煤矿环境密切相关，煤矿采空区的水多显酸性。煤岩与纯净水长时间接触，会发生矿物成分的离子交换作用，导致煤样的化学成分与水中的弱碱离子 OH^- 不断交换，煤样的微观结构和组分发生时效性的改变。

煤样的微结构与成分发生改变，引起其物理力学性质发生改变（抗压强度、抗拉强度、弹性模量、应力应变及断裂力学参数等）。水化腐蚀是一种复杂的应力腐蚀过程，对煤样宏观力学性质及变形特性的影响表现在以下几个方面：

(1)水化腐蚀损伤作用对煤样的宏观力学性质及变形特性具有显著的时效性影响，时效性有较大差异。

(2)水-煤发生长时间的化学腐蚀作用后，宏观力学性质及变形特征明显降低，其抗压强度、弹性模量、断裂力学指标等发生较大改变。

(3)水化腐蚀损伤作用呈现非线性的动力过程关系，其反应的快慢与水溶液的成分、pH、压力、温度、浸泡方式及水溶液流动速率等有密切联系。

(4)通过水化腐蚀损伤作用试验可知，煤样容易与水溶液发生作用，随着矿物成分的不同，其化学腐蚀作用有明显的差异。

1.3.2 水化腐蚀损伤化学过程分析

对煤中矿物成分进行分析，一般可将其分为铝硅酸类、碳酸盐类、氧化物、硫化物等。在干燥的条件下，其性质较稳定，遇水不容易发生化学反应，但与接触的化学溶液中的氢离子和氢氧根离子容易发生化学反应，并产生大量游离态的离子或黏土矿物。当矿物与水接触发生水化腐蚀损伤作用时，表现为溶解、沉淀、氧化还原、水化、吸附水解及碳酸化等。结果表明：水-煤化学腐蚀作用的发生取决于水溶液的成分及化学性质、流动特征、温度、岩石的矿物与胶结成分、亲水性、裂隙裂纹的发育状况及透水特征等[12-15]，主要有以下化学反应。

1)溶解作用

当水与煤中矿物接触时，出现矿物成分溶解于水的现象，造成煤中材料孔隙与裂隙不断增大，矿物含量不断变少。自然界中，矿物按照溶解度由大到小排列为：岩盐、石膏、方解石、白云石、橄榄石、角闪石、斜长石、钾长石、黑云母、石英。水-矿物质接触受到不同程度的溶解作用后，试样将变得松散脆弱，裂隙随之扩展，随后试样的物理力学性能发生变化，强度降低，参数也随之发生变化。表 1-3 给出了矿物与水溶解反应的化学方程表达式。

表 1-3　矿物与水溶解反应的化学方程表达式

矿物名称	溶解方程
石英	$SiO_2+2H_2O \longrightarrow H_4SiO_4$
钾长石	$KAlSiO_8+4H^++4H_2O \longrightarrow K^++Al^{3+}+3H_4SiO_4$
方解石	$CaCO_3 \longrightarrow Ca^{2+}+CO_3^{2-}$
白云石	$CaMg(CO_3)_2 \longrightarrow Ca^{2+}+Mg^{2+}+CO_3^{2-}$
钠长石	$KAlSiO_8+4H^++4H_2O \longrightarrow K^++Al^{3+}+3H_4SiO_4$
云母	$KAlSiO_3(OH)_2+2OH^-+10H_2O \longrightarrow K^++3Al(OH)_4^-+3H_4SiO_4$

2) 水解作用

当煤样中的矿物与不同化学成分的水溶解液接触时，随水溶液的不断入侵和浸泡，矿物的组成成分 K^+、Na^+、Ca^{2+}、Mg^{2+}等阳离子都容易与水中的 OH^-发生交换，引起矿物水解，而形成特定的相对比较稳定的矿物成分。随着环境的改变，新矿物的水化学溶液的特征(如溶液浓度、酸碱度等)也会发生变化，煤样的裂隙或孔隙不断增加，矿物与水溶液的接触面积增大，迫使新矿物的成分发生水解，风化水解产生的新矿物或残留下的矿物使裂隙表面不断被剥落，进而影响煤样的结构性能，煤样的稳定性即强度下降。

以表 1-3 中的矿物成分钠长石和钾长石为例，水解作用下其特征为

$$\underset{\text{钾长石}}{4KAlSi_3O_8}+6H_2O \longrightarrow \underset{\text{高岭石}}{Al_4(Si_4O_{10})(OH)_8}+\underset{\text{胶体}}{8SiO_2}+4KOH \tag{1-5}$$

$$\underset{\text{钠长石}}{4NaAlSi_3O_8}+6H_2O \longrightarrow \underset{\text{高岭石}}{Al_4(Si_4O_{10})(OH)_8}+\underset{\text{胶体}}{8SiO_2}+4NaOH \tag{1-6}$$

由式(1-5)和式(1-6)可知，钠长石、钾长石与水溶解液接触，生成了容易溶解的碱性矿物和不易水解的胶体及高岭石。

3) 水化作用

煤矿中也常常遇到软岩问题，软岩与水接触极易膨胀变形，在与水溶液接触浸泡的过程中，裂隙中矿物组分吸水，形成含结晶水的新矿物，煤样的物理力学性质比不含水的矿物弱，试样变形特征将发生显著变化。

例如，矿物质硬石膏与水接触后形成熟石膏，其物理性状发生显著变化，其过程为

$$CaSO_4+2H_2O \longrightarrow CaSO_4\cdot 2H_2O \tag{1-7}$$

4) 氧化作用

煤样裂隙含有的有机物、低价氧化物和硫化物，与水化学溶液接触后，容易与水的化学成分发生氧化反应，如 Fe^{2+}黄铁矿经氧化可生成 Fe^{3+}褐铁矿，并伴生硫酸进而对煤样产生酸化腐蚀作用，弱化煤样的物理力学特性，其反应的过程为

$$2FeS_2+7O_2+2H_2O \longrightarrow 2FeSO_4+2H_2SO_4 \tag{1-8}$$

$$12FeSO_4+3O_2+6H_2O \longrightarrow 4Fe_2(SO_4)_3+4Fe(OH)_3 \tag{1-9}$$

$$4Fe_2(SO_4)_3+6H_2O \longrightarrow 2Fe(OH)_3+3H_2SO_4 \tag{1-10}$$

在煤矿巷道或山区裸露的矿岩表面或岩土体表面，水参与矿物氧化腐蚀作用后，呈现黄褐色，这是因为水参与了从Fe^{2+}到Fe^{3+}的氧化作用。

5）碳酸化作用

化学溶液酸碱性的大小对矿物的化学腐蚀作用有重要影响，强酸、强碱腐蚀环境对煤样及矿物的腐蚀程度和速度会提高。当水-矿物作用的化学溶液呈酸性或碱性时，可加速对矿物的溶蚀作用，生成容易溶解于水的盐类。例如，大气中二氧化碳的含量较高，$CaCO_3$比较容易与弱酸性水溶液结合发生化学反应，生成比其本身溶解度大十几倍到几十倍的$Ca(HCO_3)_2$，反应过程如下：

$$CaCO_3+H_2O+CO_2 \longrightarrow Ca(HCO_3)_2 \tag{1-11}$$

当CO_2与水溶液相结合生成H_2CO_3时，H_2CO_3的酸性值比自然环境的水溶液高，其碳酸根离子极易与矿物中的阳离子——K^+、Na^+、Ca^{2+}发生反应，生成容易溶于水的盐类，加速矿物的溶解能力，使得煤样矿物的微观结构和化学组分发生变化，盐类的生成导致煤样或岩石的裂隙不断发生溶蚀、离析，使得煤样或岩石发生弱化裂解。其反应以生成钾盐的钾长石为例，其化学过程如下：

$$4KAlSiO_8+4H_2O+2CO_2 \longrightarrow Al_4(Si_4O_{10})(OH)_8+8SiO_2+2K_2CO_3 \tag{1-12}$$

以碳酸钙为例，遇到酸性水溶液如盐酸，生成氯盐类并释放出二氧化碳气体，过程如下：

$$CaCO_3+HCl \longrightarrow CaCl_2+H_2O+CO_2\uparrow \tag{1-13}$$

由式(1-12)和式(1-13)可得，当矿物遇到酸性化学溶液时，生成易溶于水的盐类，盐类在自然条件下随水力的推移完成迁徙，使煤样或岩石的裂隙或孔隙增多，进而弱化煤样的物理结构，且生成的高岭石等易于风化裂解的岩石又会发生水解反应到后来再酸化，使得矿物不断发生膨胀与裂解，在很大程度上弱化了矿物的强度和变形特征。

综上所述，煤样及矿物在水-矿物化学腐蚀损伤作用下，水化学溶液离子与矿物成分之间发生交换的不可逆的热-化力学过程，该化学反应使煤岩微细观结构发生劣化，并产生一定的容易劣化分解的矿物或容易溶解于水的盐类，使煤样和岩样变得更为膨胀和松散脆弱，其特征煤样或岩体裂隙、孔隙增大，并且部分骨架颗粒的性质发生根本性的劣化，使得煤样的变形程度增大，强度降低。所以煤样及岩石的水化腐蚀损伤的机制主要取决于水-岩化学腐蚀作用，其裂纹、裂隙等物理损伤基元及其颗粒、矿物结构之间的耦合作用。

参 考 文 献

[1] 高保彬. 采动煤岩裂隙演化及其透气性能试验研究[D]. 北京: 北京交通大学, 2010.
[2] 傅雪海, 德勒恰提·加娜塔依, 朱炎铭, 等. 煤系非常规天然气资源特征及分隔合采技术[J]. 地学前缘, 2016, 23(3): 36-40.
[3] 张有天. 岩石水力学与工程[M]. 北京: 中国水利水电出版社, 2005.
[4] 黄炳香. 煤岩体水力致裂弱化的理论与应用研究[D]. 徐州: 中国矿业大学, 2009.
[5] 姚艳斌, 刘大锰, 汤达祯, 等. 沁水盆地煤储层微裂隙发育的煤岩学控制机理[J]. 中国矿业大学学报, 2010, 39(1): 6-13.
[6] 张慧, 王晓刚, 员争荣, 等. 煤中显微裂隙的成因类型及其研究意义[J]. 岩石矿物学杂志, 2002, 21(3): 278-284.
[7] 刘芳彬. 含瓦斯煤岩力学特性实验研究[D]. 北京: 中国矿业大学(北京), 2008.
[8] 王桂荣, 王富民, 辛峰, 等. 利用分形几何确定多孔介质的孔尺寸分布[J]. 石油学报, 2002, 18(3): 86-91.
[9] 杨红伟. 循环载荷作用下岩石与孔隙水耦合作用机理研究[D]. 重庆: 重庆大学, 2011.
[10] 彭曙光, 裴世聪. 水-岩作用对岩石抗压强度效应及形貌指标的实验研究[J]. 实验力学, 2010, 25(3): 365-371.
[11] 田原宇, 申曙光, 田亚峻. 煤的可溶化技术与煤的化学族组成[J]. 太原理工大学学报, 2001, 32(6): 555-558.
[12] 何学秋, 王恩元, 聂百胜, 等. 煤岩流变电磁动力学[M]. 北京: 科学出版社, 2003: 53-58.
[13] 冯夏庭, 丁梧秀, 崔强, 等. 岩石破裂过程的化学-应力耦合效应[M]. 北京: 科学出版社, 2010.
[14] 鲁祖德. 裂隙岩石水岩作用力学特性试验研究与理论分析[D]. 武汉: 中国科学院武汉岩土力学研究所, 2010.
[15] 申林方, 冯夏庭, 潘鹏志, 等. 应力作用下岩石的化学动力学溶解机制研究[J]. 岩土力学, 2011, 23(5): 1320-1326.

第2章　静载作用下含水煤样力学试验特征

水对煤样或岩石具有软化、溶蚀和水楔作用。静载条件下，水分子进入矿物颗粒间隙之后，降低了矿物颗粒间的黏结力，使煤样软化，表现为强度和变形参数降低。同时，水也是一种溶剂，可以溶解煤样裂隙中的矿物成分，如黏土矿物中的蒙脱石吸水膨胀，使其内部产生应力不均匀或部分胶结物被溶解，对煤样起到了溶蚀作用。

较多学者对静载作用下的饱水煤样进行了单轴压缩和三轴压缩试验研究。例如，潘俊锋等[1]针对千秋煤矿 2 号煤层上、中、下分层煤样进行冲击倾向性指标试验，对煤样浸水时间和冲击倾向性的相关性进行研究；刘忠锋等[2]采用 MZS-300 型煤岩注水试验台进行了煤样注水试验，得出煤样的单轴抗压强度随着含水率的增加而减小，弹性模量随着注水压力的增加而降低；苏承东等[3]为分析饱水时间对煤样的力学性质与冲击倾向性指标的影响，对千秋煤矿 2 号煤层进行了不同饱水时间冲击倾向性试验研究，得出煤样的抗压强度、弹性模量、峰前积蓄能量和冲击能量指数呈正相关，抗压强度、弹性模量均有不同程度降低。本章静载试验选用小尺寸煤样（ϕ50mm×30mm），分析不同饱水状态下煤样的单轴压缩和三轴压缩的强度特征，为后续研究含水煤样的动态力学特征打下了基础。

2.1　静载岩石力学试验设备及方案

2.1.1　试验系统及控制变量概况

煤样的静载试验是在河南理工大学岩石力学实验室 RMT-150B 型岩石力学伺服试验系统上进行的，该系统于 2008 年 9 月进行了改进升级，升级为了 RMT-150C 型，试验分别进行了自然状态和饱水状态的煤样单轴压缩和三轴压缩试验。

1）RMT-150C 型岩石力学伺服试验系统概况

RMT-150C 型岩石力学伺服试验系统主要由伺服控制器、数字控制器、手动控制器、三轴压力源、主控计算机、液压源及具有各种功能的试验附件等组成。

伺服控制原理：系统高压油从液压源出来，通过过滤器进入伺服控制阀，将所需的油量输入液压动作器的上下室内对试样施加载荷。选择自变量参数，经过压力传感器、位移传感器或其他传感器将信号在模式选择器中放大，并将反馈数值输出。反馈信号进入比较器与预先选择好的信号进行比较，若出现差错，则利用零位调节器调零，输出的即是控制变量时的反馈值，此值经过放大后可由记录器记录下来。同时，反馈信号进入伺服控制器，将控制信号传输给伺服控制阀，伺服控制阀根据伺服控制器提供的反馈值大小，供给液压动作器液压油，完成伺服控制器的闭环回路控制。图 2-1～图 2-3 分别为 RMT-150C 型岩石力学伺服试验系统控制原理、试验系统试样及传感器的安置、岩石力学伺服试验系统各部分控制系统。表 2-1 为 RMT-150C 型岩石力学伺服试验系统主要技术指标。

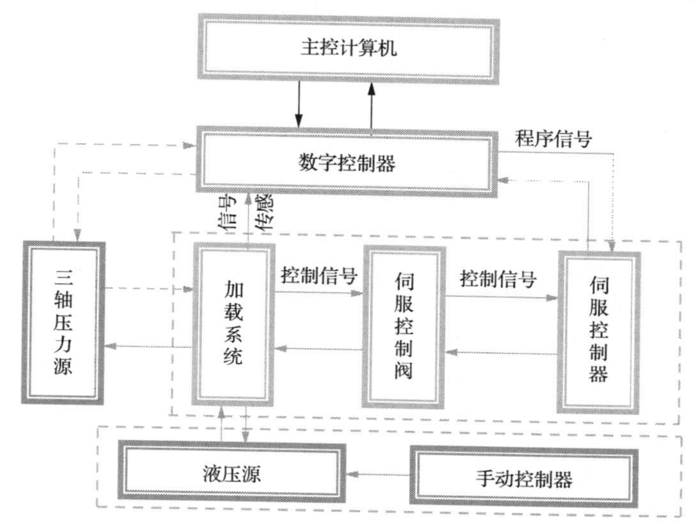

图 2-1　RMT-150C 型岩石力学伺服试验系统控制原理

(a) 单轴压缩

(b) 拉伸(巴西劈裂)

(c) 三轴压缩

图 2-2　试验系统试样及传感器的安置

2) 系统的加载控制变量

RMT-150C 型岩石力学伺服试验系统可以根据试验的设定参数来控制试验过程，并得到准确的试验数据。其关键在于系统加载控制变量的选择，可供选择的变量有两个：轴向载荷控制变量(分为大、小量程)、轴向位移控制变量。

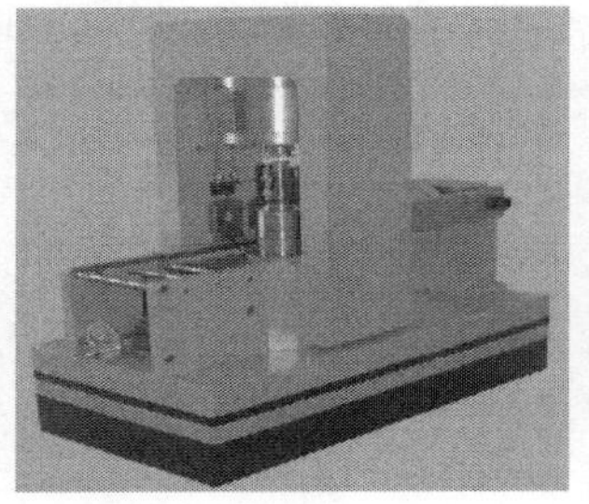

(a) 岩石力学试验系统

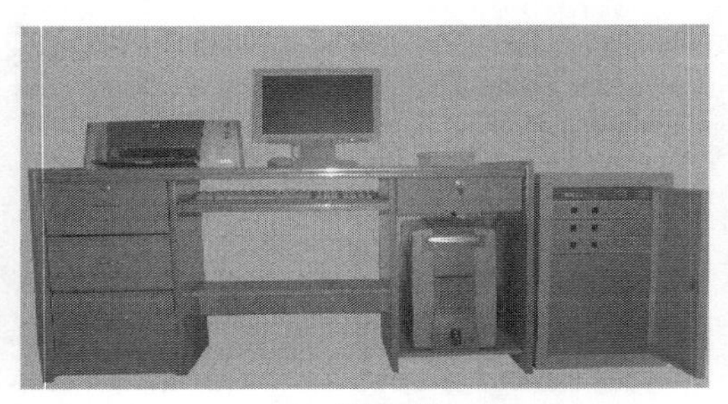

(b) 控制系统

(c) 三轴压力源

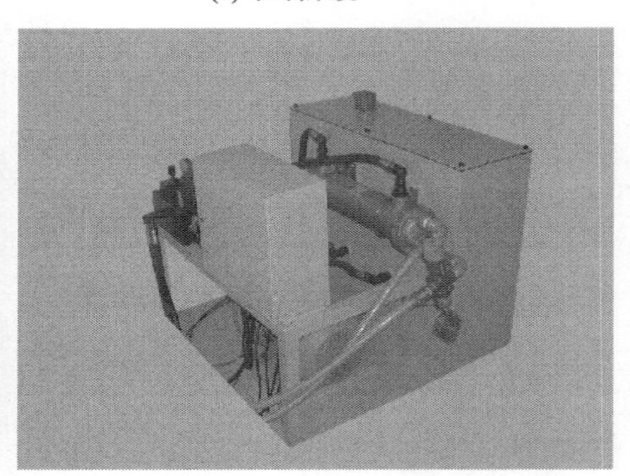

(d) 液压源

图 2-3　岩石力学伺服试验系统各部分控制系统

表 2-1　RMT-150C 型岩石力学伺服试验系统主要技术指标

参数	参数值	参数	参数值
最大垂直净载荷/kN	1000	最大围压/MPa	50
最大水平静载荷/kN	500	围压速率/(MPa/s)	0.001～1
活塞行程/mm	50	机架刚度/(N/mm)	5×10^6
变形速率/(mm/s)	0.0001～1	外形尺寸/(mm×mm×mm)	1650×800×1700
输出波形	斜坡、正弦波、三角波、方波	主机质量/kg	4000kg
疲劳频率/Hz	0.001～1		

系统加载控制变量根据不同类型试验及试验材料来选择。为控制试验的精度和曲线的平滑性，针对不同强度的试样需要选择不同的载荷传感器，强度较高的试样(花岗岩等)选用大的传感器，强度较低的试样(煤岩等)选用较小的传感器；需要得到试样压缩过程全应力-应变曲线，不能选择轴向载荷作为控制变量，因为载荷超过试样承载能力后，随着试样变形的进一步增加，载荷无法继续增加，储存在机架上的应变能释放会导致试样破裂，进而得不到应力达到峰值后的应力-应变曲线，所以只有采用应变控制试验才能获得完整的全应力-应变曲线；要做试

样的流变试验，其目的是监测恒定载荷下试样变形随时间的变化，因此，试验过程仅能选择轴向载荷作为控制变量；试验中还可以改变试验参数(极限值、速率、疲劳频率、控制方式、输出波形等)，以满足各种特殊试验和理论研究的需要；试验前还可以进行自动组合试验，将试验分为若干步骤，预先在不同的试验阶段设置不同的试验参数，在计算机控制下自动连续完成。

2.1.2 含水煤样静载试验方案

进行含水煤样静载试验是为获得试样的泊松比、黏聚力、弹性模量、全应力-应变关系及破坏特征。本章对煤样进行了单轴压缩试验、不同围压下三轴压缩试验，为后续研究加载过程中的煤样强度及能量特征提供了相关数据。试验选用5mm的位移传感器测量轴向变形，100kN的压力传感器测量轴向载荷，进行单轴和三轴围压下煤样抗压强度试验。

1) 单轴压缩试验

(1) 选择加工后的煤样，按照不同的饱水时间分组进行煤样单轴压缩试验，分别为自然状态、饱水3d、饱水7d，煤样尺寸为ϕ50mm×30mm。

(2) 测试试验煤样，用游标卡尺在试样上、中、下部分别测量试样直径3次，测量试样长度3次，并对测量的数据做好记录，然后计算试样的平均长度与直径；安装试样并加装垂直位移计和径向位移计；实验过程中采用位移传感器控制实验位移，加载速率均选用0.10mm/min。

(3) 应力加载：当施加轴向应力时，轴向变形速度为0.002mm/s，监测试验全过程数据，自动采集载荷与变形值，利用传感器采集应力及变形数据，采集频率是1个/s，达到峰值破坏强度后的设定值时停止试验。

(4) 试验机卸载更换试样，进行破坏后的试样拍照及记录描述。

2) 常规三轴压缩试验

(1) 选择自然状态、饱水3d、饱水7d煤样，对煤样进行试验前拍照，并用游标卡尺测量3次试样直径和3次试样长度，计算其平均直径和长度。

(2) 将煤样与上、下垫块安装在同一条轴线上，因煤样高度为30mm，另外加工两个高35mm的垫块，然后在试样外套热缩塑料护套，用电吹风机对护套热烘5～10s，烘烤时电吹风机不能距离护套太近，以防烤坏塑料护套，使煤样、垫块与塑料护套紧密贴近，密封良好。

(3) 分别安装测试试样轴向和径向位移计，将试样放置到压力室的底座上，拧上压力室盖，向压力室内注油，然后施加围压达到预定值，加载速度为0.05MPa/s，试验中围压恒定。选取围压为2MPa、4MPa、6MPa、8MPa、10MPa等不同围压状态。

(4)采集系统自动采集载荷和变形值，以 0.12mm/min 的轴向变形速度加载载荷，直至试样破坏；随后停止试验，进行卸载。先卸载轴向应力到“0MPa”，后卸载围压至“0MPa”，取出试样，进行拍照及并记录试样破碎状态。

2.2 自然饱和下煤样变形与强度特征

2.2.1 含水煤样单轴压缩试验

对不同含水状态煤样进行单轴压缩试验，通过试验数据处理分析可知，图 2-4(a)中 3 个自然状态煤样的峰值强度为 42.07～43.11MPa，平均值为 42.71MPa；弹性模量为 2.59～2.74GPa，平均值为 2.65GPa。图 2-4(b)中饱水 3d 煤样的峰值强度为 22.84～31.13MPa，平均值为 28.24MPa；弹性模量为 2.28～2.59GPa，平均值为 2.41GPa。图 2-4(c)中饱水 7d 煤样的峰值强度为 20.40～25.30MPa，平均值为 22.17MPa；弹性模量为 1.28～2.11GPa，平均值为 1.77GPa。

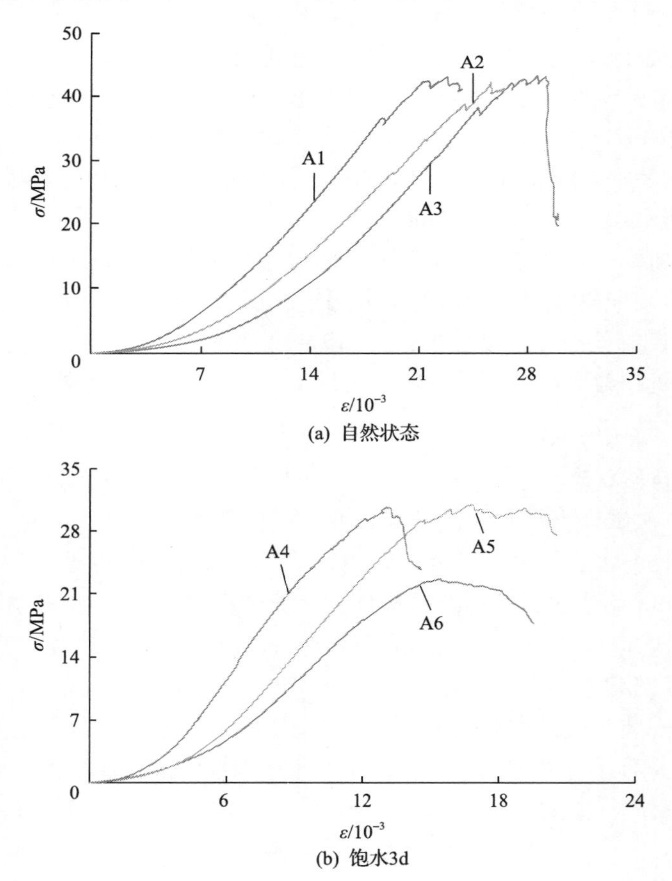

(a) 自然状态

(b) 饱水3d

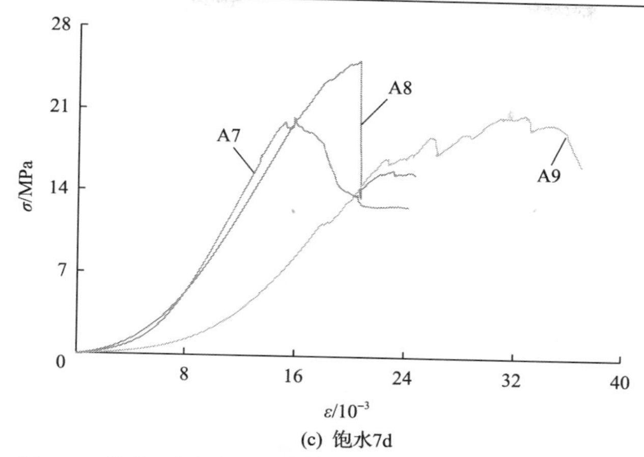

(c) 饱水7d

图 2-4　静载不同饱水煤样单轴压缩试验全应力-应变曲线

ε-应变；σ-单轴抗压强度

根据静载煤样的全应力-应变曲线特征，将静载煤样裂隙的发展经历分为 4 个阶段：①原生微孔隙压密阶段。其特征是微裂隙压密，全应力-应变曲线呈上凹形。②弹性变形阶段。其特征是微裂隙压缩引起进一步压密或闭合，全应力-应变曲线呈直线。③膨胀破坏阶段。其特征是全应力-应变曲线发生不同程度的波动和跌落，煤样体积由压缩转为膨胀扩容，该阶段原生裂隙扩展并形成新的诱导裂隙。④峰后破坏阶段，煤样出现滑移破坏。

由试验数据可知，煤样的单轴抗压强度具有一定的离散性，饱水对煤样的单轴抗压强度、弹性模量均具有不同程度的影响，随饱水时间增加，煤样的单轴抗压强度逐渐降低。饱水 3d 煤样的单轴抗压强度软化系数为 0.55～0.72，平均值为 0.66；饱水 7d 煤样的单轴抗压强度软化系数为 0.49～0.59，平均值为 0.52。饱水 7d 煤样的单轴抗压强度相对于饱水 3d 煤样的单轴抗压强度的软化系数为 0.68～0.81，平均值为 0.79。因煤是多裂隙沉积岩，裂隙比其他岩石发育，煤的单轴抗压强度软化系数比岩石大，饱水 3d 以后煤样的单轴抗压强度变化趋于平缓。不同含水状态煤样单轴压缩破坏后的照片如图 2-5 所示。

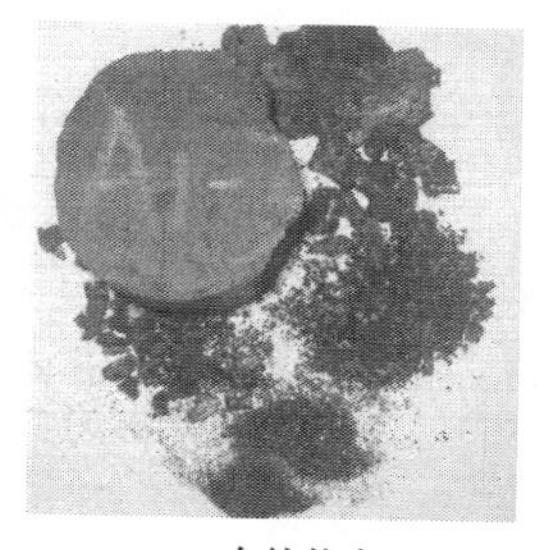

(a) 自然状态

(b) 饱水3d

(c) 饱水7d

图 2-5　不同含水状态煤样单轴压缩破坏后的照片

2.2.2　含水煤样三轴压缩试验

图 2-6、图 2-7 给出了自然状态和饱水 7d 煤样三轴压缩试验得到的全应力-应变曲线。由试验结果可以看出：煤样的强度和变形特征除了与围岩相关外，饱水对煤样的强度和变形特征表现出不同程度的影响。自然状态煤样峰值强度为 76.39～84.41MPa，变化幅度为 10.50%，平均值为 81.01MPa；饱水 7d 煤样峰值强度为 49.39～77.54MPa，变化幅度为 57.00%，平均值为 65.54MPa。饱水 7d 煤样三轴抗压强度软化系数为 0.81。

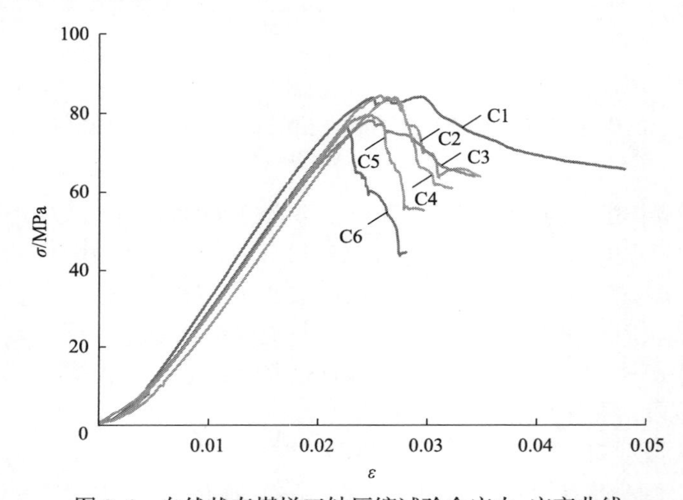

图 2-6　自然状态煤样三轴压缩试验全应力-应变曲线

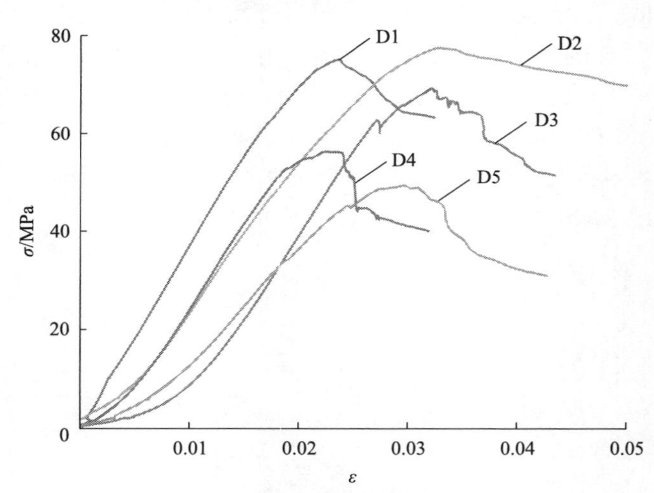

图 2-7　饱水 7d 煤样三轴压缩试验全应力-应变曲线

试验采用直径为 50.00mm、高度为 30.00mm 的小尺寸试样，因试样的尺寸效应，所得煤样三轴抗压强度比标准煤样（ϕ 50mm×100mm）三轴抗压强度相对较高；自然状态煤样三轴抗压强度在不同围压下数据相对统一，而饱水 7d 煤样三轴抗压强度离散度较大；饱水作用除了对三轴抗压强度有不同程度的影响外，对试样变形参数也有不同程度的影响，如弹性模量、变形模量、泊松比，在此不做讨论。

从试样的全应力-应变曲线特征来看，自然状态煤样和饱水 7d 煤样达到峰值强度前变形特征大致相当，表现出压密、弹性变形和屈服阶段；达到峰值强度后呈现明显的差异，自然状态煤样达到峰值强度后应力跌落速度较快，表现出明显的脆性破坏特征，而饱水 7d 煤样达到峰值强度后应力跌落速度较为缓慢，表现出一定的塑性特征。

饱水 7d 煤样的弹性变形阶段较短，屈服阶段明显变长，屈服强度降低，塑性变形增加。因煤样为多裂隙、多孔隙介质，水对煤中裂隙的软化作用较明显，围压较低时，加载初期饱水煤样首先达到其承载极限而屈服弱化，产生塑性变形；随着轴向应力的增加，试样产生的塑性变形主要集中在低强度材料上，从而造成变形的局部化破坏。

随着围压提高，正应力逐渐提高，摩擦力也增加，试样的承载能力进一步提高，要使试样破坏必须给出更大的轴向应力，试样强度较低的材料首先达到承载极限而屈服弱化产生塑性变形，随后试样强度较高的材料逐渐达到其承载极限而屈服破坏，材料的屈服弱化变形将趋于均匀。加载围压分别为 2～10MPa，围压对试样峰值强度影响较小，峰值幅度变化较小，重点考察自然状态和饱水状态的静载力学特性，围压的影响不做详细讨论。

图 2-8～图 2-10 分别为自然状态和饱水状态的砂岩、砂质泥岩和泥岩 3 种岩石的三轴压缩试验全应力-应变曲线[4]，3 种试样表现出峰值强度与围压具有较好线性关系，相同围压下饱水后的试样强度与自然状态相比明显偏低，满足库仑

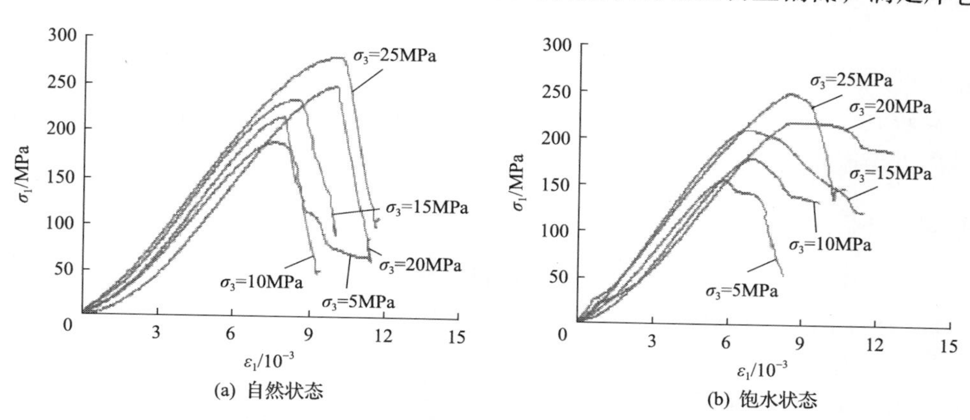

图 2-8　砂岩的三轴压缩试验全应力-应变曲线

ε_1-峰值应变；σ_1-三轴抗压强度；σ_3-围压

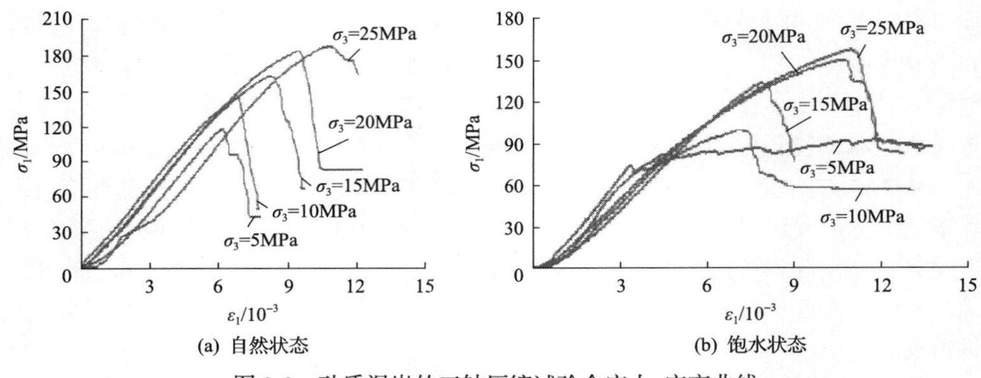

(a) 自然状态　(b) 饱水状态

图 2-9　砂质泥岩的三轴压缩试验全应力-应变曲线

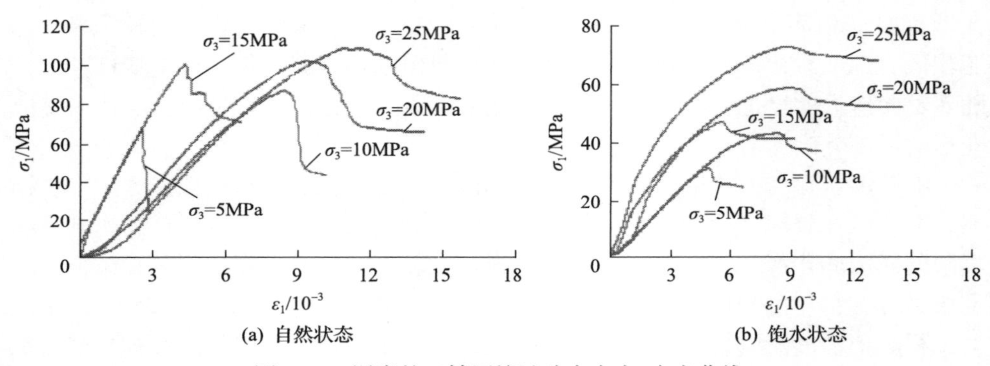

(a) 自然状态　(b) 饱水状态

图 2-10　泥岩的三轴压缩试验全应力-应变曲线

(Coulomb)强度准则。饱水后 3 种岩石的黏聚力均有不同程度降低，砂岩、砂质泥岩、泥岩的黏聚力降低幅度分别为 20.6%、31.80%、67.0%，泥岩表现极为明显，其次是砂质泥岩和砂岩，说明表面饱水对煤样内部颗粒黏聚力特性影响显著。

静载作用下煤样中因水分子进入裂隙、孔隙中，削弱了颗粒间的黏聚力，使煤样抗压强度降低；在不同应力环境下，水对试样的抗压强度和变形产生影响的差异较大，低应变率加载试样，内部孔隙体积的减小会引起孔隙水压增加，对裂隙附近煤样介质产生附加应力，触发裂隙扩展，使煤样的屈服和峰值强度降低。

2.2.3　煤样变形与破裂过程分析

煤层作为特殊的地质产物，内部含有大量的裂隙和孔隙，呈非均质性、各向异性特征，内部结构对煤样力学性能产生强烈的影响。煤岩的全应力-应变变化过程是岩石内部微裂纹萌生和扩展演变的过程。

从煤样的单轴压缩试验破坏过程分析，结合文献[5]～[8]得出的经典解释，得出了煤样变形和破裂全过程的单轴全应力-应变曲线，全应力-应变曲线在数据点上对应(图 2-11)。因为煤样的全应力-应变曲线直接反映了煤层的物理力学变形特性，所以将其划分为 4 个阶段，分别为原生微孔隙压密阶段、弹性变形阶段、膨胀破坏阶段、峰后破坏阶段，下面详细解释各阶段过程。

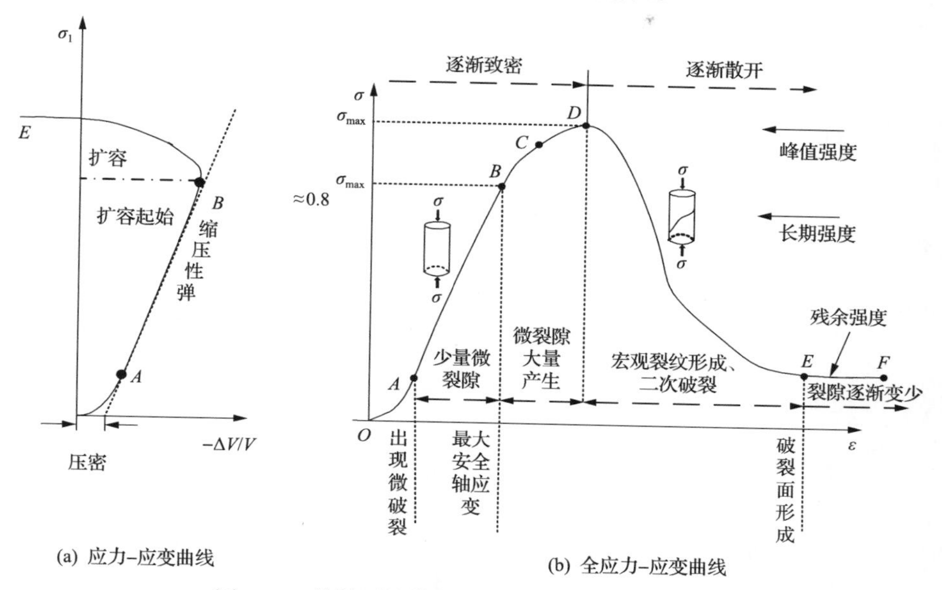

图 2-11　单轴压缩煤样变形和破裂全过程的特征

σ_1-单轴抗压强度；$-\Delta V/V$-体应变；σ-轴向应力；σ_{max}-峰值应变；ε-应变

1) *OA* 阶段：原生裂隙压密阶段

试样在静载荷条件下，原裂隙受压发生闭合，出现不可恢复变形。在逐渐加载过程中，也是裂隙闭合过程中，孔裂隙壁面附近的部分煤样发生变形和微破裂，同时煤样体积也发生非线性压缩(图 2-11)。在单轴压缩状态下，该阶段较显著；常规三轴应力状态下，该阶段显现不明显，该阶段岩石径向变形也不明显，但是煤样的压密阶段较为明显，其特征是微裂隙压密。

2) *AB* 阶段：弹性变形阶段

当外加应力超过裂隙闭合应力 *A* 点后，原生裂隙充分闭合，裂隙处于可恢复弹性变形阶段。该阶段煤样体积呈现线弹性压缩，轴向应变和径向应变曲线的斜率均保持不变，体积逐渐变小。该阶段包含大部分的可恢复变形和少部分的不可恢复变形，卸载后大部分裂隙的变形可恢复，但残余应变不能回到零，即存在小部分的塑性变形，并非只有严格意义上的线弹性变形。

3) *BD* 阶段：膨胀破坏阶段

BC 阶段：新裂纹稳定扩展阶段。随着静载荷继续增加，当加载应力超过 *C* 点后，煤样从线性向非线性转变，是煤样内部有新的裂隙逐渐产生或原生裂隙扩展增大造成的。该阶段试样以弹性变形为主。

CD 阶段：新裂纹不稳定扩展阶段。静载荷持续增加，新裂纹产生，其裂纹扩展范围增大，宏观裂隙持续扩展增大。试样裂隙之间连接、贯通，裂隙发育速度加剧，裂隙大量积聚，导致煤样失稳破坏。

4) *DF* 阶段：峰后失稳破坏阶段

当加载应力达到峰值强度时，试样处于破坏阶段，此时全应力-应变曲线切线斜率由 0 变为负值，煤样单轴抗压强度迅速降低，试样出现滑移破坏，*E* 点是宏观破裂面形成的，在该点煤样完全失去承载能力，若煤样仍有一定的承载能力，是因为煤样高宽比较小。

2.3 强制饱和下煤样强度与变形特征

2.3.1 强制饱和煤样制备

为使煤样强制吸水，自行研制强制饱和装置，如图 2-12 所示，分别由增压系统、抽真空装置、密封罐、抗压软管(气用与液用)、几组球阀等组成。抽真空装置采用 PCV 系列双级油循环旋片式真空泵，可用于制冷设备、打印设备、真空包装、气体分析、热塑成型及其他工业，其优点是可快速抽真空、产生更高的真空度、低噪声、外观精美、携带方便、污染小、散热性能好。电压为 230V/50Hz，

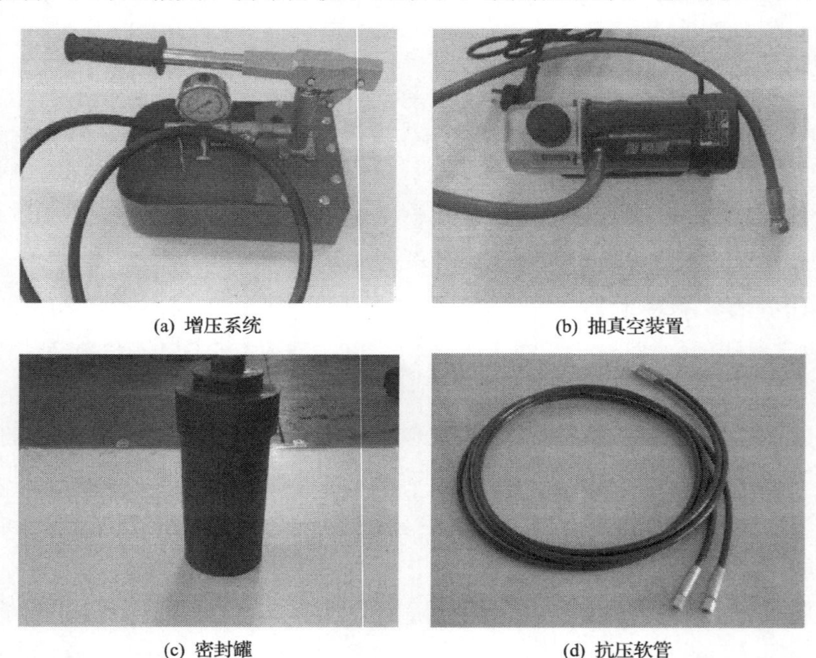

(a) 增压系统　(b) 抽真空装置

(c) 密封罐　(d) 抗压软管

图 2-12　强制饱和装置组件

抽气速率为 50L/min，电机功率为 120W，储气罐容量为 350mL，尺寸约 256mm×93mm×175mm。

增压系统为高压试压泵，它的主要用途是可以对管道的密封性能进行测试，是测定受压容器及受压设备的主要测试仪器，又称打压机，可提供高压水源，压力为 6MPa，泵体由铸铜与铸铝构成，软管长 1m，箱体尺寸为 20cm×30cm×9cm，为四分螺旋接口。此装置的优点是结构紧凑、操作省力、便于携带。

密封罐与密封盖通过上部螺纹连接，环状手轮设置在密封盖上与螺纹连接为一体，密封盖通过环状手轮进行密封，密封效果好，安全性能高。

液用抗压软管最高承压可达 28MPa，完全满足本次试验的要求，气用抗压软管采用金属软管，优点是口径一致性好。强制饱和装置整体结构如图 2-13 所示。安装过程中密封性尤为重要，密封不好可导致整个装置不能启用。

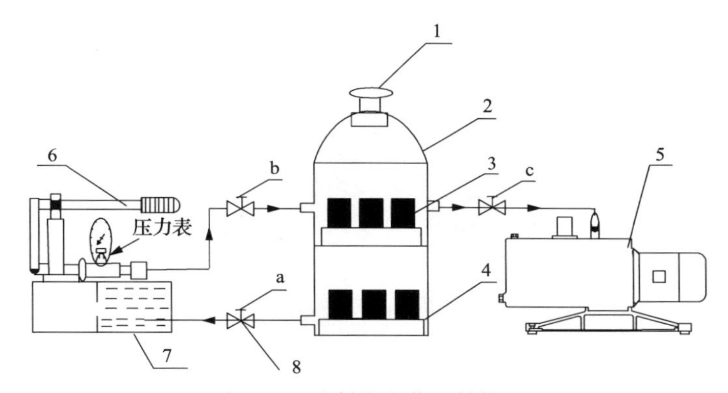

图 2-13　强制饱和装置结构图

1-环状手轮；2-密封罐；3-试样；4-试样架；5-真空泵；6-水压泵；7-废水回流装置；8-球阀(a、b、c 均为球阀)

本装置的操作流程(整体实物如图 2-14 所示)：将煤样固定在密封罐内试样架上，密封盖通过密封垫圈进行密封；启动真空泵，打开对应球阀同时关闭其他球

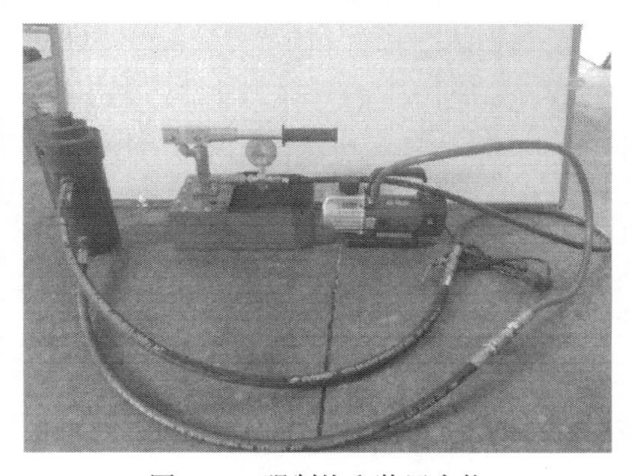

图 2-14　强制饱和装置实物

阀抽真空 1h 后，打开水压泵控制阀，上下按压水压泵手柄向密封罐内注满清水，在密封罐未注满清水前压力表无变化，注满清水后通过水压泵手柄给密封罐施压，直至压力表达到 5MPa 时增压结束，保持整个系统处于稳压状态，直至达到强制饱和状态。

本装置的原理：抽真空装置使密封罐内产生负压，煤样在负压状态下浸泡可使水充分进入煤体孔隙中。水压泵给煤样提供所需要的高水压，使煤样在水压力作用下充分吸水迅速达到饱和状态。抽真空装置与增压系统共同作用于密封罐，使煤样安全、快速、高效吸水，且二者独立互不干扰。

本装置的优势：操作简单、安全性能高、结构新颖独特、技术可行、实验测量精度高，简单可靠、无污染，能够安全、快速、高效地使煤样强制吸水达到饱和状态。运用此装置在水压条件分不同浸泡时间进行实验。3 组实验浸泡时间分别为 2h、4h、10h，发现水压条件下浸泡 4h 后煤样吸水率不再发生变化，因此本装置设置为抽真空 1h，水压条件下浸泡 4h。

自然饱和的浸泡缺点为浸水时间长，而且煤样吸水不彻底，煤样中的孔隙未能被水全部充满，吸水能力有待提高，并不能称之为真正意义上的饱和，含水量和强制饱和试样相差甚远，进行实验时误差较大。而本装置吸水快、吸水率高。对比混凝土真空饱和装置来说，本装置有如下优点：

(1)本装置使煤样在真空及高水压双重状态下进行强制吸水达到饱和状态，吸水彻底，使用混凝土真空饱和装置进行煤样强制吸水，吸水效果没有强制饱和装置效果好，吸水率略低(已通过实验对比)。

(2)本装置可模拟在高水压状态下浸水煤样的吸水状况。在实际工程中，煤层注水是在高压力下进行的，而且注水煤层也是在应力环境下进行的，所以本装置可模拟煤矿现场高压注水，研究煤样的力学特征，对煤层注水具有指导意义。

(3)本装置安全性能高，对试样的保护能力强。若采用混凝土真空饱和装置进行煤样的强制吸水，因为其不是专门针对煤样吸水的设备，在实验过程中，真空泵反应剧烈，实验完毕后部分煤样因剧烈震动而破裂，也可能是煤样内部完全密闭的孔隙因负压向外扩展导致煤样破裂，综合来说，剧烈震动使煤样互相碰撞占主导因素。而本装置不发生剧烈震动，实验完成后煤样完整性好，不影响吸水率的测定。

(4)混凝土真空饱和装置抽真空 3h，水压条件下浸泡 18h，而强制饱和装置抽真空 1h，水压条件下浸泡 4h，节省了大量时间，可安全、高效地完成实验。

2.3.2 单轴压缩煤样强度与变形特征分析

1. 煤样单轴压缩特征

根据单轴压缩后煤样的破坏形式，可将煤样分为 7 种破裂形式[9]，如图 2-15 所示。

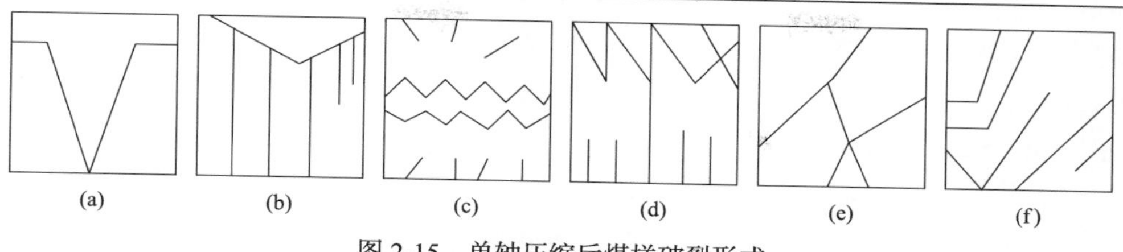

图 2-15　单轴压缩后煤样破裂形式

不同含水煤样单轴压缩破坏形式照片如图 2-16 所示，不同含水煤样单轴压缩破坏形式均包括在上述 7 种破裂形式内。自然煤样破裂形式多样，A7 与 A11 破坏类型为图 2-15 中的(a)型，煤样随着轴向载荷的增加，裂纹先从底端中部开始，呈 V 形向上延展，然后横向发展，终于两侧，呈现 V 形剪切破坏；A13 的破坏类型为图 2-15 中的(b)型，裂纹始于中部或底部，垂直上下表面延伸，呈劈裂破坏；A17 的破坏类型为图 2-15 中的(c)型，裂纹与破裂面主要集中在煤样的中部，并且中部最先开始破裂膨胀，呈中部膨胀破坏，产生的原因可能是大量的弱面及节

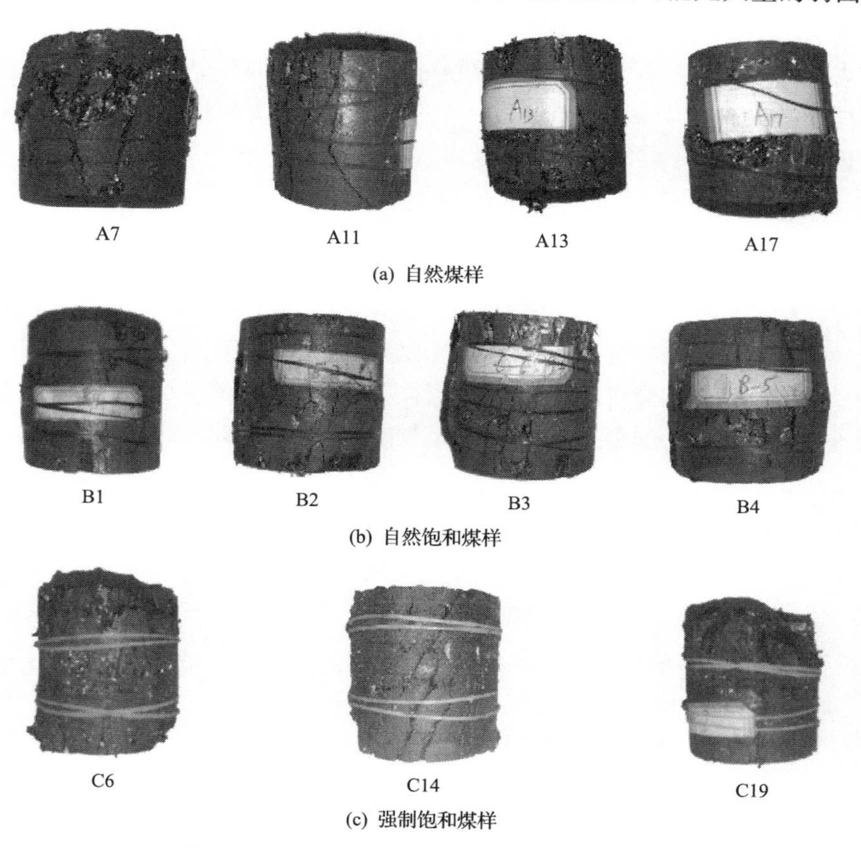

图 2-16　不同含水煤样单轴压缩破坏形式照片

理裂隙均滋生在中部。自然饱和煤样 B1 的破坏类型为劈裂破坏，一条明显的裂纹贯穿并垂直于上下表面，其他裂纹均分布在两侧，均是劈裂状，与 A13 破坏类型一致；B2 与 B3 的破坏类型为图 2-15 中的(e)型，既存在剪切破坏也存在劈裂破坏，剪切破裂面始于两侧，终于上下两端，劈裂面一般存在于煤样中部；B4 的破坏类型与 A17 几乎一致，均是呈中部膨胀破坏。以上表明，自然煤样与自然饱和煤样的破坏形式并没有明显区别，自然饱水并不能影响煤样单轴压缩的破坏形式。强制饱和煤样 C6 的破坏类型为图 2-15 中的(d)型，上部均发生粉碎性破坏，下部裂纹始于底端、终于煤样中部，呈上部粉碎性胀裂破坏，产生的原因：一方面是煤样上部与试验机承压板间的摩擦力；另一方面是强制饱和煤样抗压强度较低，含水量多，内部裂隙发育，易于破碎。C14 的破坏类型为图 2-15 中的(f)型，随着轴向载荷的增加，大量裂纹发展延伸贯通为多个剪切面，呈多斜面剪切破坏；C19 发生劈裂破坏，但不同于 A13 和 B1，C19 存在多个破裂面，几乎贯穿整个煤样，底部破坏较为明显，而 A13 和 B1 只存在一个劈裂面，因此呈现多垂面劈裂破坏。

以上结果表明，强制饱和煤样单轴压缩的破坏形式与自然煤样和自然饱和煤样有所区别，总的来说，强制饱和煤样破坏后，表面的剪切面、劈裂面要多于自然煤样和自然饱和煤样，在加载过程中内部裂隙、裂纹和孔隙发育、延伸、滋生较快，宏观上来说，强制饱和煤样破坏后，煤样较为破碎，粒度更小。

2. *单轴压缩破碎统计分析*

在研究不同含水煤样单轴压缩后的破碎度时，采用质量分形维数来描述不同含水煤样破碎程度。利用孔径为 5mm、2mm、0.5mm、0.2mm、0.075mm 的筛子对破碎后的煤样进行筛分。因单轴压缩对煤样的破碎并不完全，所以采用一定质量的砝码，在同一高度自由落体锤击煤样，使其更为破碎，因煤样的离散性，每种含水煤样取 4 个一起筛选取平均值，煤样的破坏模式如图 2-17 所示。

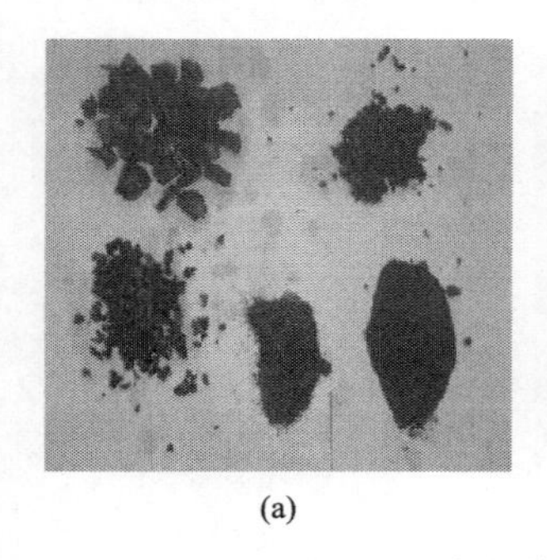
(a)

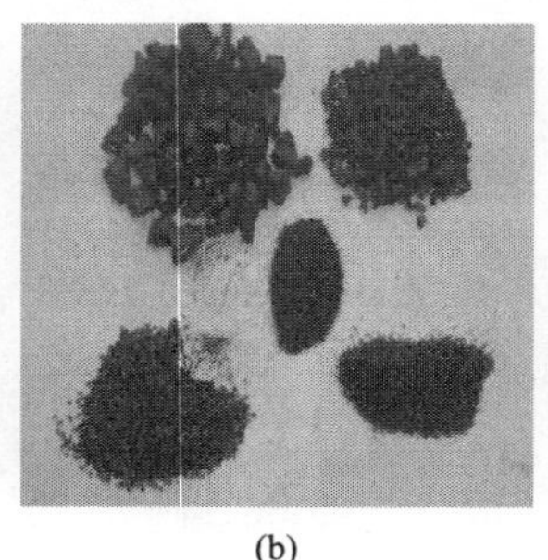
(b)

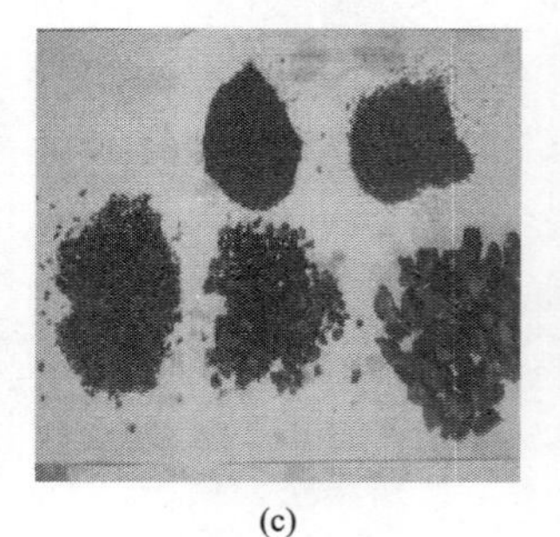
(c)

图 2-17　自然煤样、自然饱和煤样、强制饱和煤样破坏模式

采用碎屑的质量–等效边长进行分形维数计算时[10]，利用如下公式：

$$D = 3 - \alpha \tag{2-1}$$

$$\alpha = \frac{\lg(M_r/M)}{\lg r} \tag{2-2}$$

式中，α为(M_r/M)-r 在双对数坐标下的斜率值；M_r/M 为等效边长 r 的煤屑的累计百分含量；M_r 为等效边长为 r 时对应的煤屑质量；M 为煤样碎片的总质量；D 为分形维数。

相关数据和对数图见表 2-2 与图 2-18。由此可知，自然煤样的分形维数平均值为 2.191，自然饱和煤样的分形维数平均值为 2.299，强制饱和煤样的分形维数平均值为 2.587，自然煤样与自然饱和煤样的分形维数相差不大，加载破坏后的破碎程度区别不大，而强制饱和煤样的分形维数大于自然煤样与自然饱和煤样，相对二者分形维数平均值增加 15.2%，表明强制饱和煤样破坏后的破碎度大于前两者，高压水对煤样作用产生损伤，导致煤样更易于破碎。

表 2-2　含水煤样质量分形维数

编号	质量/g					α	D	R
	5mm	2mm	0.5mm	0.2mm	0.075mm			
A7、A11、A13、A17	110.25	45.67	17.23	7.69	3.56	0.809	2.191	0.99526
B1、B2、B3、B4	95.62	40.21	20.54	9.86	4.52	0.701	2.299	0.9952
C6、C7、C14、C19	80.54	50.63	30.22	19.33	13.12	0.413	2.587	0.99665

2.3.3　单轴压缩煤样声发射特征

结合 CADAE-1 声发射检测与 DS5-8B 信号分析软件，绘制自然、自然饱和、强制饱和三种状态下煤样的应力、时间、振铃计数/能量、累计振铃计数/累计能量的变化曲线，如图 2-19 所示。

从图 2-19 中可以看出，不同含水煤样均有声发射信号产生，并且应力变化趋势与声发射累计振铃计数变化特征有较好的一致性，可以反映煤样内部裂隙延展破坏的演化规律。具体分析如下。

压密阶段，声发射信号较少，振铃计数、能量值均较低，累计振铃计数与累计能量变化较平缓，曲线几乎呈直线状，原因为在压密阶段原生裂隙的压缩闭合对煤样的损伤影响不大。自然煤样与自然饱和煤样声发射信号相差不大且声发射水平高于强制饱和煤样，呈从无到突增过渡，二者之间并无规律可循。自然饱和煤样的吸水性仅比自然煤样高出 0.5%，该阶段水分对声发射的影响不占主导因素，原生裂隙的分布、数量对声发射的影响更为显著，而强制饱和煤样吸水性强，内部颗粒被软化，高压注水使煤内部裂隙连通，增大了裂隙宽度，闭合时颗粒间的摩擦阻力减小，声波现象不明显，声发射信号少，由于软化性，煤样自身具有一定的蠕变特性，因此，声发射信号会出现滞后现象。

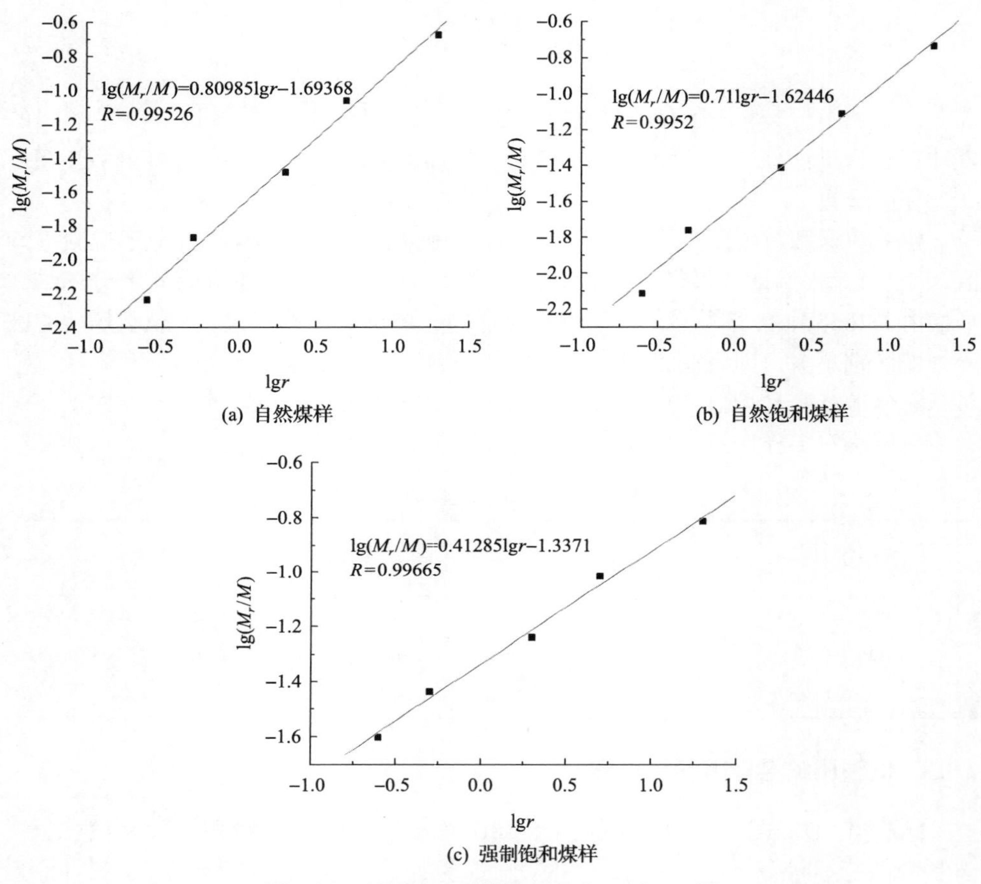

(a) 自然煤样

(b) 自然饱和煤样

(c) 强制饱和煤样

图 2-18　不同含水煤样碎屑 lg(M_r/M)-lg$r$ 图

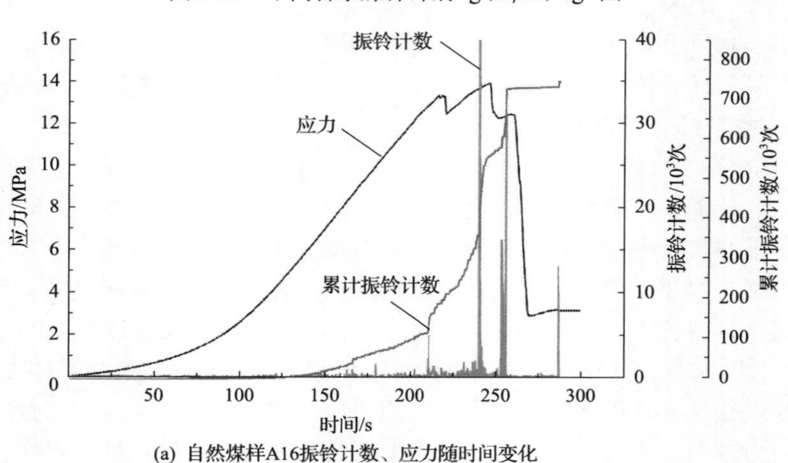

(a) 自然煤样A16振铃计数、应力随时间变化

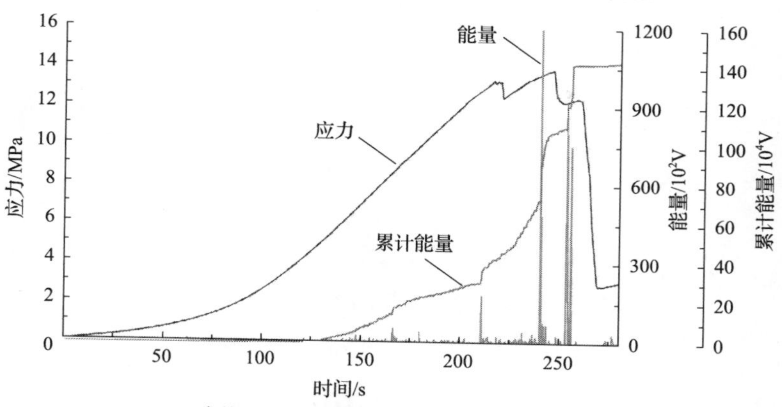

(b) 自然煤样A16能量、应力随时间变化

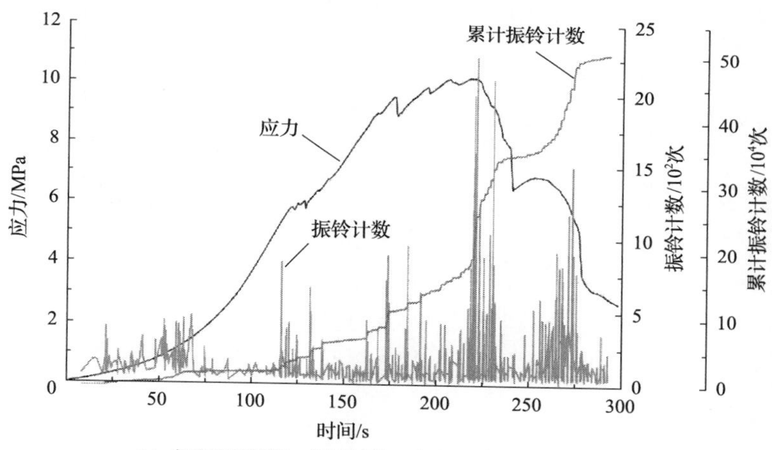

(c) 自然饱和煤样B2振铃计数、应力随时间变化

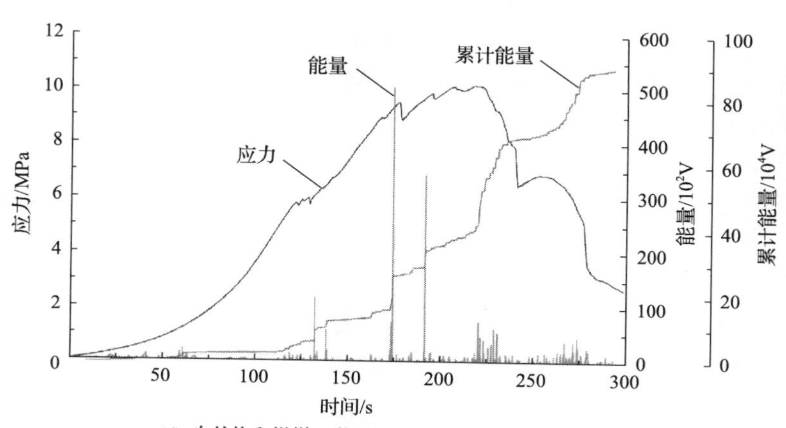

(d) 自然饱和煤样B2能量、应力随时间变化

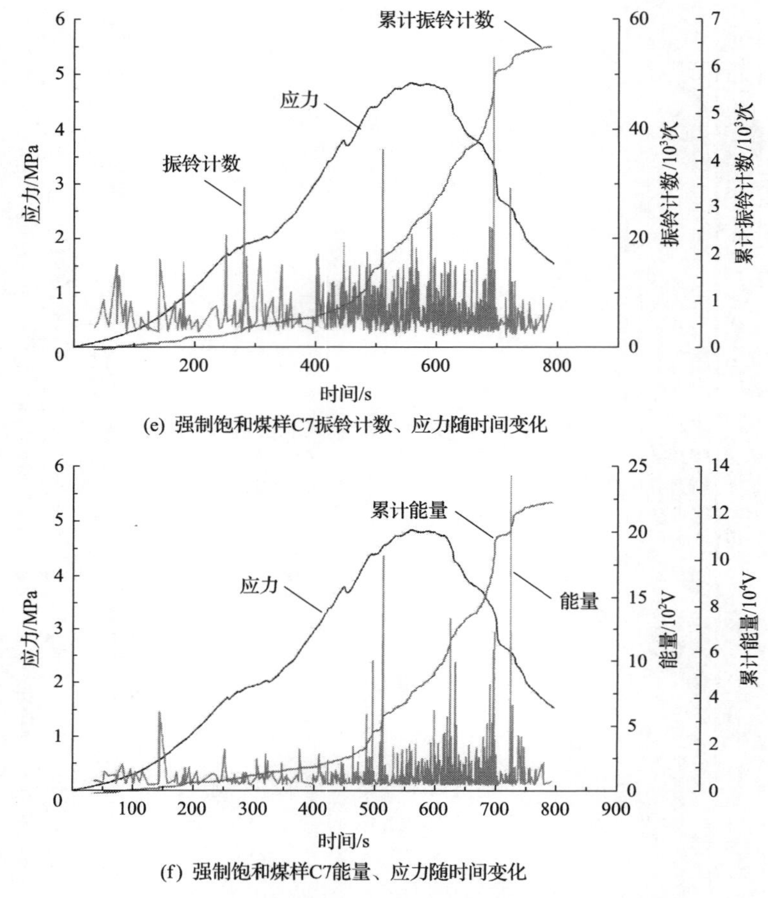

(e) 强制饱和煤样C7振铃计数、应力随时间变化

(f) 强制饱和煤样C7能量、应力随时间变化

图 2-19　不同含水煤样应力-时间-振铃计数/能量关系曲线

弹性变形阶段，不同含水煤样声发射信号逐渐递增，自然煤样与自然饱和煤样振铃计数、能量值增幅较大，振铃计数是强制饱和煤样的 5～10 倍，能量值是强制饱水煤样的 2～10 倍。累计曲线均随时间递增，强制饱和煤样递增最慢，斜率最小。

塑性变形阶段，随着轴向应力的增大，裂纹、孔隙发育延展，内部损伤加剧，声发射信号频繁活动，且波动较大。自然煤样声发射曲线波动较大，出现跳跃式增长，并在峰值附近达到最大，在 4×10^5 数量级上振铃计数居多；自然饱和煤样曲线类似自然煤样，但在 4×10^5 数量级上振铃计数少于自然煤样，水分在塑性变形阶段发挥作用；强制饱和煤样相对前期加载阶段，曲线波动较大，相对于自然煤样和自然饱和煤样声发射较平静，振铃计数与能量值只出现一次峰值，之后波动不明显，数量级上相差 40 多倍。

破坏阶段，应力的增加致使大量裂纹滋生与贯通，产生破坏，声发射振铃计数与能量值发生急剧上升且有突降的趋势，声发射峰值随含水率的增大而逐渐减小，延迟性随含水率的增大而加大。自然煤样与自然饱和煤样因内部裂隙贯通，声发射剧烈，声发射峰值均出现在应力峰值之前，自然饱和煤样相对滞后；强制饱和煤样的声发射峰值出现在应力峰值之后，随后声发射水平急剧衰减。加载过程中，自然煤样的振铃计数约为自然饱和煤样的 1.5 倍，自然饱和煤样的振铃计数约为强制饱和煤样的 8 倍；自然煤样的能量值约为自然饱和煤样的 1.6 倍，自然饱和煤样的能量值约为强制饱和煤样的 7 倍。

为进一步分析不同含水状态对声发射特征的影响，绘制出 3 种状态下煤样累计振铃计数、累计能量值对比图，如图 2-20 所示。

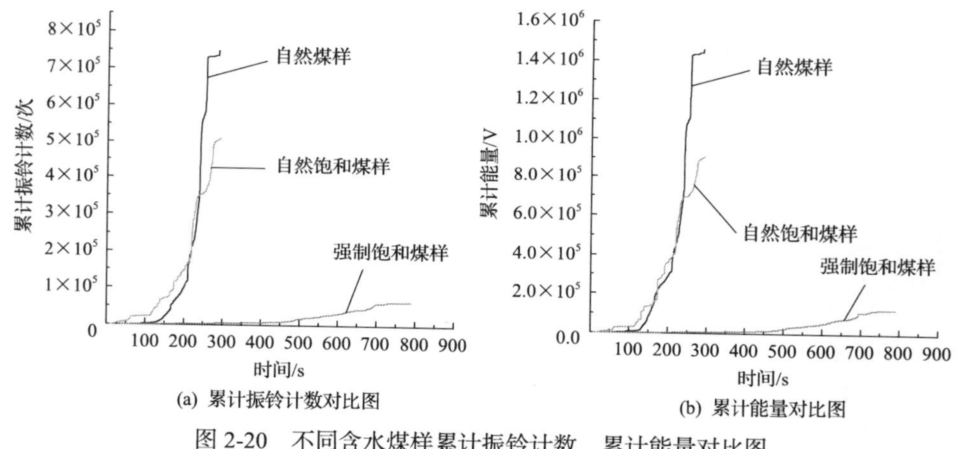

(a) 累计振铃计数对比图　(b) 累计能量对比图

图 2-20　不同含水煤样累计振铃计数、累计能量对比图

从图 2-20 中可以看出，声发射累计振铃计数、累计能量值随含水率的增加而减少，且强制饱和煤样高压注水时就已经产生内部损伤，因此在声发射试验过程中声发射信号较弱，在加载过程中，自然饱和煤样的累计振铃计数为自然煤样的 66%，强制饱和煤样的累计振铃计数仅为自然煤样的 8.6%，自然饱和煤样的累计能量为自然煤样的 64%，强制饱和煤样的累计能量仅为自然煤样的 9.2%。从累计曲线上看，自然煤样与自然饱和煤样呈垂直式增长，发生脆性破坏，而强制饱和煤样增长缓慢，直到破坏也是趋近于水平式增长，表明强制饱和煤样从加载到破坏过程中，内部损伤平缓不具有突发性，释放能量较低，发生平稳性破坏，相对自然煤样和自然饱和煤样，存在破坏“滞后性”。

2.3.4　三轴压缩煤样强度与变形特性分析

1. 三轴压缩试验结果

对自然煤样、自然饱和煤样、强制饱和煤样进行三轴压缩试验，因煤样均质性差、离散度高，每种含水状态于围压 5MPa、10MPa、15MPa 下各重复试验 3 个煤样，围压升高，均质性提高，20MPa 下重复试验 1 个煤样，试验结果见表 2-3～

表 2-5。

表 2-3　自然煤样三轴压缩试验结果

试样编号	w/%	σ_3/MPa	σ_s/MPa	E_T/GPa	E_{50}/GPa	$\varepsilon/10^{-3}$
A1	1.52	5	52.78	3.47	3.03	18.18
A15	1.54	5	47.07	3.29	2.94	18.40
A2	1.52	5	44.58	3.09	2.98	20.82
A6	1.50	10	70.16	4.22	4.20	18.40
A9	1.51	10	72.72	4.34	4.12	18.97
A14	1.50	10	74.11	4.27	4.05	18.80
A5	1.50	15	83.14	4.34	4.35	19.03
A8	1.47	15	75.66	4.32	4.31	17.10
A20	1.56	15	82.71	4.47	4.34	20.30
A10	1.53	20	87.23	4.06	4.46	22.09

注：w 表示含水率；σ_3 表示围压；E_T 表示弹性模量；E_{50} 表示变形模量；ε 表示应变；σ_1 表示单轴抗压强度。

表 2-4　自然饱和煤样三轴压缩试验结果

试样编号	w/%	σ_3/MPa	σ_s/MPa	E_T/GPa	E_{50}/GPa	$\varepsilon/10^{-3}$
B7	2.10	5	47.85	3.74	2.89	17.47
B8	1.96	5	47.80	4.29	3.79	15.26
B9	2.15	5	45.43	3.77	3.46	14.08
B13	2.05	10	67.32	4.32	4.15	16.38
B14	2.08	10	67.21	4.05	3.90	18.89
B15	2.12	10	55.08	3.21	3.32	21.45
B17	1.98	15	77.75	4.15	4.00	19.70
B18	1.97	15	79.04	4.13	4.10	20.08
B19	1.90	15	75.69	4.08	4.06	21.32
B10	2.05	20	85.81	4.57	4.45	24.50

表 2-5　强制饱和煤样三轴压缩试验结果

试样编号	w/%	σ_3/MPa	σ_s/MPa	E_T/GPa	E_{50}/GPa	$\varepsilon/10^{-3}$
C12	4.2	5	31.15	1.98	1.95	26.87
C17	4.4	5	30.35	1.86	1.80	24.05
C20	3.9	5	33.10	1.84	1.63	25.86
C8	4.2	10	41.48	2.14	2.23	40.06
C16	4.2	10	47.67	2.56	2.69	40.90
C18	3.9	10	47.38	2.38	2.46	42.64
C5	3.9	15	54.69	3.64	3.33	40.60
C11	4.0	15	53.10	3.11	3.14	45.20
C15	3.8	15	49.02	3.13	3.10	42.60
C10	4.1	20	59.75	2.11	2.90	50.45

2. 不同围压煤样变形特征

在三轴压缩变形过程中，煤样主要经过内部颗粒骨架的压缩，裂隙之间的滑移，以及孔隙、裂隙的闭合过程[11,12]。不同围压下裂隙之间的摩擦特征均不相同，产生的变形也不同。提高围压促使煤样内部孔隙和缺陷闭合[13,14]，增加煤样的致密性，煤样的力学特性也会发生相应的改变[15]。

试验所得的变形参数从表 2-3～表 2-5 中提取并进行分析，可知变形参数随围压发生变化。

1) 应变随围压的变化规律

从图 2-21 可以看出，不同含水煤样的应变与围压呈二次曲线关系，大体上随着围压的增大，应变有增大的趋势。在自然煤样中随着围压的增大，应变增幅并不明显，导致个别点不遵循此规律，可能是煤样离散性较大的原因，总体强制饱和煤样在不同围压下应变最大。

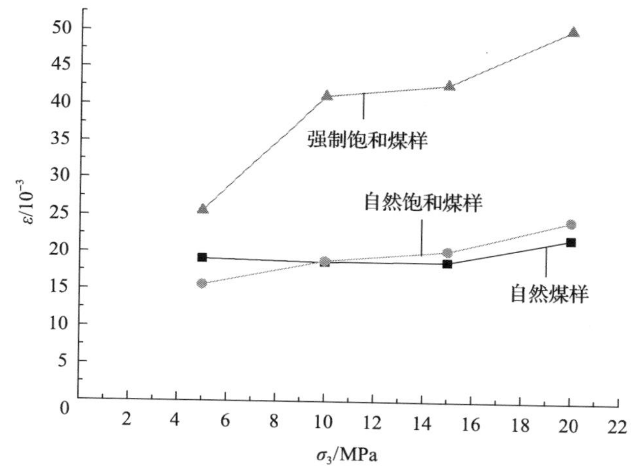

图 2-21　不同含水煤样应变随围压变化的关系曲线

2) 弹性模量随围压的变化规律

根据表 2-3～表 2-5，可得出弹性模量随围压的变化曲线，如图 2-22 所示。

随着围压的增加，自然煤样和强制饱和煤样的弹性模量大体呈先增加后减小的趋势，自然饱和煤样随着围压的增加出现先减小后增大的规律，弹性模量数据相差 0.1GPa 左右，可忽略煤样自身的离散性，因此整体来说，不同含水煤样随着围压的增加，弹性模量有增大的趋势，但当围压增加到一定程度时，弹性模量的增加幅度较小，甚至弹性模量出现降低的趋势，出现这种规律是煤样离散性所致，不同围压下强制饱和煤样相对自然煤样、自然饱和煤样弹性模量最小。

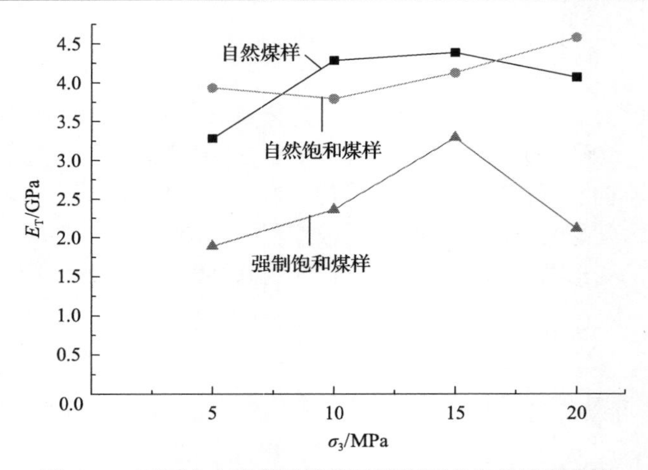

图 2-22　不同含水煤样弹性模量随围压变化的关系曲线

3) 变形模量随围压的变化规律

根据表 2-3～表 2-5，可得出变形模量随围压的变化曲线，如图 2-23 所示。

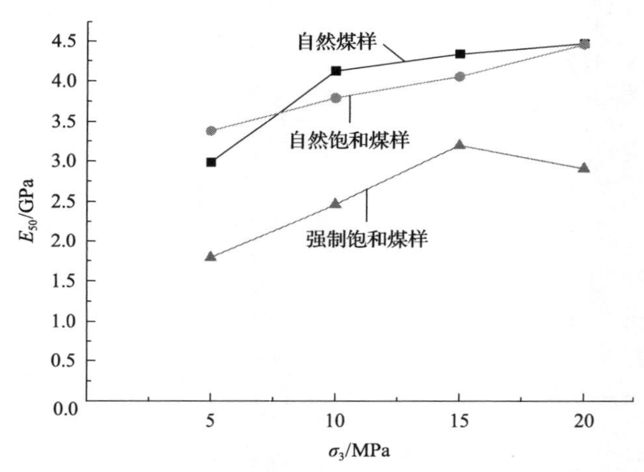

图 2-23　不同含水煤样变形模量随围压变化的关系曲线

回归分析可得，不同含水煤样变形模量随围压的变化关系如下。

自然煤样：

$$E_{50} = -0.0093\sigma_3^2 + 0.3239\sigma_3 + 1.647,\ R^2 = 0.8649 \tag{2-3}$$

自然饱和煤样：

$$E_{50} = 0.0694\sigma_3 + 3.05,\ R^2 = 0.9859 \tag{2-4}$$

强制饱和煤样：

$$E_{50} = -0.0096\sigma_3^2 + 0.32\sigma_3 + 0.37,\ R^2 = 0.8428 \tag{2-5}$$

式中，σ_3为围压；E_{50}为变形模量；R^2为相关系数。

从图 2-23 可以看出，不同含水煤样变形模量随围压的变化呈二次曲线或直线关系，均是随着围压的增大，变形模量大体上呈增长趋势。

从图 2-22 与图 2-23 可以看出，忽略煤样离散性因素，随着围压的增大，不同含水煤样的弹性模量与变形模量整体上呈增大趋势，说明针对不同含水煤样，围压增大，使得煤样抵抗变形的能力增强，刚度增大，在一定应力作用下，发生弹性变形越小。不同围压下，强制饱和煤样的变形模量最小。

3. 相同围压不同煤样变形特征

以往对岩石泡水后的力学特性研究较多[16-19]，应力峰值对应的轴向应变随含水率的增长呈正线性增长，含水率对弹性模量的影响在不同岩性岩石中所表现出的规律不尽相同，而针对煤样在不同含水条件下所表现的力学特性的研究甚少，本章对不同含水煤样在相同围压下的力学特性加以分析研究。

试验所得的变形参数从表 2-3～表 2-5 中提取并进行拟合分析，变形参数随含水率的变化如下所述。

1) 应变随含水状态的变化规律

对相同围压下的三个点进行回归分析可得，不同含水煤样应变随含水率的变化关系如下。

围压为 5MPa：

$$\varepsilon_1 = 4.159w^2 - 21.38w + 42.01,\ R^2 = 1 \tag{2-6}$$

围压为 10MPa：

$$\varepsilon_1 = 3.735w^2 - 12.97w + 29.81,\ R^2 = 1 \tag{2-7}$$

围压为 15MPa：

$$\varepsilon_1 = 2.794w^2 - 7.033w + 23.04,\ R^2 = 1 \tag{2-8}$$

围压为 20MPa：

$$\varepsilon_1 = 2.807w^2 - 5.474w + 23.92,\ R^2 = 1 \tag{2-9}$$

式中，ε_1为峰值应变；w为含水率；R^2为相关系数。

从图 2-24 及对每个围压下由三个点拟合而成的二次曲线可知，随着含水率的增加，相同围压下，不同含水煤样的峰值应变呈增大的趋势，水减小了煤样颗粒间的摩擦力。自然饱和煤样相对自然煤样峰值应变增幅较小，不同围压下峰值应变平均增幅仅为 6.8%，甚至应变出现降低，其原因是自然饱和煤样吸水率受限制，自然饱和煤样已经达到自身的吸水极限，含水率仅高于自然煤样 0.5%，水分对颗粒间的软化、润滑作用并不明显，导致颗粒间的摩擦依然较大，峰值应变增加不明显，塑性不强。而强制饱和煤样相对自然煤样与自然饱和煤样峰值应变增幅较大，不同围压下峰值应变平均增幅可达 54.66%，说明强制饱和煤样吸水率高，水分对内部的润滑与软化作用明显，峰值应变增加明显，塑性较强。

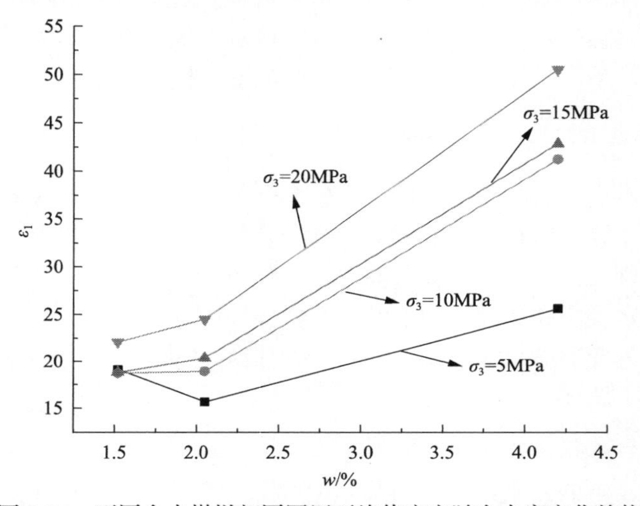

图 2-24 不同含水煤样相同围压下峰值应变随含水率变化趋势

2) 弹性模量随含水状态的变化规律

根据表 2-3～表 2-5，可得出弹性模量随含水率的变化曲线，如图 2-25 所示。

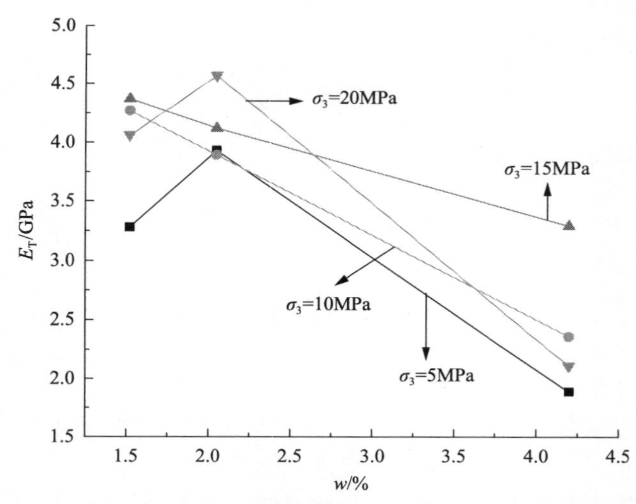

图 2-25 不同含水煤样相同围压下弹性模量随含水率变化趋势

对相同围压下的 3 个点进行回归分析可以得到如下关系式。

围压为 5MPa：

$$E_{\mathrm{T}} = -0.812w^2 + 4.12w - 1.11,\ \ R^2 = 1 \tag{2-10}$$

围压为 10MPa：

$$E_{\mathrm{T}} = 0.002w^2 - 0.724w + 5.366,\ \ R^2 = 1 \tag{2-11}$$

围压为 15MPa：

$$E_{\mathrm{T}} = 0.032w^2 - 0.586w + 5.18,\ \ R^2 = 1 \tag{2-12}$$

围压为 20MPa：

$$E_{\mathrm{T}} = -0.786w^2 + 3.768w + 0.148,\ \ R^2 = 1 \tag{2-13}$$

式中，E_{T}为弹性模量；w为含水率；R^2为相关系数。

从图 2-25 及对每个围压下由 3 个点拟合而成的二次曲线可知，随着含水率的增加，相同围压下随着含水率的增加，煤样的弹性模量呈减小的趋势。当围压为 5MPa 与 20MPa 时，弹性模量出现先增加后减小的趋势，主要是自然饱和煤样弹性模量高于自然煤样，高出数值为 0.5GPa 左右，并且含水率在自然煤样、自然饱和煤样两者间相差不大，水对煤样的影响作用近似一致。不同含水煤样的弹性模量大体呈降低趋势，在不同围压下强制饱和煤样的弹性模量最小，说明强制饱和相对自然饱和对煤样变形特征的影响较为显著。

3）变形模量随含水状态的变化规律

根据表 2-3～表 2-5，可得出变形模量随含水率的变化曲线，如图 2-26 所示。

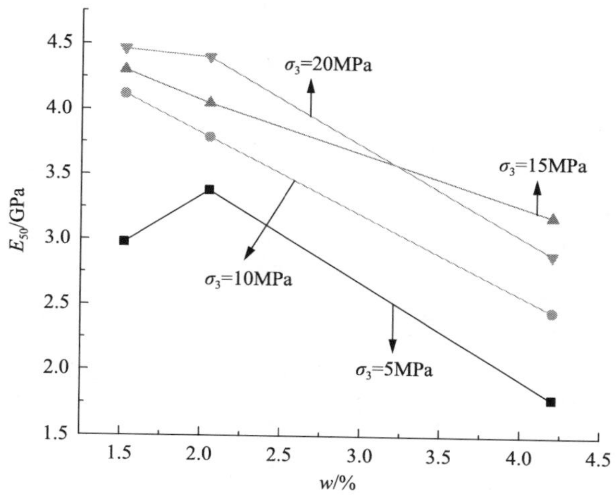

图 2-26　不同含水煤样相同围压下变形模量随含水率变化趋势

相同围压下不同含水煤样的变形模量随含水率的变化趋势与弹性模量随含水率的变化趋势一致，均是随含水率的增高呈减小的趋势。变形模量是衡量物体压缩变形特性的指标，变形模量越大，压缩性越弱。从图 2-26 中可以看出，相同围压下含水率升高，变形模量减小，煤样压缩性越强，塑性就越强，强制饱和煤样的变形模量最小，3 种含水煤样中强制饱和煤样的压缩性能最好，塑性最强。

4. 含水煤样三轴压缩破坏机理与应力三维度的关系

煤样的压缩破坏主要与材料的性质和应力状态的影响有关。三轴压缩下煤样的破坏形式主要是剪切破坏，低围压下呈局部剪切破坏，高围压下由整体剪切破坏向塑性破坏过渡。文献[20]表明针对煤样的三轴压缩，围压为 5MPa 时发生局部剪切破坏；围压为 10MPa、20MPa 时发生整体剪切破坏。

三轴压缩试验完毕后，从压力室取出破碎煤样，需用木槌从压力罐中将破碎煤样敲打出来，取出的煤样所表现出的破坏形式不反映真实性。因为自然煤样试验完毕后较少受试验影响，所以其可自行从压力室中取出。自然饱和煤样与强制饱和煤样三轴压缩试验后较为破碎，扩容较大，较难从压力室中自由脱落。自然煤样三轴压缩部分破坏形式如图 2-27 所示，其破坏形式均是剪切破坏。

(a)　(b)　(c)　(d)

图 2-27　自然煤样三轴压缩部分破坏形式

本书引入应力三维度概念[12,13]，分析不同含水煤样的破坏机理与应力三维度的关系，用 R_σ 表示，其表达式如下：

$$R_\sigma = \frac{\sigma_m}{\sigma_e} = \frac{\sqrt{2}(\sigma_1 + \sigma_2 + \sigma_3)}{3\sqrt{(\sigma_1 - \sigma_2)^2 + (\sigma_2 - \sigma_3)^2 + (\sigma_3 - \sigma_1)^2}} \tag{2-14}$$

式中，σ_m 为平均应力；σ_e 为等效应力；σ_1、σ_2、σ_3 为 3 个方向上的主应力。代入试验数据后计算出的不同围压下的应力三维度数值见表 2-6。文献[14]中 $-0.521 \leqslant R_\sigma \leqslant -0.446$，用来区分局部剪切与整体剪切的临界值。对于自然煤样，围压为 15MPa、20MPa 时煤样破坏形式为整体剪切破坏，围压为 5MPa 时煤样破坏形式为局部剪切破坏。自然饱和煤样在围压高于 10MPa 时发生整体剪切破坏，围压为 5MPa 时破坏形式为局部剪切破坏。强制饱和煤样应力三维度数值整体小于−0.521MPa，即煤样破坏后的形式为整体剪切破坏及塑性破坏。

表 2-6　不同围压下的应力三维度数值　　（单位：MPa）

	围压为 5MPa	围压为 10MPa	围压为 15MPa	围压为 20MPa
自然	−0.448	−0.492	−0.561	−0.629
自然饱和	−0.451	−0.521	−0.572	−0.635
强制饱和	−0.520	−0.613	−0.733	−0.834

从图 2-28 中可以看出，不同含水煤样随围压的增高，R_σ 值减小，使试样处于受压状态，自身形变较大，易于被剪断。因此，随着围压的增高，不同含水煤样

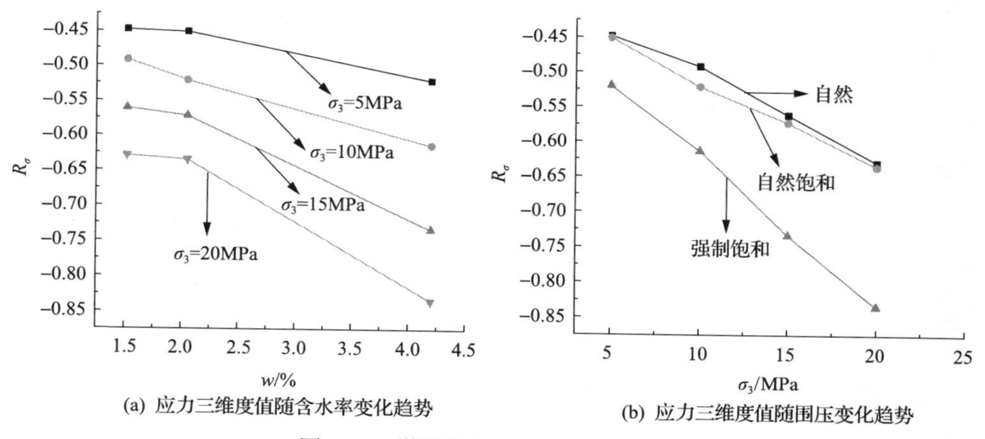

(a) 应力三维度值随含水率变化趋势　　(b) 应力三维度值随围压变化趋势

图 2-28　煤样应力三维度值变化曲线

易发生剪切破坏。自然煤样 R_σ 值整体偏大，自身变形较小且扩容小，可以解释为从压力罐中自由脱落。

随着含水率的增高，不同围压下的 R_σ 值减小。R_σ 值越小，受压程度越强，表现为有较好的塑性。强制饱和煤样的 R_σ 值整体偏小，表明在低围压下内部即可发生塑性流动，整体受压程度较强，低围压下发生整体剪切破坏，高围压下发生塑性破坏。

2.3.5　三轴压缩煤样声发射特征

根据三轴声发射试验采集的数据，绘制自然、自然饱和、强制饱和 3 种状态下煤样应力、时间、振铃计数/能量的变化曲线，如图 2-29～图 2-31 所示。

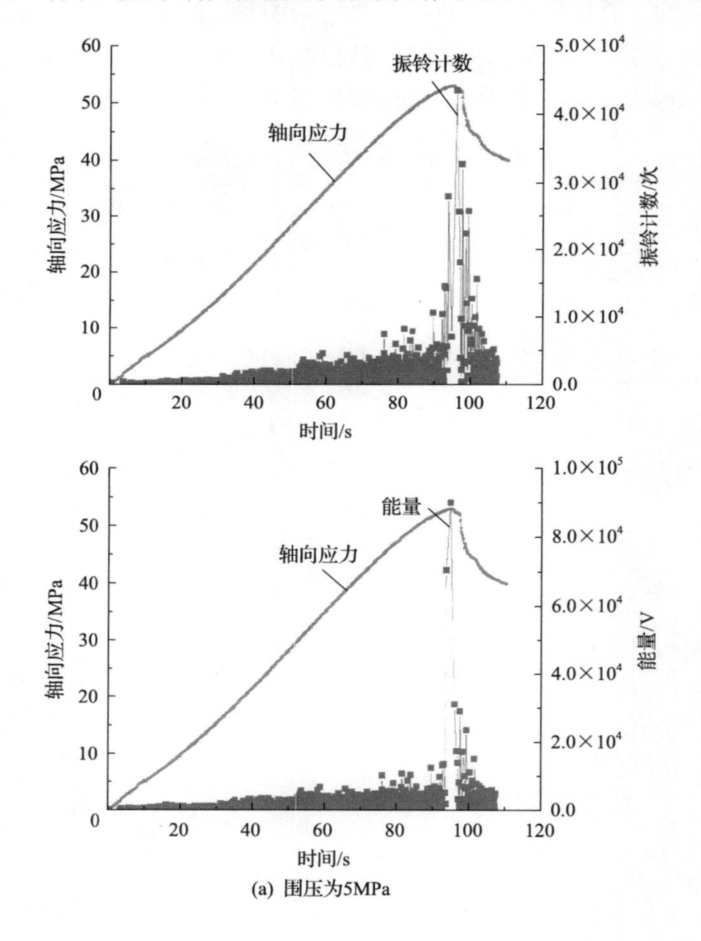

(a) 围压为5MPa

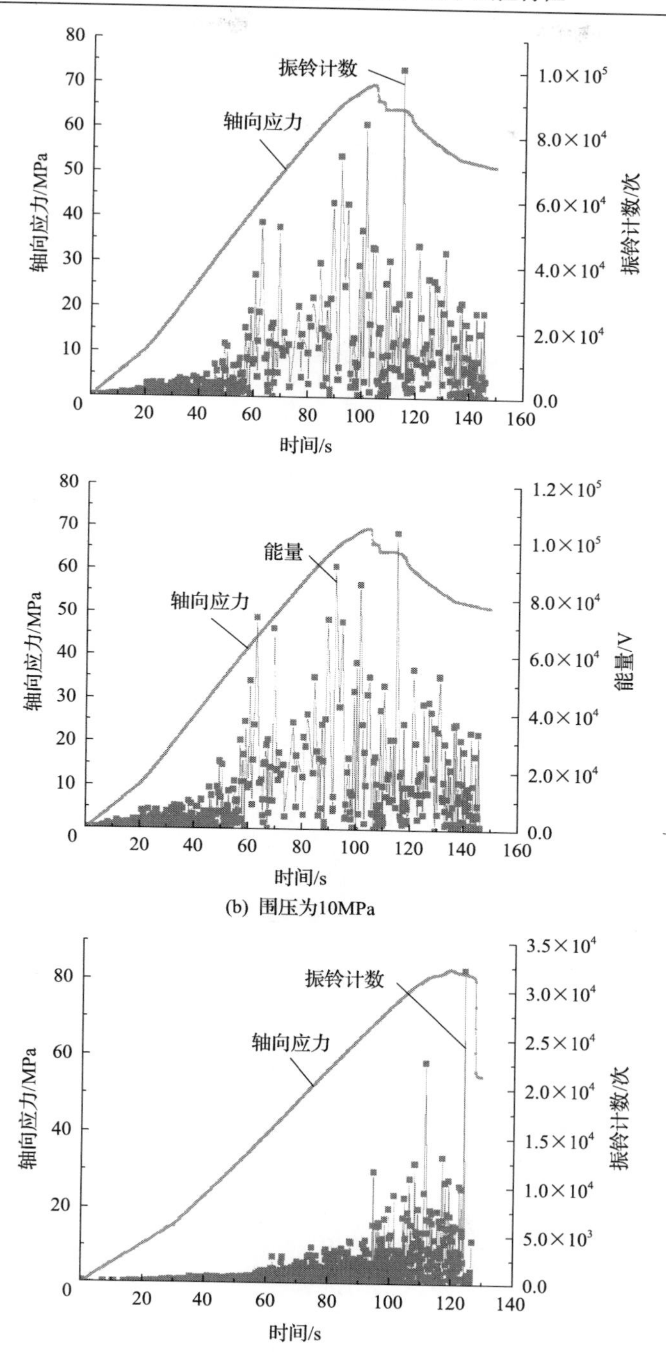
振铃计数
轴向应力
轴向应力/MPa
振铃计数/次
时间/s
能量
轴向应力
轴向应力/MPa
能量/V
时间/s
振铃计数
轴向应力
轴向应力/MPa
振铃计数/次
时间/s

(b) 围压为10MPa

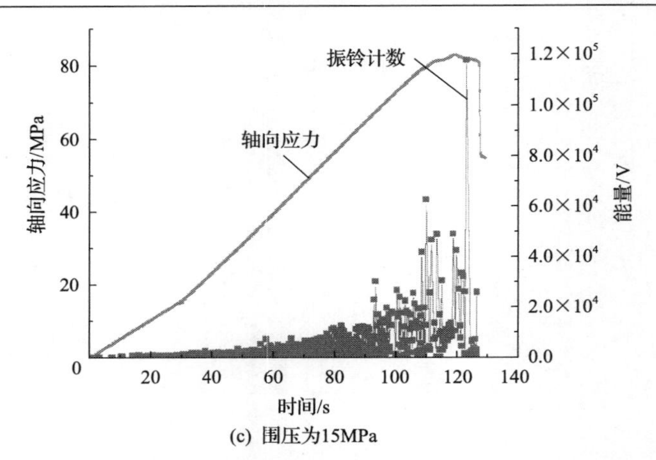

(c) 围压为15MPa

图 2-29　自然煤样应力-时间与声发射结果

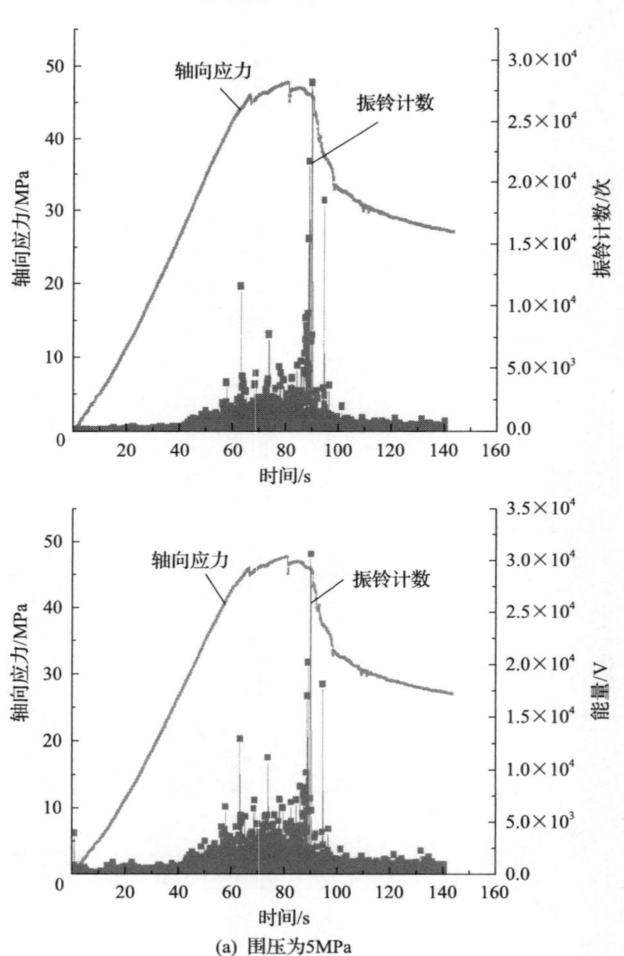

(a) 围压为5MPa

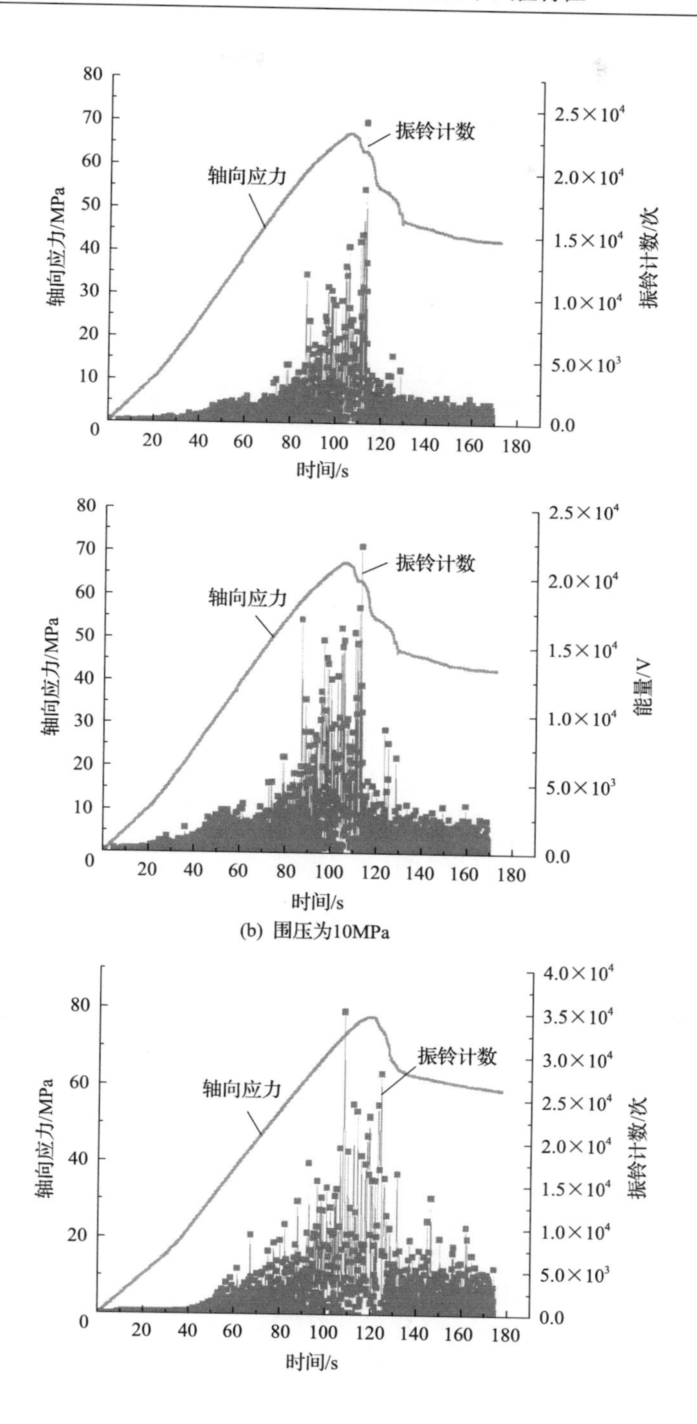

(b) 围压为10MPa

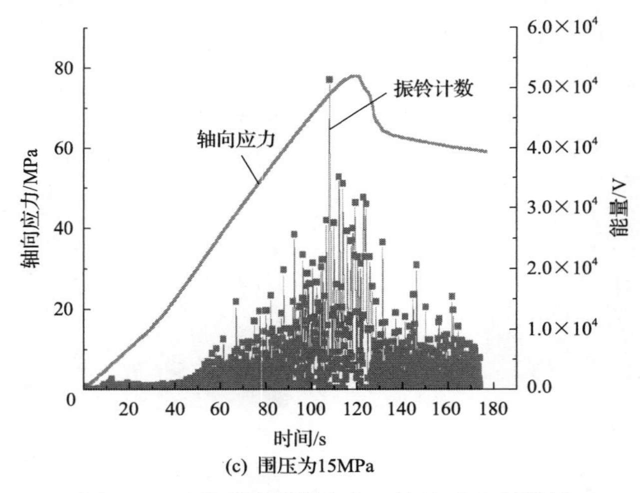

(c) 围压为15MPa

图 2-30　自然饱和煤样应力-时间与声发射结果

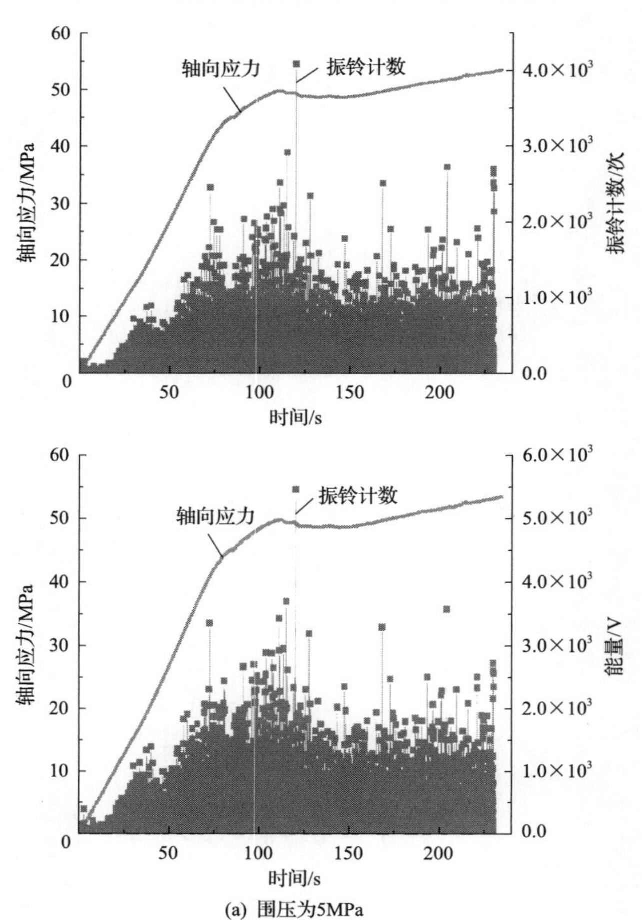

(a) 围压为5MPa

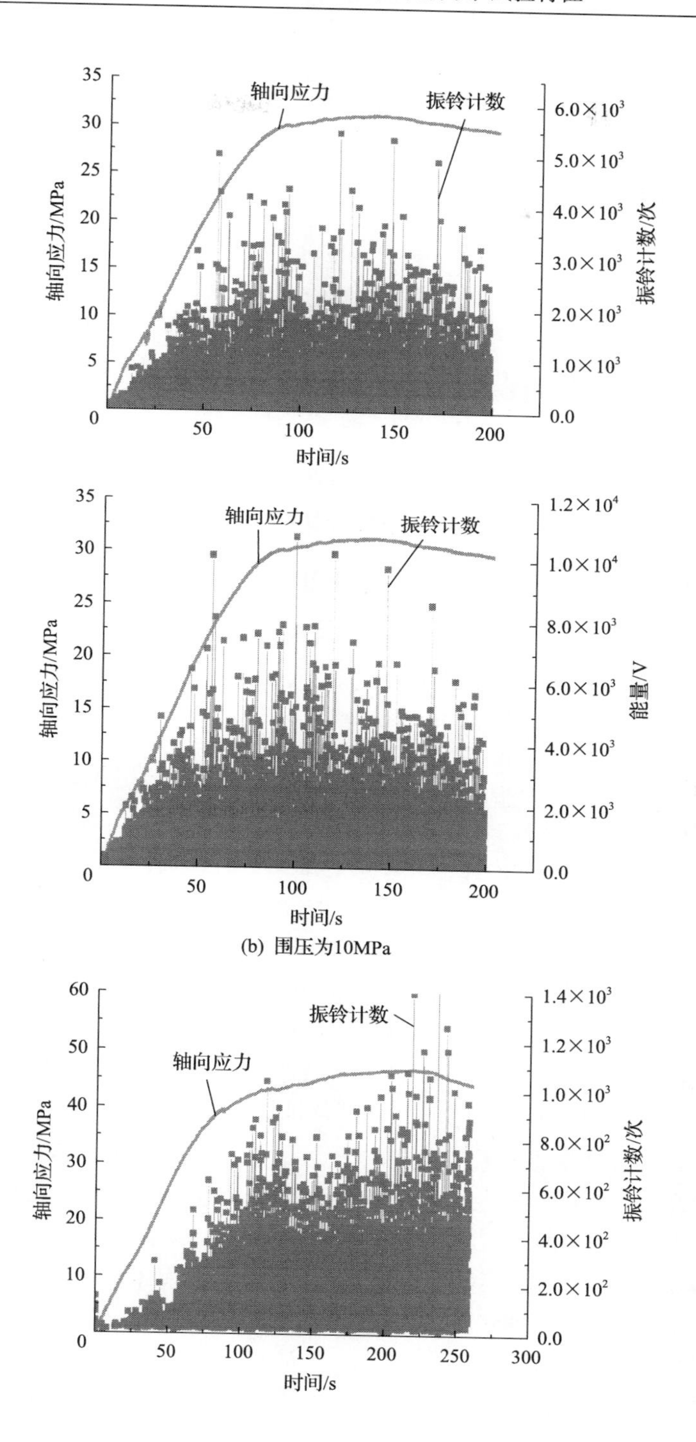

轴向应力
振铃计数
轴向应力/MPa
振铃计数/次
时间/s
0
5
10
15
20
25
30
35
50
100
150
200
0.0
1.0×10³
2.0×10³
3.0×10³
4.0×10³
5.0×10³
6.0×10³
轴向应力
振铃计数
轴向应力/MPa
能量/V
时间/s
0.0
2.0×10³
4.0×10³
6.0×10³
8.0×10³
1.0×10⁴
1.2×10⁴
振铃计数
轴向应力
轴向应力/MPa
振铃计数/次
时间/s
0
10
20
30
40
50
60
250
300
0.0
2.0×10²
4.0×10²
6.0×10²
8.0×10²
1.0×10³
1.2×10³
1.4×10³

(b) 围压为10MPa

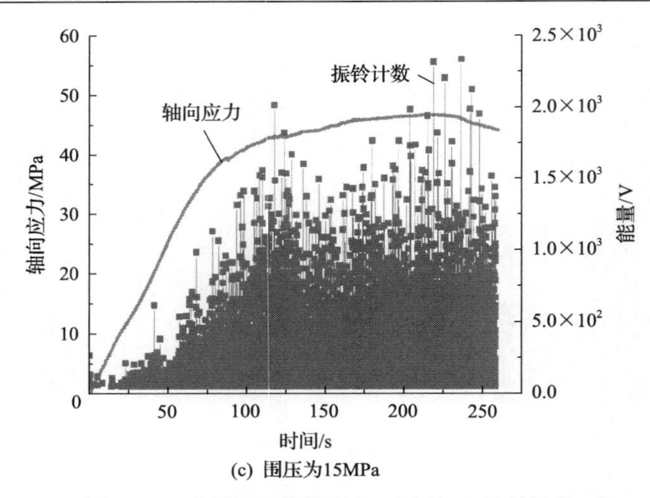

(c) 围压为15MPa

图 2-31　强制饱和煤样应力-时间与声发射结果

每种含水条件下，5MPa、10MPa、15MPa 围压各取一组数据进行分析并总结其不同围压、不同含水状态下的声发射特征。

1. 相同含水状态不同围压下的声发射特征

1) 自然煤样

与单轴压缩声发射试验不同，三轴加载初期不同围压下声发射活动均不明显，振铃计数与能量值都较低，当围压为 5MPa 与 10MPa 时，压密阶段振铃计数平均值 1000 左右，能量值也普遍低于 2000V，主要是因为在围压下，原始裂隙、孔隙压密闭合，期间没有新生裂纹产生，声发射信号较弱；当围压为 15MPa 时，压密阶段振铃计数平均值在 35 次，能量值在 96V 左右，其原因是在高围压下，轴向应力滞后于围压的作用，增加了煤样的整体刚度，此时声发射水平最弱，表明随着围压的增加，在压密阶段声发射信号逐渐减弱。

随着轴向应力的增加，进入弹性变形阶段，此时的振铃计数与能量值增加，但增幅较低，会在弹性变形阶段形成“平静期”，在弹性变形阶段可认为发生的是弹性变形，没有新生裂纹的生成与原生裂纹的扩展，声发射事件数依然较低，但随着围压的增加，“平静期”发生的时间会延长，表现为围压为 15MPa 时的“平静期”滞后围压为 5MPa 时 20s。经过弹性变形阶段后，煤样内部出现大量纵横交错的新生裂纹，以及原生裂纹大尺度延展，试样内部积累了大量弹性能，声发射水平有所提高，此阶段的振铃计数与能量值有所增加。

随着轴向应力的进一步提高，煤样内部的裂纹、孔隙、缺陷、弱面扩展汇合，从而导致宏观破裂面的形成，此时声发射信号最强，振铃计数与能量值达到最大，并且不同围压下的声发射峰值即应力峰值均滞后于宏观破裂时刻，针对自然煤样围压在 5MPa 时，声发射振铃计数峰值发生时刻在 95s；围压在 10MPa 时发生在 105s；围压在 15MPa 时发生在 125s。这表明随着围压的增加，声发射峰值的滞后现象随之延长。

2）自然饱和煤样

其声发射特征与自然煤样几乎一致，声发射峰值依然滞后于宏观破裂时刻，且声发射振铃计数与能量值曲线图相关性较好，声发射特征依然具有“围压效应”。随着围压的增加，煤样的整体性与刚度增大，声发射活动逐渐降低，与自然煤样声发射规律几乎一致，表明自然饱和对声发射的影响并不显著。

3）强制饱和煤样

从图 2-31 可以看出，压密阶段声发射振铃计数普遍在 20 次左右，声发射水平极低，随着轴向应力的增加，声发射水平升高，在塑性阶段与破坏阶段趋于平稳，即处于声发射“平静期”，在此期间声发射活动平稳。随着围压的增高，“平稳值”降低，在围压为 15MPa 时振铃计数稳定在 1200 次左右，能量值为 1500V 左右，强制饱和煤样的声发射峰值均发生在煤样的应力曲线的破坏阶段，并随着围压的增加，滞后的时间在延长。

2. 相同围压不同含水状态下的声发射特征

相同围压下，随着含水率的增加，声发射水平逐渐降低，振铃计数与能量峰值也有减小的趋势。在围压为 5MPa 时，自然煤样与自然饱和煤样在压密阶段声发射信号较低且几乎一致，而强制饱和煤样在此阶段声发射信号更弱，表明自然吸水对声发射的影响并不明显而强制吸水会降低声发射振铃计数，减小应力波的释放，并且煤样初始损伤也会影响声发射能量。进入弹性变形阶段，不同含水煤样的声发射振铃计数与能量值均开始增加，但强制饱和煤样的声发射水平增加得依然不明显，降低数量级才能看到声发射事件数在增加，强制饱和煤样声发射信号明显波动的时间要滞后于自然煤样与自然饱和煤样。

随着载荷的增大，煤样宏观破裂面出现，声发射信号增强，出现声发射信号最大值且均发生在破裂时刻之后，但随着含水率的增加，围压为 5MPa 时，强制饱和煤样出现声发射振铃计数峰值的时间平均滞后自然煤样与自然饱和煤样 15s；围压为 10MPa 时，强制饱和煤样出现声发射振铃计数峰值的时间平均滞后自然煤样与自然饱和煤样 23s；围压为 15MPa 时，强制饱和煤样出现声发射振铃计数峰值的时间平均滞后自然煤样与自然饱和煤样 62s。这表明，声发射振铃计数峰值滞后效应在强制饱和煤样中最为明显，且围压的增加可延长滞后时间。

整体来看，在每个围压下，强制饱和煤样声发射水平最低，振铃计数与能量值远低于自然煤样与自然饱和煤样。

参 考 文 献

[1] 潘俊锋，宁宇，蓝航，等. 基于千秋矿冲击性煤样浸水时间效应的煤层注水方法[J]. 煤炭学报，2012，37(S1)：19-25.

[2] 刘忠锋，康天合，鲁伟，等. 煤层注水对煤体力学特性影响的试验[J]. 煤炭科学技术，2010，38(1)：17-19.

[3] 苏承东，翟新献，魏向志，等. 饱水时间对千秋煤矿 2#煤层冲击倾向性指标的影响[J]. 岩石力学与工程学报，2014，33(2)：235-242.

[4] 熊德国，赵忠明，苏承东，等. 饱水对煤系地层岩石力学性质影响的试验研究[J]. 岩石力学与工程学报，2011，30(5)：998-1006.

[5] 仵彦卿，张倬元. 岩体水力学导论[M]. 成都：西南交通大学出版社，1995.

[6] 许江，杨红伟，李树春，等. 循环加、卸载孔隙水压力对砂岩变形特性影响实验研究[J]. 岩石力学与工程学报，2009，28(5)：892-899.

[7] 许江，杨红伟，彭守建，等. 孔隙水压力与恒定时间对砂岩变形的实验研究[J]. 土木建筑与环境工程，2010，32(2)：19-25.

[8] 周维垣. 高等岩石力学[M]. 北京：水利电力出版社，1990.

[9] 蔡美峰. 岩石力学与工程[M]. 北京：科学出版社，2013.

[10] 何满潮，杨国兴，苗金丽，等. 岩爆实验碎屑分类及其研究方法[J]. 岩石力学与工程学报，2009，28(8)：1521-1529.

[11] 沈珠江. 理论土力学[M]. 北京：中国水利水电出版社，2000.

[12] 司马爱平. 应力三维度对材料断裂破坏的影响[D]. 上海：上海交通大学，2009.

[13] 李智慧，师俊平，汤安民. 脆性材料压剪断裂方向影响因素的宏细观分析[J]. 西安理工大学学报，2011，27(3)：280-284.

[14] 李智慧，师俊平，汤安民. 复杂应力状态下岩石的破坏形式及断裂准则探讨[J]. 固体力学学报，2015，36(S1)：50-57.

[15] 杨圣奇，温森. 不同直径煤样强度参数确定方法的探讨[J]. 岩土工程学报，2010，32(6)：881-891.

[16] 尤明庆，陈向雷，苏承东. 干燥及饱水岩石圆盘和圆环的巴西劈裂强度[J]. 岩石力学与工程学报，2011，30(3)：464-472.

[17] 周翠英，邓毅梅，谭祥韶，等. 饱水软岩力学性质软化的试验研究与应用[J]. 岩石力学与工程学报，2005，24(1)：33-38.

[18] 冒海军，杨春和，黄小兰，等. 不同含水条件下板岩力学实验研究与理论分析[J]. 岩土力学，2006，27(9)：1637-1642.

[19] 邓飞，张鑫，罗福友，等. 干燥与饱水状态下砂岩的声发射特征研究[J]. 矿业研究与开发，2015，(2)：73-78.

[20] 尤明庆，苏东，周英. 不同煤块的强度变形特性及强度准则的回归方法[J]. 岩石力学与工程学报，2003，22(12)：2081-2085.

第3章　动静组合加载下煤样动力学试验特征

矿山工程领域内，对静载作用下的岩石力学特征研究已经非常深入，且比较透彻，动载作用下的岩石力学特征及应力波响应研究也有很大的进展。研究表明，煤岩在受动载、静载时，其本构关系和力学特征均有较大的差异。煤岩在分离式霍普金森(Hopkinson)杆(简称SHPB)系统下的单动载加载试验成果也较多，但是在动静组合加载下煤岩力学性质研究方面的研究成果相对较少。李夕兵教授团队改进了SHPB系统进行了动静组合加载研究，获得了动力扰动作用下一维、三维岩石动力学特征[1-4]。深部矿山工程中的煤岩体承受的高地应力产生高静载，开采岩层自身破断或人工开挖给岩体附加动载，形成了动静组合加载的应力环境，如采场的爆破或大规模岩层断裂会诱发矿山地震，可能会使巷道或采场发生岩爆或冲击地压。因此，有必要研究煤岩在动静组合加载下的力学特性与破坏规律。

从水对煤岩材料的影响方面分析，静载条件下岩石类材料遇水强度降低是胶结物的破坏所致，如砂岩在接近饱和时强度可能损失15%[5]，而在极端情况下，蒙脱质黏土页岩在水饱和时可能出现全部破坏现象。饱水条件下对岩石强度影响最大的是孔隙和裂隙中的水压力(孔隙水压力)。因煤样与岩石的成因不同，内部结构差异较大，动静组合加载条件下表现的力学特征不同，特别是含水煤样条件下的研究文献较少，本章重点阐述含水煤样在一维、三维动静组合加载下的动力学强度特征。

3.1　煤岩动力学测试原理及方法

3.1.1　SHPB装置实验原理

J.Hopkinson 和 B.Hopkinson 在冲击动力学领域中的贡献具有里程碑意义，Hopkinson[6]提出的铁丝冲击拉伸试验(图 3-1)揭示了冲击动力学中的两个基本效应：惯性效应和应变率效应。Hopkinson[7]设计了一套Hopkinson杆实验装置系统(图3-2)，把测量冲量的弹道摆的长杆分为一长一短，从而可实现实测冲击(爆炸)载荷随时间变化的实际应力波形，这在当时无示波器等测量仪器的情况下是一种创新。

20世纪40年代后期，进一步发展到应用Hopkinson杆技术研究材料的中、高应变率特征，并将Hopkinson杆称为分离式Hopkinson杆，如图3-3所示，其中在SHPB发展过程中G.I.Taylor、E.Volterra、R.M.Davies、H.Kolsky也做出了重大贡献。SHPB实验系统装置设计原理较新颖，测量方法很可靠，设备结构较简单，操作使用较方便，是冲击动力学领域中研究材料动态力学性能的重要手段。

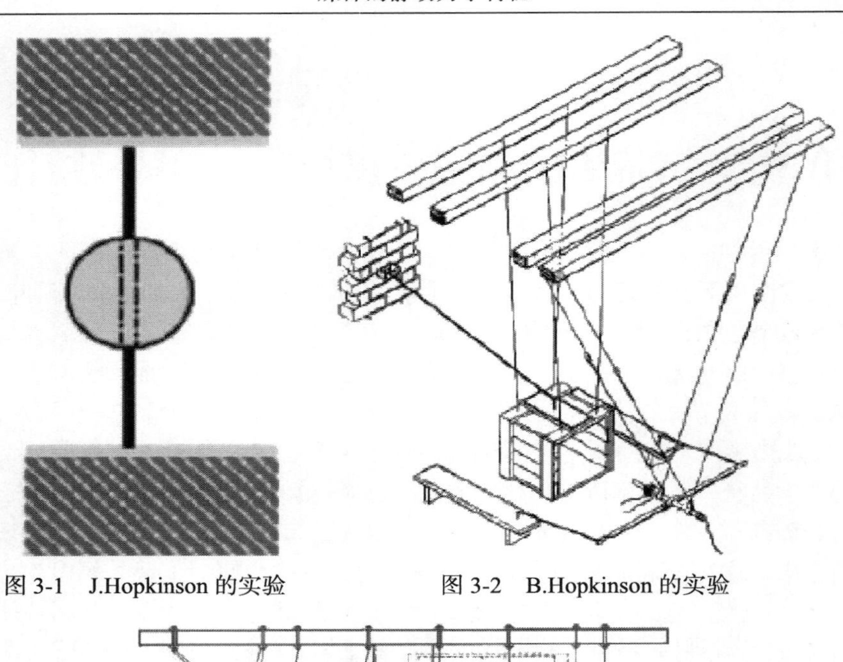

图 3-1　J.Hopkinson 的实验　　　　图 3-2　B.Hopkinson 的实验

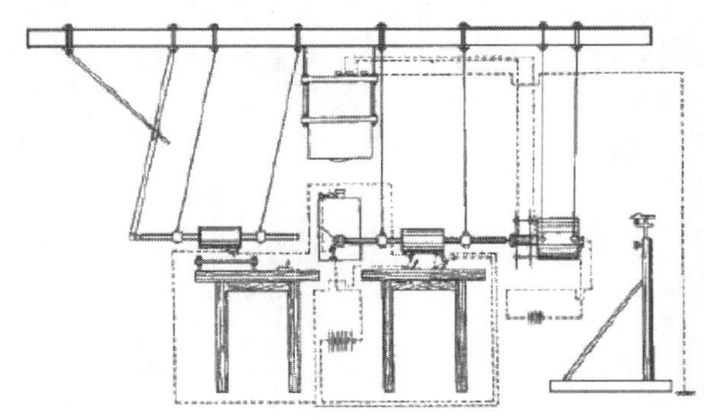

(a) E.Volterra[4]

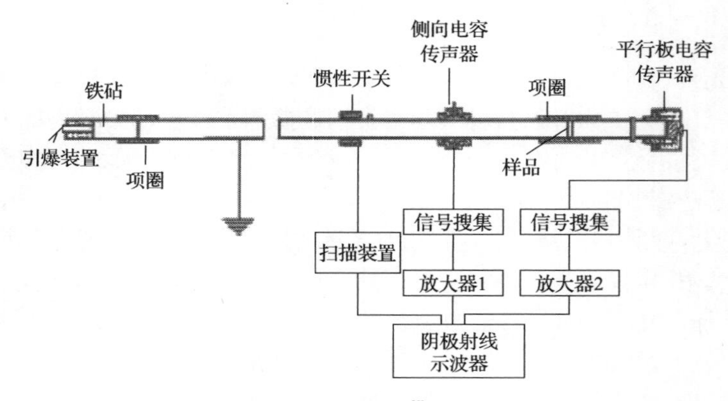

(b) H.Kolsky[5]

图 3-3　原始的 Kolsky 杆

目前，国内拥有 SHPB 实验系统装置的高校和科研单位已有百余家，研究材料涉及岩石、复合材料、混凝土、金属、高聚物、泡沫材料等领域。当前常见的 SHPB 实验系统装置由冲头、试样、入射杆、透射杆、监测应变片等组成，如图 3-4 所示。

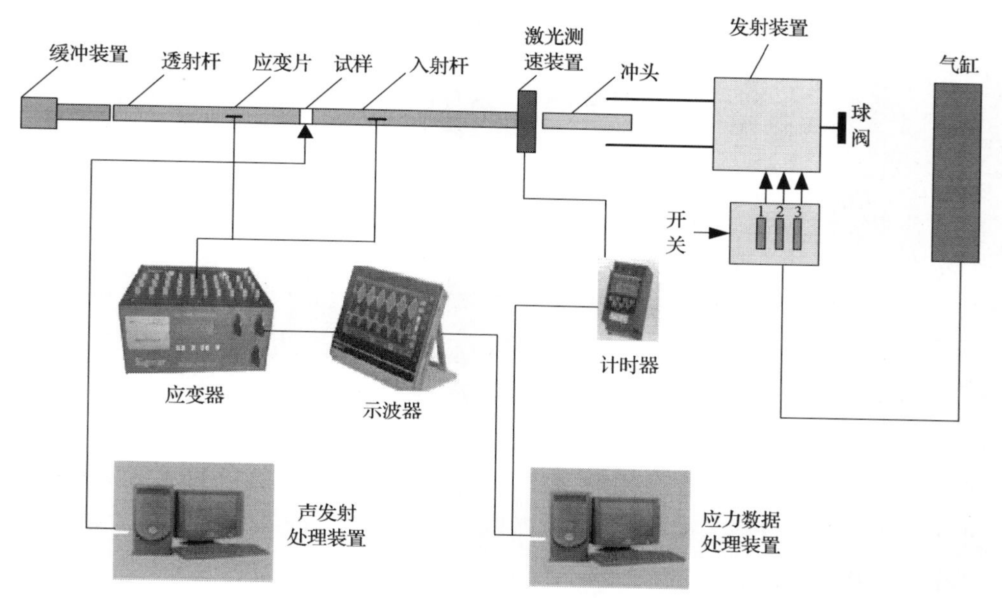

图 3-4　典型的 SHPB 实验系统装置

将试样放置于入射杆与透射杆之间，冲头在一定氮气压力作用下，以一定的速度 v 与入射杆对心撞击，在系统的入射杆端产生一应力脉冲 $\sigma_I(t)$，其产生的应力波幅值由冲头的速度 v 来控制，而波形加载试样历时大小可通过调整冲击子弹长度实现。冲头、透射杆和入射杆均处于弹性状态，而入射杆和透射杆有相同的直径和材质，其他参数如弹性模量、波阻抗、波速也相同。

在加载冲击系统中，一维应力波传播下，弹性应力入射波在入射杆中以波速 $C_0=\sqrt{E\rho^{-1}}$ (E 为弹性模量，ρ 为固体介质的密度)逐渐向前推进。试样在入射应力波加载下迅速变形，与此同时向入射杆传播具有反射脉冲 $\sigma_R(t)$、向透射杆传播具有透射脉冲 $\sigma_T(t)$，试样的动态力学行为不同是通过 $\sigma_I(t)$（σ_I 表示入射应力）、$\sigma_R(t)$ 和 $\sigma_T(t)$ 反映出来的。通过粘贴在入射杆上的应变片 G_I 观测到入射应变信号 $\varepsilon_I\left(X_{G_I},t\right)$ 和反射应变信号 $\varepsilon_R\left(X_{G_R},t\right)$，以及粘贴在透射杆上的应变片 G_T 所观测到的透射应变信号 $\varepsilon_T\left(X_{G_T},t\right)$。冲击子弹的速度 v 由激光计时器测量。当透射脉冲从吸收杆自由端反射时，吸收杆将使陷入其中的透射脉冲的动量分离，使透射杆在透射波通过后保持静止。

SHPB 试验是以一定的假定条件为基础，实验系统应处于一维应力状态，应力波在试样内要经几次入射、反射后，试样和弹性杆两个界面的应力均达到均匀，而且入射杆和透射杆与试样交界面的摩擦效应较小。

如图 3-5 所示，当试验测得试样与入射杆界面 X_1 处的应力 $\sigma(X_1,t)$ 和质点速度 $v(X_1,t)$，试样与透射杆界面 X_2 处的应力 $\sigma(X_2,t)$ 和质点速度 $v(X_2,t)$ 时，按式(3-1)～式(3-3)来计算试样的平均应力 $\sigma_s(t)$、应变率 $\dot{\varepsilon}_s(t)$、应变 $\varepsilon_s(t)$：

$$\sigma_s(t)=\frac{A}{2A_s}\left[\sigma(X_1,t)+\sigma(X_2,t)\right]=\frac{A}{2A_s}\left[\sigma_I(X_1,t)+\sigma_R(X_1,t)+\sigma_T(X_2,t)\right] \tag{3-1}$$

$$\dot{\varepsilon}_s(t)=\frac{v(X_2,t)-v(X_1,t)}{l_s}=\frac{v_T(X_2,t)-v_I(X_1,t)-v_R(X_1,t)}{l_s} \tag{3-2}$$

$$\varepsilon_s(t)=\int_0^t\dot{\varepsilon}_s(t)\mathrm{d}t=\frac{1}{l_s}\int_0^t\left[v_T(X_2,t)-v_I(X_1,t)-v_R(X_1,t)\right]\mathrm{d}t \tag{3-3}$$

式中，A 为压杆截面积；l_s 为试样长度；A_s 为试样截面积；$\sigma_I(X_1,t)$ 为试样与入射杆界面 X_1 处的入射应力；$\sigma_R(X_1,t)$ 为试样与入射界面 X_1 处的反射应力；$\sigma_T(X_2,t)$ 为试样与透射杆界面 X_2 处的透射应力；$v_T(X_2,t)$ 为试样与入射杆界面 X_2 处的透射速度；$v_I(X_1,t)$ 为试样与入射杆界面 X_1 处的入射速度；v_R 为试样与入射杆界面 X_1 处的反射速度。

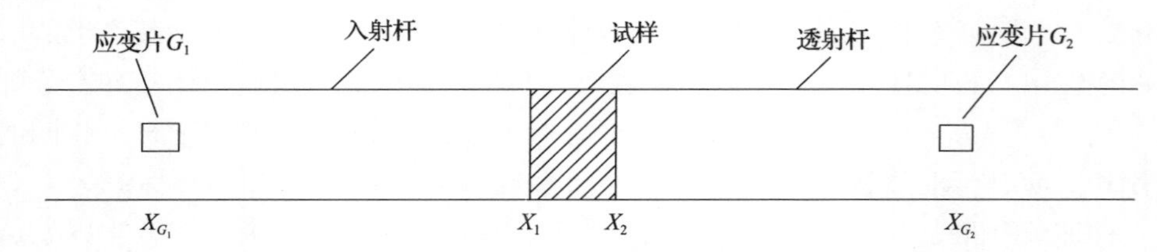

图 3-5　入射杆-试样-透射杆相对位置示意图

由一维弹性波理论可知，当压杆处于弹性状态时，应变、应力、质点速度之间存在如下线性比例关系：

$$\begin{cases}\sigma_1=\sigma(X_1,t)=\sigma_I(X_1,t)+\sigma_R(X_1,t)=E\left[\varepsilon_1(X_1,t)+\varepsilon_2(X_1,t)\right]\\ \sigma_2=\sigma(X_2,t)=\sigma_T(X_2,t)=E\varepsilon_T(X_2,t)\\ v_I=v(X_1,t)=v_I(X_1,t)+v_R(X_1,t)=C_0\left[\varepsilon_1(X_1,t)-\varepsilon_2(X_1,t)\right]\\ v_2=v(X_2,t)=v_T(X_2,t)=C_0\varepsilon_T(X_2,t)\end{cases} \tag{3-4}$$

若令试样的吸能值 W_s 为

$$W_s = W_I - W_R - W_T \tag{3-5}$$

式中，入射能、反射能、透射能 W_I、W_R、W_T 分别为

$$\begin{cases} W_I = \dfrac{A}{\rho C_0}\displaystyle\int_0^t \sigma_I^2(X_1,t)\mathrm{d}t = \dfrac{AE^2}{\rho C_0}\displaystyle\int_0^t \varepsilon_I^2\left(X_{G_1},t\right)\mathrm{d}t \\ W_R = \dfrac{A}{\rho C_0}\displaystyle\int_0^t \sigma_R^2(X_1,t)\mathrm{d}t = \dfrac{AE^2}{\rho C_0}\displaystyle\int_0^t \varepsilon_R^2\left(X_{G_1},t\right)\mathrm{d}t \\ W_T = \dfrac{A}{\rho C_0}\displaystyle\int_0^t \sigma_T^2(X_1,t)\mathrm{d}t = \dfrac{AE^2}{\rho C_0}\displaystyle\int_0^t \varepsilon_T^2\left(X_{G_1},t\right)\mathrm{d}t \end{cases} \tag{3-6}$$

式中，t 为应力波延续时间。

3.1.2　一维动静组合加载实验装置

试验采用中南大学资源与安全工程学院李夕兵教授等研制的改进的动静组合加载 SHPB 实验系统[8]，图 3-6 和图 3-7 分别为 SHPB 实验系统的平面示意图及实物图。入射杆和透射杆的杆径均为 50mm，采用试样与杆等径加载的方式进行冲

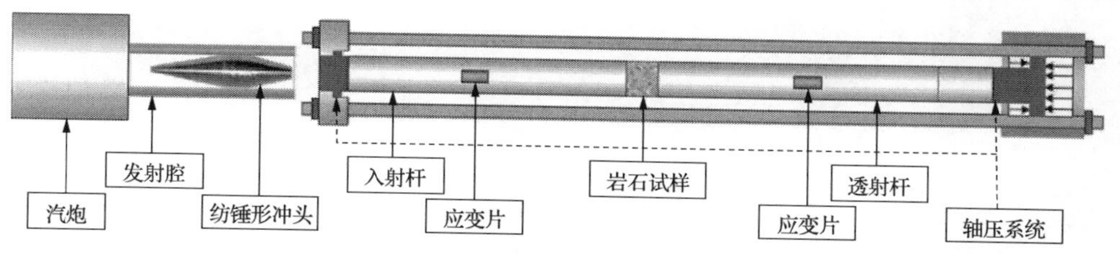

图 3-6　一维动静组合加载 SHPB 实验系统平面示意图

图 3-7　一维动静组合加载 SHPB 实验系统实物图

击加载。该系统可实现轴向加压，与常规的 SHPB 装置具有明显不同。进行静载加载范围为 0～200MPa、冲击动载加载范围为 0～500MPa 的动静组合加载，试样应变率范围为 10^0～10^3s^{-1}。

轴向静载加载系统主要由油缸、轴向活塞、液压油进出口和排气口及油泵组成。图 3-8 和图 3-9 分别为轴向静载加载装置和油泵实物图。油泵通过液压油进口与油缸相连，轴向加压和卸压过程均由油泵来控制，当进行加载轴压的冲击试验时，先将试样放置在入射杆和透射杆中间并对紧，再把吸收杆放入透射杆和轴向活塞之间。需轴向加压时，先排空右边油室内的气体，然后开始摇动油泵进行加压，轴向活塞向左方移动，移动至一定位置开始与吸收杆接触。按照实验要求利用油泵加压到指定标准，实验结束后，油泵卸压，轴向活塞右行达到原始位置，轴向加载范围为 0～200MPa。选用的冲头为纺锤形，利用其产生的半正弦应力波进行加载，可实现恒应变率加载，图 3-10 为 50mm 杆径的 SHPB 装置冲击子弹实物图。

图 3-8　轴向静载加载装置

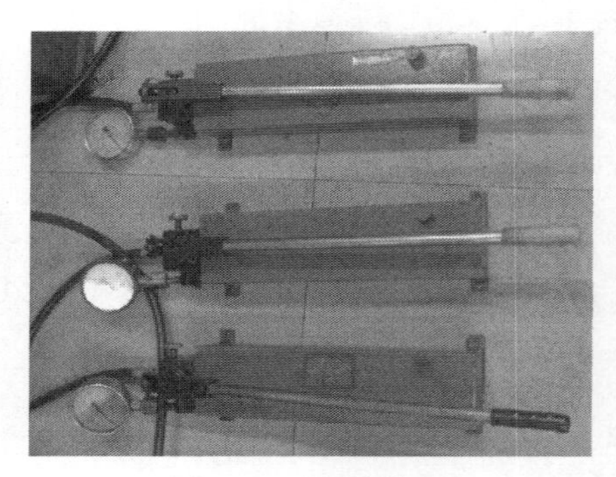

图 3-9　油泵实物图

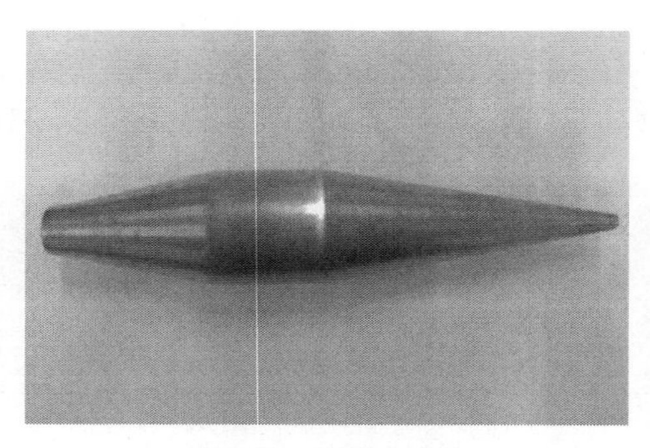

图 3-10　纺锤形冲头

图 3-11 为一维动静组合加载时，煤样冲击示波器记录的应力波形，利用纺锤形冲头进行冲击，实现了半正弦波加载，所得的反射波有一个较长的平台，且相对光滑，表明试样在试验系统中实现了恒应变率加载。纺锤形异形冲头，由于加载波波形重复性较好、波形弥散小及一次设计加工可重复使用等优点，具有很好

的应用推广前景。

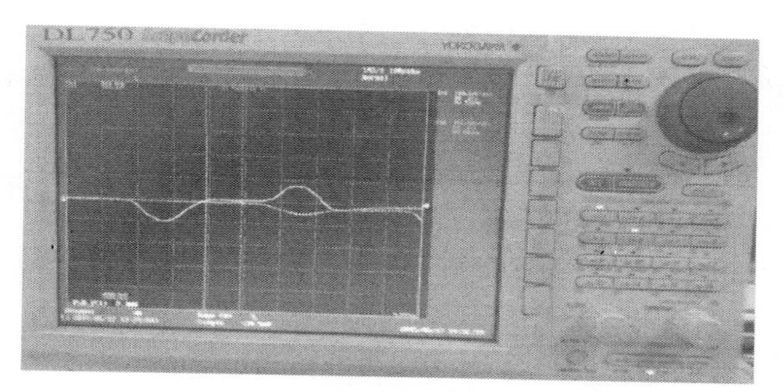

图 3-11　半正弦波冲击压缩试验所示信号

3.1.3　三维动静组合加载 SHPB 实验装置

改进的 SHPB 动静组合加载装置能够实现加围压，对系统进行动力扰动冲击试验[9]，能够较好地演示深部矿山开采中形成的动静组合加载力学环境，是研究煤岩动力学很好的试验手段。图 3-12 和图 3-13 分别为改进的三维动静组合加载 SHPB 实验系统平面示意图和围压加载系统实物图，采集系统与一维动静组合加载试验系统相同。

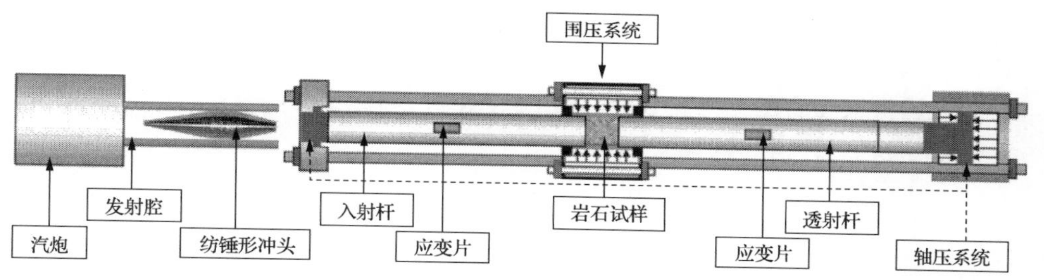

图 3-12　改进的三维动静组合加载 SHPB 实验系统平面示意图

图 3-13　围压加载系统实物图

围压装置主要由支座、隔油橡胶套、油缸、液压油进出口等组成。围压的加、卸载过程通过与油缸相连的油泵来控制，施加围压时，启动油泵，液压油将从液压油进口进入油缸，缸内气体由排气孔排出，空气排完后，封堵排气孔，油缸内压力增大，当油压达到设定的压力时，关闭液压油进口；试验结束，打开液压油进口，油缸内液压油流回油泵，围压装置的压力范围为 0～200MPa。

3.1.4 动静组合加载试验步骤及方案

1. 一维动静组合加载试验设计及步骤

(1)按照国家相关规程[10,11]制定试验试样尺寸，根据静载单轴抗压强度的试验结果，自然煤样的静载峰值强度为 40MPa。文献[2][12][13]的研究结论为“轴压静载的大小为岩石单轴静载峰值强度的 70%，岩石的矿压强度比纯动载和纯静载受力时都高，静载一定，动载增加，岩石表现出率相关性”。在轴压静载一定的情况下，取静载强度的 30%，即 12MPa，也进行了其他轴压测试，将煤样饱水分为自然状态、饱水 3d、饱水 7d。

(2)进行一维动静组合加载试验时，先在试样两端涂抹黄油，将试样放置于入射杆和透射杆之间，启动油泵达到预定的静载值。

(3)设计冲击气压为 0.4～0.6MPa，将冲头放到指定位置，对预加静载的试样进行冲击试验，致煤样破裂。

(4)冲击破坏后，收集煤样，用数据采集系统采集数据，存盘，进行数据处理，并重复试验，每种情况试验 4～5 个试样。

2. 三维动静组合加载试验设计方案

1) 相同围压不同轴压试验

对自然状态和饱水 7d 煤样进行分组试验，围压采用 4MPa 和 8MPa 两种，轴压分别为 8MPa、12MPa、16MPa、20MPa、28MPa、36MPa，先加一定轴压，然后施加围压，得到数据并进行统计分析。

2) 相同轴压不同围压试验

对自然状态和饱水 7d 煤样进行分组试验，轴压均为 12MPa，围压分别为 0MPa、4MPa 和 8MPa，得到试验数据并进行统计分析。

3.2 动载作用下煤样尺寸效应研究

3.2.1 波的弥散效应和应力均匀问题

为使冲击加载系统监测记录的应力波形真实、准确、可靠，所获得的试验数据与其试样变形特征相吻合，SHPB 压杆技术必须做以下假设：弹性杆长径比足够大、试样长度远小于弹性杆长度、使系统处于一维应力状态；应力波在试样中经几次透反射作用，使试样达到应力平衡与均匀状态；试样破坏时间均发生在试样达到应力平衡之后；试样与弹性杆交界面的摩擦效应较小，不影响冲击试验效果；试样的横向惯性效应可忽略。

1. 弥散效应问题

当弹性波在细长杆中传播时，因横向惯性效应，波常常会产生弥散。Pochhammer 较早探讨过该问题，并通过波动方程和严格的数字推导，得出波的相速 C_p 为[14]

$$C_p = \left[1 - \mu^2\pi^2\left(\frac{r}{\lambda}\right)^2\right]C_0 \tag{3-7}$$

式中，C_0 为纵波的波速；λ 为波长；μ 为材料的泊松比；r 为圆柱体半径。

由式(3-7)可知，当 $r/\lambda \ll 1$ 时，C_p 几乎与各谐波分量无关，对于延续时间为 τ 的矩形波，当 $r/(tC_0) \ll 0.1$ 时，杆的横向振动效应除波头外，可看作高阶小量忽略不计。Richard 做了数字证明，认为侧向振动效应是叠加在一维应力解上的一高频衰减振荡，除波头以外，只需满足 $r/\lambda \ll 1$，一维应力假定是可靠的[15]。

在 $r/\lambda \ll 1$ 条件下，对任意单频波长为 λ 的波，都能满足一维应力波传播条件。然而传统的 SHPB 实验装置中，大多数采用等截面圆柱冲头冲击入射杆，产生矩形应力脉冲，对于延续时间为 τ 的矩形波，傅里叶级数展开为

$$\sigma_t(t) = \frac{4}{\pi}\sum_{i=1}^{n}\sin\left[\frac{2i-1}{\tau}\pi t\right] \tag{3-8}$$

式(3-8)表明矩形波是由多个不同频率的谐波叠加在一起形成的。弹性波在弹性杆中传播时，产生一定程度的波形振荡，且振荡随冲击速度、传播距离和入射杆径的增大而加剧[16,17]。

对于准脆性材料试验，因其复杂性和不均匀性，为保证试样能代表其整体的力学特性，需要试样的尺寸足够大，则应采用较大直径的 SHPB 压杆进行试验，大直径的 SHPB 压杆会使 P-C 振荡现象更加剧烈；同时，由于脆性材料的强度和变形模量相对较低，应力波产生的振荡与试样的实际应力水平相当，因此，采用传统方式对加载波形进行光滑处理产生的误差较大。

为提高试验测试的精确度和准确性，减小或者消除因波形振荡产生的误差，主要采取的措施有两种：①异形冲头，即纺锤形冲头，能产生可重复加载的、稳定性较好的半正弦波形[18]。因半正弦波形具有简单的谐波分量，对试验中的 P-C

振荡现象有显著的改善效果。②波形整形器，即在入射杆的撞击端粘贴整形垫片，相当于加入刚度相对较小的弹簧，进而过滤掉冲头撞击压杆时产生的应力波中的高频振荡部分，产生有较长上升沿时间的应力波。

利用波形整形器法时，因冲头的速度对整形垫片的变形影响较大，难以控制加载应力波的延时参数和应力峰值，整形垫片重复性试验难以保证；而利用异形冲头法时，应力波是由固定形状的冲头撞击入射杆产生的，应力波的持续时间相对固定，应力峰值由冲头速度控制，波形稳定且具有重复性。相对而言，异形冲头法能较好地解决脆性材料试验中存在的波形振荡问题。Liu 等[19]、李夕兵等[20-22]较早提出利用半正弦波进行恒应变率加载试验，波形特征如图 3-14 所示，并通过试验反演设计和数值模拟手段研制出了能产生稳定的、可重复性的半正弦波加载的纺锤形冲头，具有理论分析可行、容易操作、效果较好、波形较稳定等优点。本试验正是利用该冲头产生半正弦波加载方式进行的，有效消除了波的弥散效应。

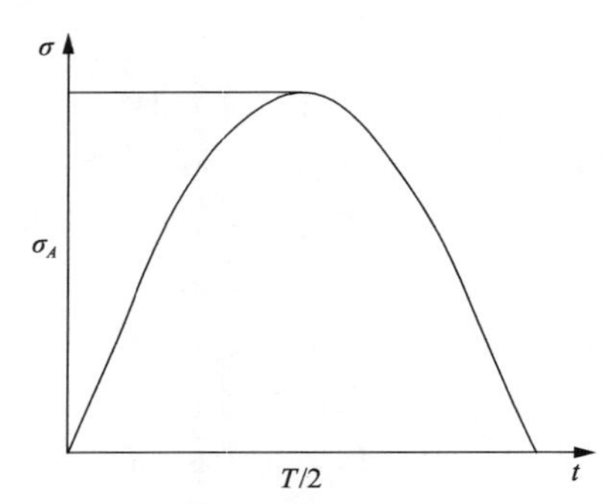

图 3-14　半正弦波加载应力波

σ. 峰值应力；σ_A. 峰值应力的一半，$T/2$. 周期 T 的一半；t. 时间

2. 试样应力均匀问题

试样两端应力平衡且均匀是 SHPB 系统试验成功的关键，应力是否均匀分布主要取决于惯性效应的影响程度和试样两端应力能否均匀。

当运用煤岩类脆性材料进行试验时，随着试样尺寸的加大，应力波在试样中透、反射达到应力平衡所需时间增长。与金属材料相比，煤样与岩石脆性材料的弹性模量和强度相对较低，而运用传统的矩形波加载，应力波加载时间较短，仅有较短的上升段，通常在入射波的波头部分产生应力平衡前试样便破坏失效，因此，选择较长加载时间波形对试样应力平衡很关键。

Davies 和 Hunter[23]在 SHPB 试验中计算出了试样的均匀应力为

$$\sigma=-\frac{1}{2}(\sigma_1+\sigma_2)+\rho_s\left(\frac{l_s^2}{6}-\frac{1}{2}r_s^2\mu^2\right)\ddot{\varepsilon}_s \tag{3-9}$$

式中，μ 为试样的泊松比；σ_1、σ_2 为试样与弹性杆接触面上的应力；ρ_s 为试样的密度；l_s 为试样长度；r_s 为试样的半径；$\ddot{\varepsilon}_s$ 为试样的应变加速度。

式(3-9)中第二项为惯性修正项，在 SHPB 试验中，很难实现常规应变速率加载，为此 Davies 等提出了最佳长径比，即当$l_s=\sqrt{3}r_s\mu$时，惯性修正项趋于零，满足试验要求。

而对于波传至试样两端面能否达到均匀，利用一维弹性波理论进行分析，具体分析如下：当应力波传播至弹性杆与试样界面时，因二者波阻抗的差异，应力波将发生复杂的透射、反射，试样应力大小及平衡快慢就由这些透射、反射波阻抗介质界面的透、反射关系及相关参数决定，应力波从介质 1 传至介质 2，入射应力、反射应力与透射应力分别是σ_I、σ_R、σ_T，应力波从介质 2 传至介质 1，入射应力、反射应力与透射应力分别为σ_I'、σ_R'、σ_T'。因界面连续条件和牛顿定律，界面两侧质点速度与应力均相等，如图 3-15 所示，可知：

$$\begin{cases}\sigma_R=k_t\sigma_1\\ k_t=\dfrac{\rho_2c_2-\rho_1c_1}{\rho_1c_1+\rho_2c_2}\\ \sigma_T=(1+k_t)\sigma_1\end{cases}\tag{3-10}$$

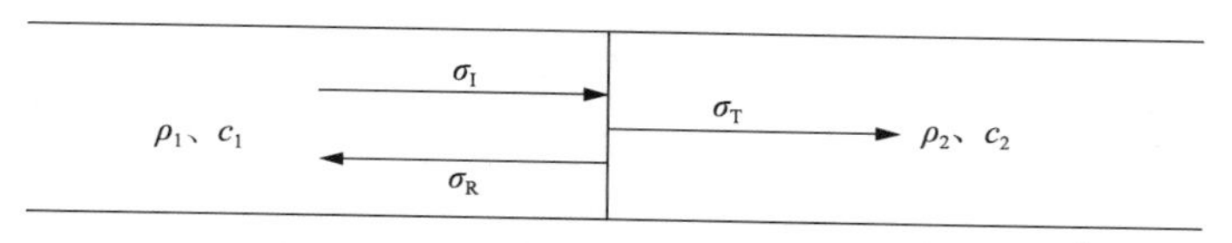

图 3-15　应力波在不同介质间的透反射特性

当应力波从介质 2 传入介质 1 时，若κ 形式不变，则有

$$\begin{cases}\sigma_R'=-k_t\sigma_1'\\ \sigma_T'=(1-k_t)\sigma_1'\end{cases}\tag{3-11}$$

$$\sigma_t=\begin{cases}0 & t<0,t>\tau\\ f(t) & 0<t<\tau\end{cases}\tag{3-12}$$

对 SHPB 系统中弹性杆与试样间的应力透、反射进行分析，当弹性杆与试样截面积相同时，应力波由弹性杆进入试样时的透、反射系数由式(3-11)确定，应力波由试样进入弹性杆时的透、反射系数由式(3-12)确定。假设一任意形状脉冲波 σ_I沿入射杆方向传播通过试样进入透射杆。应力波在入射杆、试样、透射杆间的界面上的透、反射情况[24]如图 3-16 所示。

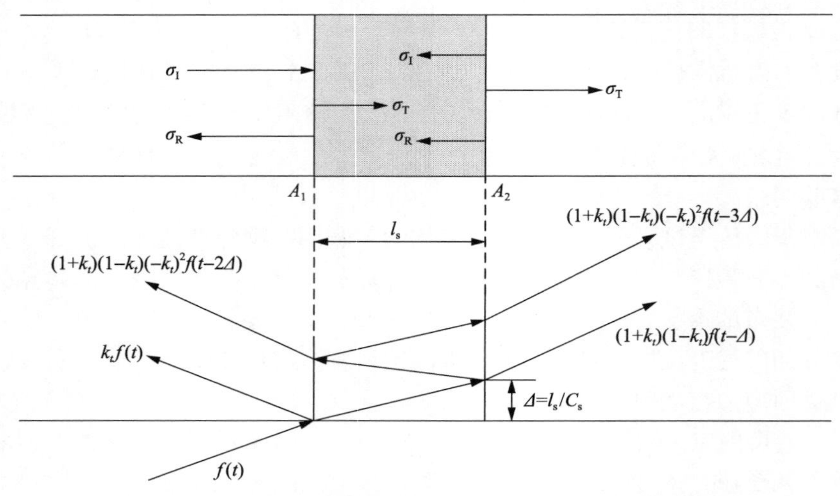

图 3-16　应力波在弹性杆和岩石试样间的透、反射示意图

k_t. 反射系数；C_s. 波速

任意时刻 t，入射杆与试样界面 A_1 上的应力波反射入弹性杆的应力值 $\sigma_R(t)$ 为

$$\sigma_R(t) = k_t f(t) + (1+k_t)(1-k_t)(-k_t) f(t-2\Delta) + (1+k_t)(1-k_t)(-k_t)^3 f(t-4\Delta) + \cdots$$

$$= k_t f(t) + \left(1-k_t^2\right)\sum_{n-1}^{M}(-k_t)^{2n-1} f(t-2n\Delta) \tag{3-13}$$

式中，Δ 为应力波穿过试样所需的时间，$\Delta = l_s/C_s$；M 为 $t/2\Delta$ 值取整的数，$M=t/2\Delta$；n 为试样中应力泛来回传播的次数。

时刻 t 试样与入射杆界面 A_1 上的应力为

$$\sigma_I(t) = f(t) + \sigma_R(t) = (1+k_t) f(t) \sum_{n=1}^{M}(-k_t)^{2n-1} f(t-2n\Delta) \tag{3-14}$$

同理，可得时刻 t，试样与透射杆界面 A_2 上的应力为

$$\sigma_2(t) = \sigma_T(t) = \left(1-k_t^2\right)\sum_{n=1}^{M}(-k_t)^{2n-2} f\left(t - \frac{2n-1}{2}\Delta\right) \tag{3-15}$$

则试样两端面的应力差值为

$$\sigma_I(t) - \sigma_T(t) = (1+k_t) f(t) + \left(1-k_t^2\right)\sum_{n=1}^{M}(-k_t)^{2n-1} f(t-2n\Delta)$$

$$-\left(1-k_t^2\right)\sum_{n=1}^{M}(-k_t)^{2n-2} f\left(t - \frac{2n-1}{2}\Delta\right) \tag{3-16}$$

当试样长度为 5～50mm 时，应力波传播时间一般小于 10μs，针对长为百微秒的应力脉冲，可大致认为

$$f\left(t-2n\Delta\right)\approx f\left[t-\left(2n-1\right)\Delta\right] \tag{3-17}$$

试验中，假设时刻 t 界面 1 和界面 2 上的应力分别用 $\sigma_1(t)$ 和 $\sigma_2(t)$ 表示，则试样两端时刻 t 的应力差为[24]

$$\sigma_{\mathrm{I}}(t)-\sigma_2(t)=\left(1+k_t\right)k_t^{2M}f\left[t-(2M-1)\Delta\right] \tag{3-18}$$

应力差的相对值 $\Delta\sigma$ 为[25]

$$\Delta\sigma=\frac{\sigma_{\mathrm{I}}(t)-\sigma_2(t)}{\sigma_1\big|_{\max}}=\frac{\left(1+k_t\right)k_t^{2M}f\left[t-(2M-1)\Delta\right]}{f(t)\big|_{\max}}\leqslant\left(1+k_t\right)k_t^{2M} \tag{3-19}$$

称 $\xi=\left(1+k_t\right)k_t^{2M}$ 为试样两端的应力不平衡系数。

当于入射应力脉冲和试样长度相同，而弹性杆和试样材料不同时，对于煤及岩石材料，k_t 在–0.8～–0.4，应力差的相对值 $\Delta\sigma$ 与应力波在试样间来回传播的次数之间的关系如图 3-17 所示。

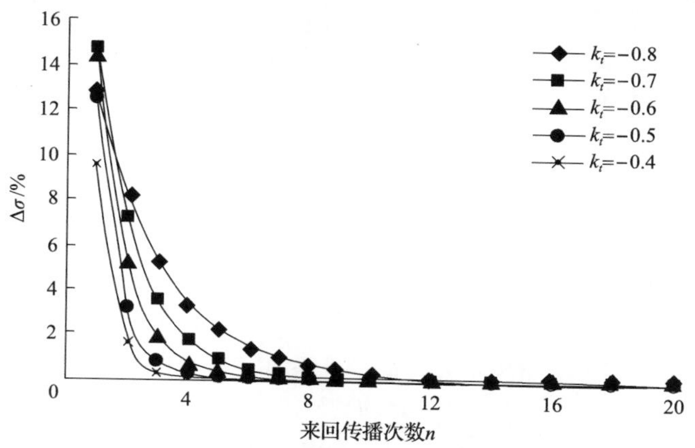

图 3-17　一维假设下试样两端应力差的相对值与应力波在试样间来回传播的次数之间的关系

由图 3-17 可知，当 $k_t=-0.6$ 时，传播 3 个来回后 $\Delta\sigma$ 为 1.8%，因煤岩类脆性材料为 $-0.6<k_t<-0.4$，试样在传播 4～6 个来回后，试样两端应力基本能达到平衡。

本试验选用直径均为 50mm，长度分别为 25mm、30mm、50mm 的试样，供试验备用选择，能够实现应力波进行 4～6 个来回的加载，具体长度可依据煤样自身的特殊结构进行确定，合理的长径比有利于试样较好地消除惯性效应所引起的误差。

3.2.2 动载作用下煤样尺寸效应讨论

由于煤样内部裂隙、孔隙和分界面等缺陷具有随机性分布的特点，与和其紧密相关的试样强度均是随机变化的量，尺度较大的试样含有的缺陷相对较多，表现出较强的非线性力学特性。随着试样尺度的减小，相应的缺陷也减少，试样的非线性程度相应减弱。试样尺度减小至一定程度时，试样表现出线性的弹脆性，较好解释了为什么煤岩脆性材料具有强烈的尺寸效应问题。煤体或岩石均属于矿物或类矿物等组合的集合体，属于多孔介质，内部含有大量孔隙及裂隙。图 3-18 为煤样和岩石内部的放大图片。

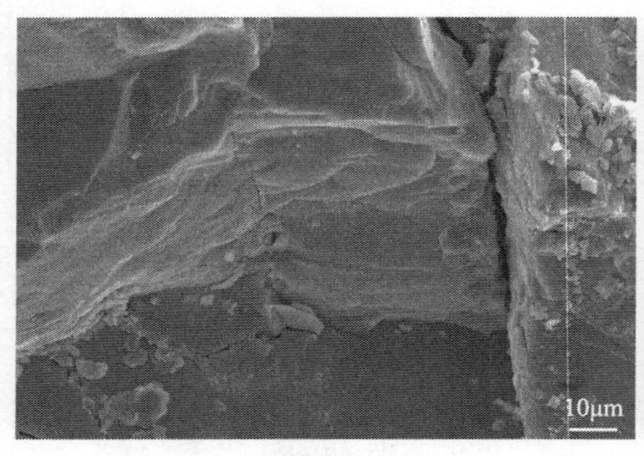

(a) 跃进煤矿二$_1$煤　　(b) 神东矿区灰岩

图 3-18　煤样和岩石微细观结构特征

各向异性和不均质性是煤岩材料的两大主要特点，Hudson 采用专业术语来描述岩石材料和均质材料的区别[26]。由于试样尺寸大小受限制，试验得到的力学参数不能完全反映岩石本身的物理力学性质。在常规的静载试验中建议圆柱形试样的直径不小于 50mm，而煤样、岩石和混凝土都可看作脆性材料，材料发生千分之几的变形后便会产生破坏。在 SHPB 试验中，圆柱形试样的直径可取 50mm，甚至更大，试验结果可以与直径相同的标准静载试验数据进行对比分析。

在 SHPB 冲击试验中，应力波从入射杆传至试样时，试样将在应力波作用下产生轴向压缩和径向膨胀变形，为减小横向惯性效应对试验结果的影响，试样选择较合理的长径比至关重要。利用 SHPB 试验装置进行煤岩动态力学试验时，为减少试样的弥散效应，应采用直径较小的试样；国际岩石力学学会推荐岩石试验中要求试样直径不小于 50mm，冲击试验中试样直径选用与静态试验的试样直径一致，即 D=50mm。文献[27]利用气动水平冲击试验机进行了应变率约为 $10^2\ s^{-1}$，石灰岩长径比分别为 0.5、1.0、1.5、2.0 的试验，各试样直径相同，其动态强度为 $\sigma_{f0.5} > \sigma_{f1.0} > \sigma_{f1.5} > \sigma_{f2.0}$，试样的动态强度不仅受应变率的影响，还受试样长径比的控制，通过回归分析可得相关表达式：

$$\sigma_{\mathrm{f}} = N + M\dot{\varepsilon} + \frac{\beta}{\dfrac{l_{\mathrm{s}}}{D}} \tag{3-20}$$

式中，σ_{f} 为试样的动态强度；β、N、M 的取值分别是 86.0976、1190.54 和 4.3398；l_{s} 为试样长度；D 为试样直径。

Davies 和 Hunter[23]针对金属等各向同性材料进行试样的惯性效应分析，得出试样的惯性效应引起的测量误差可以表达为

$$\sigma_{\mathrm{T}} - \sigma_{\mathrm{m}} = \rho_{\mathrm{s}}\left(\frac{1}{6}l_{\mathrm{s}}^2 - \frac{1}{8}\mu^2 D^2\right)\frac{\mathrm{d}^2\varepsilon}{\mathrm{d}t^2} \tag{3-21}$$

式中，σ_{T}、σ_{m} 分别为试样的理论应力与测量应力；μ、D、l_{s}、ρ_{s} 分别为试样的泊松比、直径、长度和密度。

由式(3-21)可以得知消除试样惯性效应长径比为

$$\frac{l_{\mathrm{s}}}{D} = \sqrt{\frac{3}{4}}\mu = 0.866\mu \tag{3-22}$$

经计算，一般材料的泊松比为 0.2～0.5，则所得的长径比为 0.17～0.433。

Samanta[28]在假定试样不可压缩时，对铝、铜等金属材料试样的惯性效应进行试验分析，得出试样的惯性效应可引起测量误差，其表达式为

$$\sigma_{\mathrm{T}} - \sigma_{\mathrm{m}} = \rho_{\mathrm{s}}\left(\frac{1}{6}l_{\mathrm{s}}^2 - \frac{1}{32}D^2\right)\frac{\mathrm{d}^2\varepsilon}{\mathrm{d}t^2} + \rho_{\mathrm{s}}\left(\frac{1}{64}D^2 - \frac{1}{3}l_{\mathrm{s}}^2\right)\left(\frac{\mathrm{d}\varepsilon}{\mathrm{d}t}\right)^2 \tag{3-23}$$

在试验中，$\mathrm{d}^2\varepsilon/\mathrm{d}t$ 与 $\mathrm{d}\varepsilon/\mathrm{d}t$ 的值常常在 10^3 数量级以上，式(3-23)右边第一项对测量误差起决定作用，可有效消除试样的惯性效应，应当保证第一项趋于 0，试样的长径比为 0.433。

陶俊林[29]也进行了金属材料的 SHPB 测试，运用理论分析、试验探索和数值模拟得出恒应变率条件下试样合理的长径比：

$$n_{\mathrm{B}} = h_0/a_0 = 0.875 + 0.540\varepsilon_{\mathrm{emd}} \tag{3-24}$$

式中，n_{B} 为试样最优长径比；h_0、a_0 分别为试样的高度和半径；$\varepsilon_{\mathrm{emd}}$ 为试样的最终变形。

从以上阐述得知，对金属和聚合物在惯性效应方面的研究成果较多，对煤岩类脆性材料长径比的研究相对较少。Lok 等[30]通过对混凝土、大理岩和花岗岩等脆性材料的动载试验研究，得知 SHPB 试验试样选用长径比为 0.5 时，可有效消除试样惯性效应和端部效应引起的试验误差，该分析结果与式(3-23)和式(3-24)

所确定的长径比基本一致。文献[31,32]对材料动态强度的尺寸效应进行了研究，但结论均不统一。宫凤强等[33]对多种岩石的 SHPB 试验数据进行分析，拟合出岩石波速与反射系数之间的线性关系表达式，并提出试样波速与试样长度之间存在二次函数关系，为确定试样尺寸提供了一种新方法。翟越[34]、许金余等[35]都认为岩石脆性材料的长径比为 0.5 时，试样的应力均匀性较好。

为研究煤样的尺寸效应特征，选用外观均匀、无大裂隙的煤样，并将其用相关设备加工成标准的圆柱体，为使 SHPB 试验中端部效应和惯性效应消减到最小值，做到试样的应力达到应力均匀，一般试样长径比为 0.5 左右。黎振兹进行了惯性效应为 0 时的相关论述[36]，计算一般试样的长径比是 $\sqrt{3}\mu/2$ ，μ 为试样泊松比。试样尺寸分 3 种规格：$\phi 50\text{mm}\times 25\text{mm}$ 、$\phi 50\text{mm}\times 30\text{mm}$ 、$\phi 50\text{mm}\times 50\text{mm}$ ，图 3-19 为不同长径比的煤样规格。

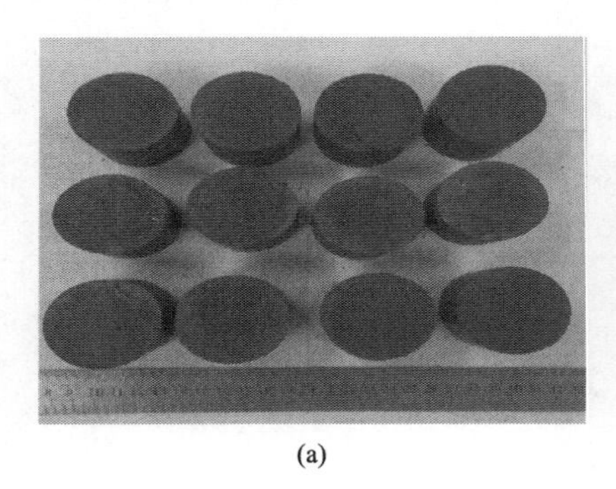

(a)

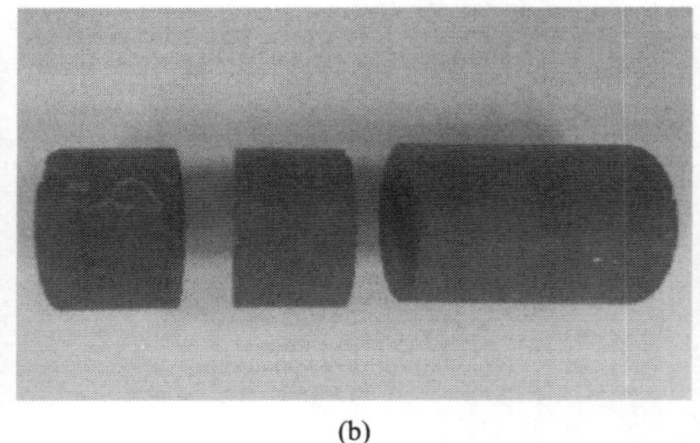

(b)

图 3-19　3 种不同长径比煤样

3.2.3　煤样尺寸效应试验分析

1. 入射波及反射波应力波形分析

本试验采用的是半正弦波加载，与传统的矩形波、三角波相比有明显的优势。半正弦应力波峰值不受传播距离和弹性杆直径变化的影响，应力波传播距离会随着应力波延续时间增大而增大，但增幅只有 2%，可忽略，所得试验结果的精确性可以得到保证，图 3-20 为不同尺寸煤样冲击加载波形特征。

2. 应变率与动态强度试验关系分析

经试验分析煤样及岩石的动态强度具有显著的应变率依赖特征，试样的应变率效应和尺寸效应是相互耦合的。SHPB 试验中，在不考虑试样内部结构不均匀的情况下：第一，在试样直径或长度改变后动态加载均相等的条件下，将出现应力波在试样内反射、透射次数不同的特点，加载过程试样应力状态发生改变；第二，在应变率相同条件下，增大试样长度会降低应变率，材料强度存在较明显的率相关性。

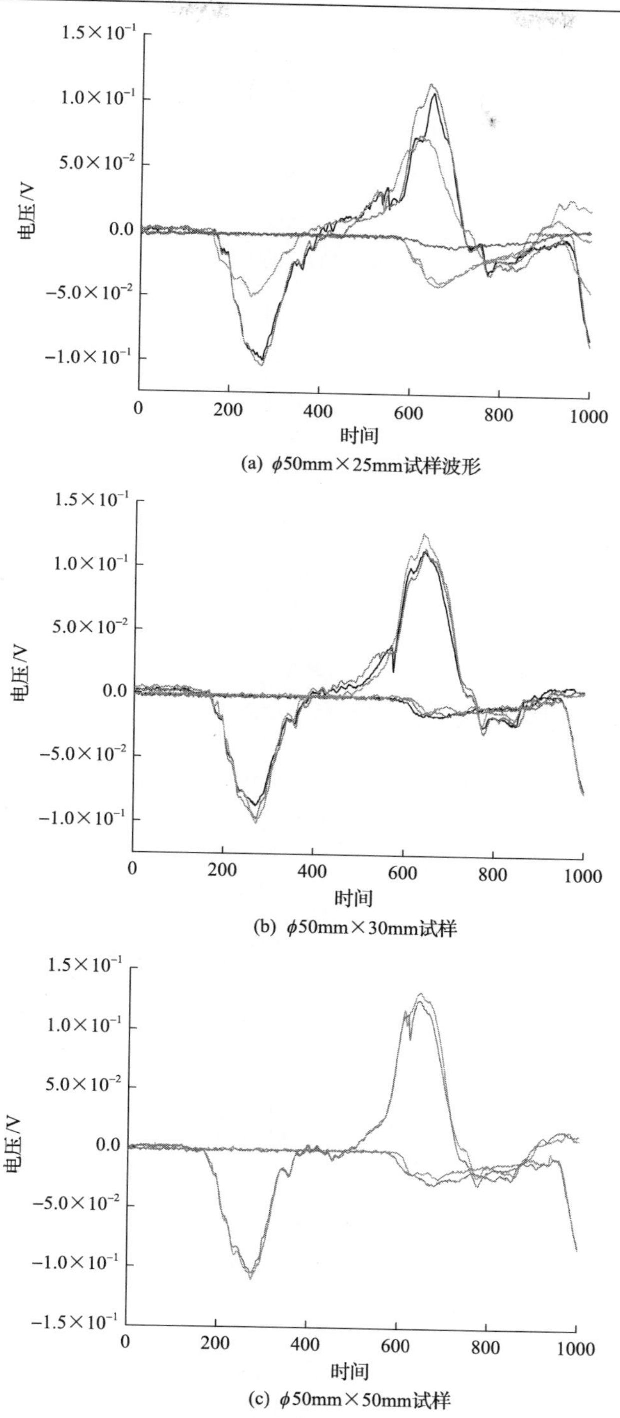

(a) ϕ50mm×25mm试样波形

(b) ϕ50mm×30mm试样

(c) ϕ50mm×50mm试样

图 3-20　不同尺寸煤样波形特征

对 3 种不同尺寸煤样进行冲击试验，表 3-1 为不同尺寸煤样动态强度与应变率参数特征，在相同加载条件下，长度较小的煤样应变率较高，强度随着应变率的增高而增大；长度较大煤样应变率相对降低，强度也随之降低。煤样内部裂纹对应变率的影响较大，煤样体积越大，其离散性越强，但煤样长度太短时应变率较大，加工难度也较大。

表 3-1　不同尺寸煤样动态强度与应变率参数特征

试样编号	试样直径×长度/(mm×mm)	平均密度/(g/cm^3)	平均应变率/s^{-1}	最高应变率/s^{-1}	强度/MPa
M1-1	ϕ50×25	1.36	113	203	24.52
M1-2	ϕ50×25	1.35	134	228	42.43
M1-3	ϕ50×25	1.37	142	232	45.31
M2-1	ϕ50×30	1.35	98	146	27.27
M2-2	ϕ50×30	1.34	81	175	26.86
M2-3	ϕ50×30	1.33	112	150	31.65
M3-1	ϕ50×50	1.32	64	134	14.61
M3-2	ϕ50×50	1.36	76	104	22.44
M3-3	ϕ50×50	1.31	77	150	15.53

洪亮[37]对石灰岩、砂岩、花岗岩 3 种岩石进行试验，选用直径为 22mm、36mm、75mm 三个尺寸，长径比是 0.5，并对每种尺寸试样的动态强度与应变率试验结果进行拟合，发现其呈现乘幂关系特征：

$$\sigma_{\mathrm{f}} = a\dot{\varepsilon}^{b} \tag{3-25}$$

式中，σ_{f} 为试样的动态强度；$\dot{\varepsilon}$ 为应变率；a 和 b 均为特定尺寸与试样特性相关的动态强度参数，拟合曲线如图 3-21 所示。

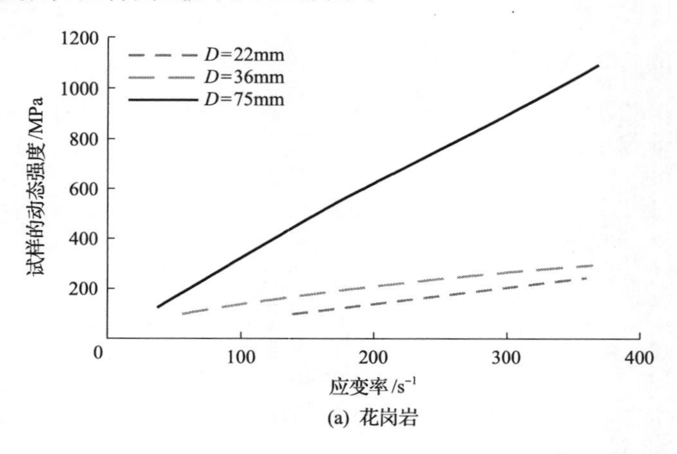

(a) 花岗岩

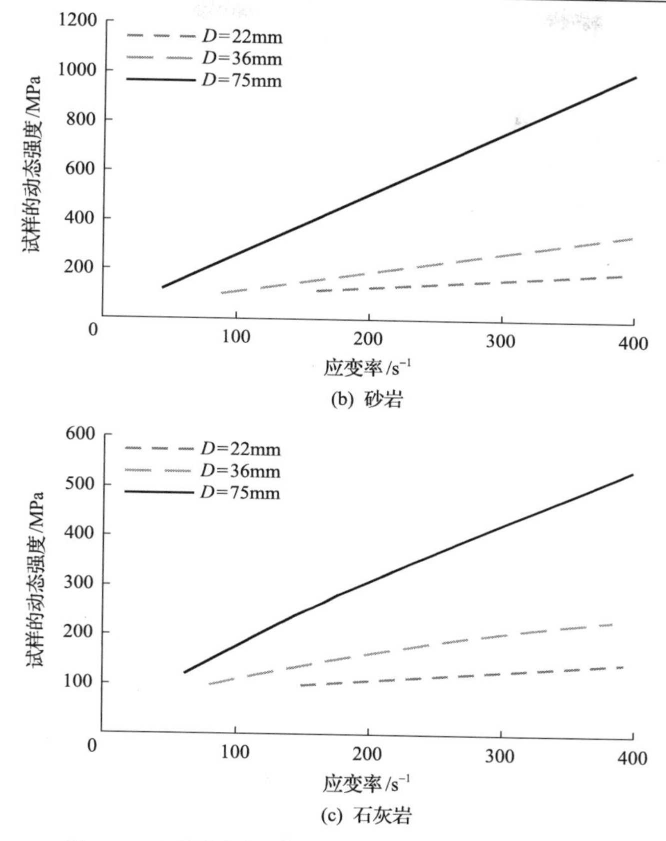

图 3-21　不同尺寸试件的动态强度-应变率拟合关系

综合以上理论分析及试验结果，并考虑煤样加工的难易程度，选用长径比为 0.6 左右，即煤样试件的直径为 50mm，长度约为 30mm。

3.3　一维动静组合加载煤样力学试验

3.3.1　不同含水煤样强度及变形特征

一维动静组合加载是先给煤样施加预静载，然后施加冲击动载，简化加载模型如图 3-22 所示，图中 P_a 为准静载，P_d 为动载，在改进 SHPB 系统中进行试验，对采集试验数据进行处理分析。

对不同饱水状态煤样进行动静组合加载试验，每种饱水状态各试验 4 个试样，冲击气压为 0.4MPa，轴向压力为 12MPa，动态应变率范围为 90～155s^{-1}，不同饱水煤样单轴压缩应力-应变曲线如图 3-23 所示。

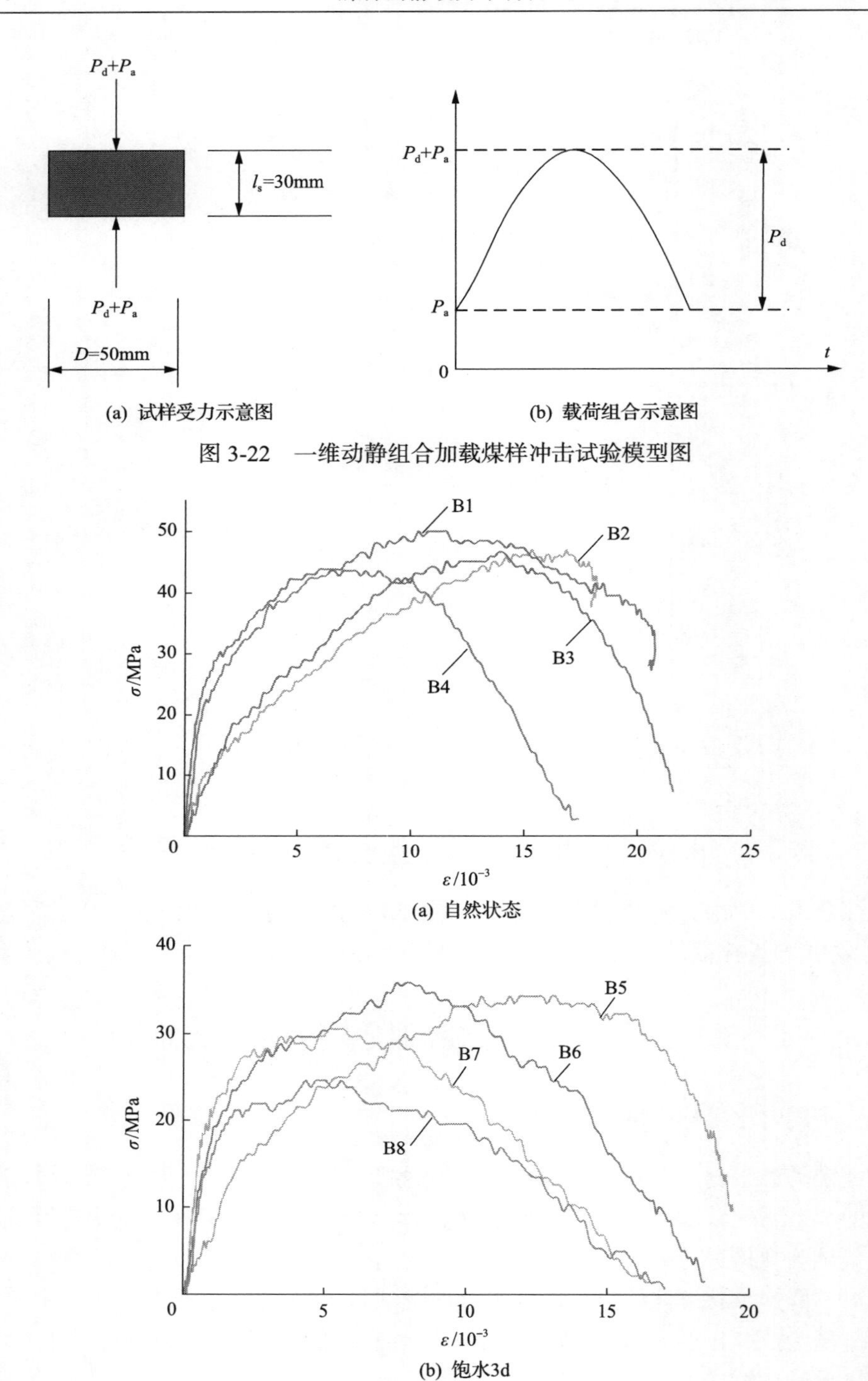

图 3-22　一维动静组合加载煤样冲击试验模型图

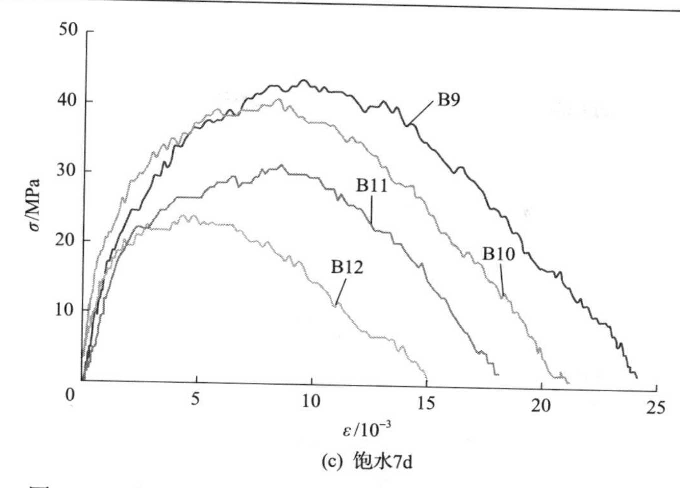

(c) 饱水7d

图 3-23　动静组合加载不同饱水煤样单轴压缩应力-应变曲线

1. 一维动静组合加载不同含水煤样试验结果

测试结果表明，不同含水状态煤样的动态强度有差别，相同含水状态下煤样具有一定的离散性，表明煤样具有非均质性特征。图 3-23(a)为自然状态煤样单轴压缩应力-应变曲线，动态抗压强度为 43.47～46.93MPa，平均值为 46.71MPa；弹性模量为 5.23～24.89GPa，平均值为 14.65GPa。图 3-23(b)为饱水 3d 煤样单轴压缩应力-应变曲线，动态抗压强度为 24.62～35.77MPa，平均值为 30.39MPa；弹性模量为 8.85～27.64GPa，平均值为 16.85GPa。图 3-23(c)为饱水 7d 煤样单轴压缩应力-应变曲线，动态抗压强度为 13.50～40.63MPa，平均值为 28.20MPa；弹性模量为 11.98～28.08GPa，平均值为 20.07GPa。

随着饱水天数的增加，煤样动态抗压强度呈降低趋势。从应力-应变曲线可知，自然状态到饱水 3d 煤样的动态强度软化系数平均值为 0.65，自然状态到饱水 7d 煤样的动态强度软化系数平均值为 0.60，饱水 3d 煤样到饱水 7d 煤样的动态强度软化系数平均值为 0.93。由上述可知，自然状态到饱水 3d 煤样动态强度较低而强度变化速度较大，饱水 3d 煤样到饱水 7d 煤样动态强度较低而强度变化速度较小，表明煤样的渗透性较强，饱水 3d 以后煤样的裂隙吸水接近饱和，后期煤样浸水对动态强度的影响较小。动静组合加载煤样弹性模量随饱水时间增加而升高。

2. 煤样动静组合加载的强度及弹性模量对比分析

图 3-24 为静载、动静组合加载煤样的强度和弹性模量特征，对比分析如下。

(1)静载与动静组合加载煤样的应力-应变曲线差别较大，动静组合加载煤样弹性模量大于静载弹性模量；静载煤样弹性模量随饱水时间的增加而降低，但动静组合加载煤样弹性模量却随饱水时间的增加而升高。

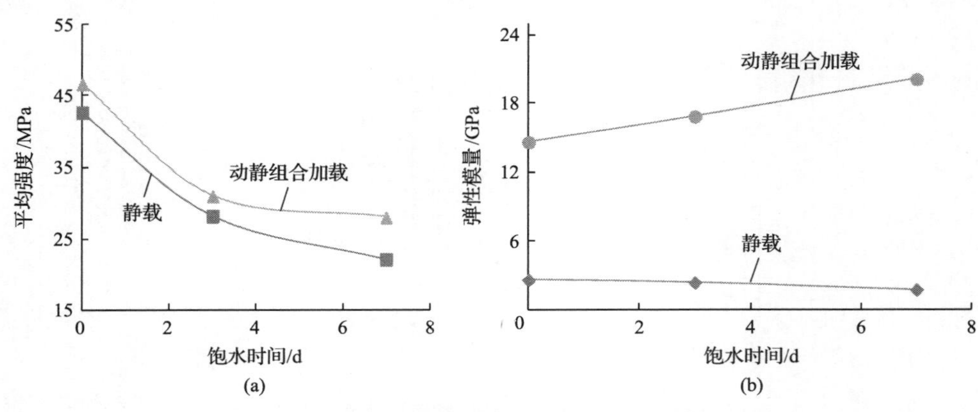

图 3-24 不同饱水状态下煤样的平均强度和弹模特征

(2)随着饱水时间的增加，静载、动静组合加载煤样的单轴抗压强度均逐渐降低；动静组合加载煤样与静载煤样的应力-应变曲线不相近，加载的路径不同，弹性变形阶段差别较大；动静组合加载煤样屈服强度与静载相近，动静组合加载强度比静载整体提高 10%～30%。王斌和李夕兵[38]对饱水砂岩进行了动载测试，饱水砂岩动态曲线与自然风干砂岩动态曲线形状相近，饱水砂岩的动态强度大于自然风干砂岩的动态强度，与煤样随饱水时间增大动态强度降低相反；动载饱和砂岩动态强度比其静态强度提高 2 倍，比煤样动态强度提高幅度大。图 3-25 为饱水砂岩和自然风干砂岩试样动态压缩应力-应变曲线。

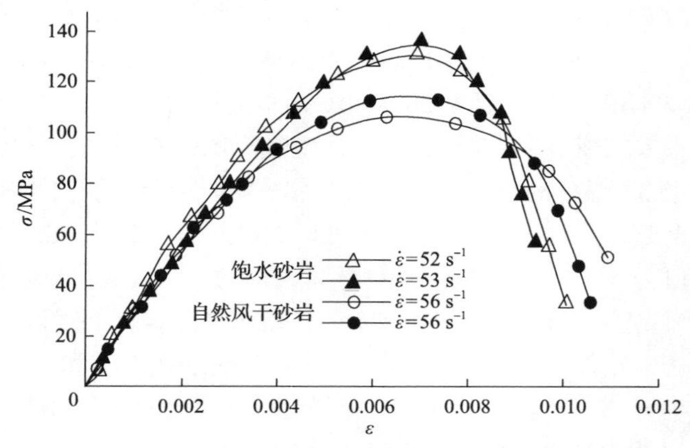

图 3-25 饱水和自然干砂岩试样动态压缩应力-应变曲线

3.3.2 不同静载煤样强度及变形特征

在深部岩体工程中，煤岩动态强度不但受其内部结构和含水特征的影响，还受煤岩所处的应力环境及冲击载荷等因素的影响。矿山工程中矿产埋藏深浅不均，地应力作用使煤层已承受静载，因此，研究应力波加载煤岩的动态响应非常关键。义马矿区结构失稳型冲击类型煤矿中煤层处于高静载条件下动力扰动的力学环境，对煤样进行在自然状态和饱水 7d 状态下，不同轴压静载作用下煤样受动载的动态强度与变形特征测试，冲击气压为 0.4MPa，轴压静载分别为 12MPa、16MPa、20MPa、26MPa、30MPa。图 3-26 和图 3-27 分别为自然煤样和饱水 7d 煤样动态强度随轴压变化的应力-应变曲线的试验结果。

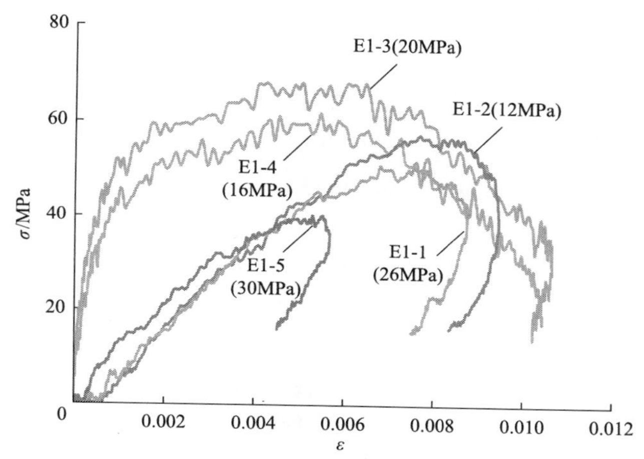

图 3-26　自然状态煤样动态强度随轴压变化的应力-应变曲线

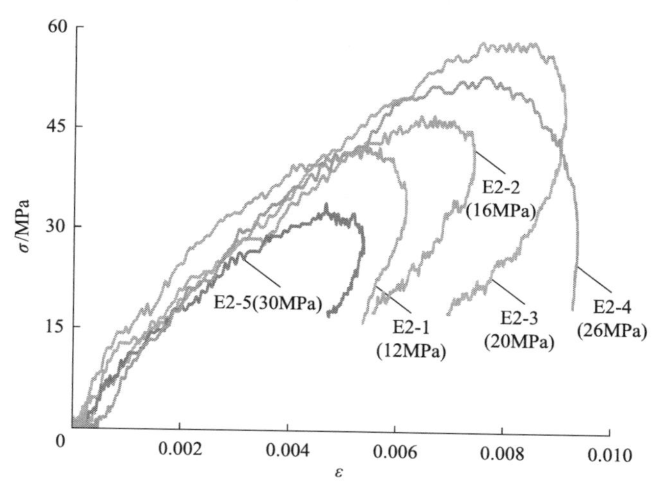

图 3-27　饱水 7d 煤样动态强度随轴压变化的应力-应变曲线

当轴向静载为 12MPa(静载峰值强度的 30%)时，煤样处于孔隙、裂隙压密阶段，静载使得原生裂隙闭合，当应力波到达裂隙时无法形成反射，减小了裂隙扩展的驱动。同时，静载有阻碍原生裂隙扩展的作用，动态强度有所提高。自然煤样和饱水 7d 煤样的动态强度分别为 50.92MPa 和 42.32MPa。

当轴向静载为 16MPa(静载峰值强度的 40%)时，煤样处在弹性变形阶段，裂隙稳定发展，保持裂隙的状态，自然煤样和饱水 7d 煤样的动态强度分别为 57.51MPa 和 49.29MPa。

当轴向静载为 20MPa(静载峰值强度的 50%)时，煤样也处于弹性变形阶段，裂隙发展相对增强，自然煤样和饱水 7d 煤样的动态强度分别为 68.09MPa 和 58.42MPa。

当轴向静载为 26MPa(静载峰值强度的 65%)时，裂隙发展不稳定，强度降低，自然煤样和饱水 7d 煤样的动态强度分别为 60.31MPa 和 53.25MPa。此阶段煤样处于非稳定破坏发展阶段，原生裂隙尖端的应力在扩展临界点边缘，较小的扰动就会引起裂隙扩展，煤样失稳破坏，此时裂隙的数量随静载的增加而增加，煤样动态强度降低。

当轴向静载为 30MPa(静载峰值强度的 75%)时，自然煤样和饱水 7d 煤样的动态强度分别为 40.29MPa 和 32.37MPa，其动态强度均有大幅的降低。

动载相同时，静载在煤样的破坏过程中所起到的作用是改变原生裂隙的数量、闭合程度和裂隙尖端的稳定性。煤样的动态强度呈现先升高后降低的趋势，动静组合加载煤样的动态强度在进入微破裂稳定发展阶段后，轴向静载大于静载强度的 50%～52%后，动静组合加载动态强度开始下降，该点为临界静载点，如图 3-28 所示。该规律和岩石进入塑性阶段(静载大于 70%单轴抗压强度)后动态强度才会下降有所不同，其本质原因是煤样是多孔介质，且黏聚力小。煤样的裂隙刚开始进入稳定压缩阶段尚未进入剧烈扩展阶段时，其动态强度发生降低现象，与均质致密的岩石相比，动静组合加载煤样的强度受裂隙发展阶段影响更为明显。

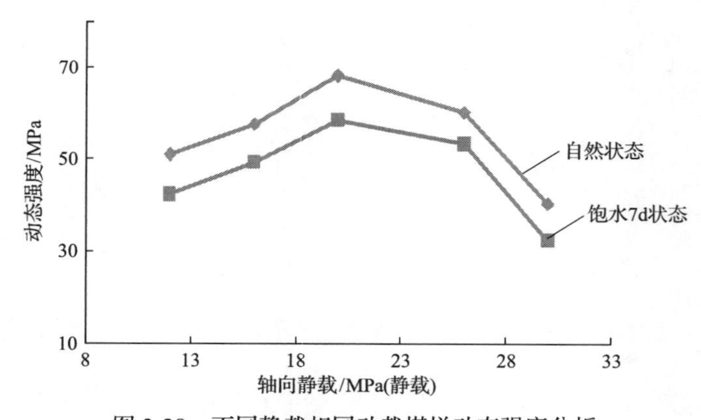

图 3-28　不同静载相同动载煤样动态强度分析

当试样在轴向静载作用下处于弹性变形阶段时，试样的承载能力有较大提高，可认为其轴向静载阻碍试样裂隙发育、扩展，大大抑制了材料的弱化，认为该阶段是裂隙稳定压缩阶段。当没有静载作用时，动载应力波对垂直于轴向静载的裂纹平面由压缩波反射为拉伸波，加剧裂纹扩展。反之，预加静载裂纹闭合，应力波无反射传递，强度相对增高；当静载超过煤样的弹性范围时，动静组合加载强度急剧下降，认为该阶段为裂隙急剧扩展阶段。静载作用使煤样内部产生较多的新裂隙，发展成尺度较大的裂隙，应力波在裂隙表面产生多次反射拉伸，加剧了裂隙的增长、扩大，试样易出现宏观破坏；当系统处于屈服极限时，煤样及试验系统突然失稳，试样裂隙贯穿破坏，认为该阶段为裂隙贯通阶段。高静载作用下煤样内部已经基本处于破坏临界状态，即使不增加静载和动载，一定时间内也会出现试样失稳，动载的扰动加剧了煤样的破坏过程。

3.3.3　不同动载煤样强度及变形特征

对自然煤样和饱水 7d 煤样进行分组试验，轴向静载分别为 16MPa 和 20MPa 时，测试分析不同动载作用下煤样的强度及变形特征，动载冲击气压分别为 0.3MPa、0.4MPa、0.5MPa、0.6MPa。

图 3-29、图 3-30 为 16MPa 轴向静载、不同动载下煤样的应力-应变曲线。由图 3-29、图 3-30 可知，自然煤样在不同动载作用下冲击气压为 0.3～0.6MPa 时对应煤样(F1-1～F1-4)的动态强度分别为 28.23MPa、33.37MPa、42.45MPa、50.31MPa；饱水 7d 煤样(F2-1～F2-4)的动态强度分别为 21.81MPa、23.74MPa、28.08MPa、32.72MPa。轴向静载为静载峰值强度的 38%，煤样处于弹性变形阶

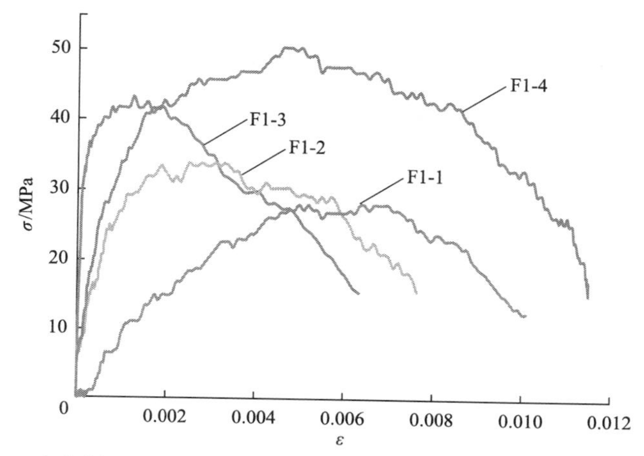

图 3-29　自然煤样在相同轴向静载(16MPa)、不同动载下的应力-应变曲线

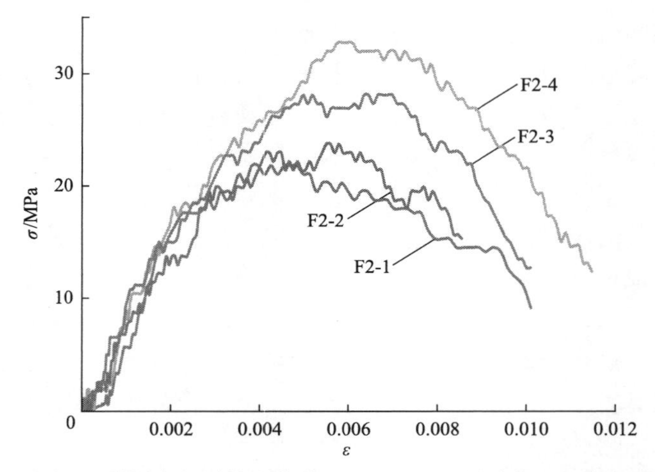

图 3-30　饱水 7d 煤样在相同轴向静载（16MPa）、不同动载下的应力-应变曲线

段，不同冲击动载对煤样的动态强度影响较大，随着冲击载荷的增加，动态强度增加。

图 3-31、图 3-32 为 20MPa 轴向静载、不同动载下煤样的应力-应变曲线。由图 3-31、图 3-32 可知，不同动载作用下自然煤样（G1-1～G1-4）的动态强度分别为 30.83MPa、35.45MPa、38.98MPa、41.57MPa；不同动载作用下饱水 7d 煤样（G2-1～G2-4）的动态强度分别为 20.81MPa、24.82MPa、27.06MPa、31.81MPa。轴向静载为静载峰值强度的 47.6%，自然煤样应力环境处于弹性变形阶段上端，饱水 7d 煤样应力环境处于裂隙发展增强阶段，在不同冲击载荷作用下，随着动载的增加，动静组合强度相对增加，但是增加幅度较小。

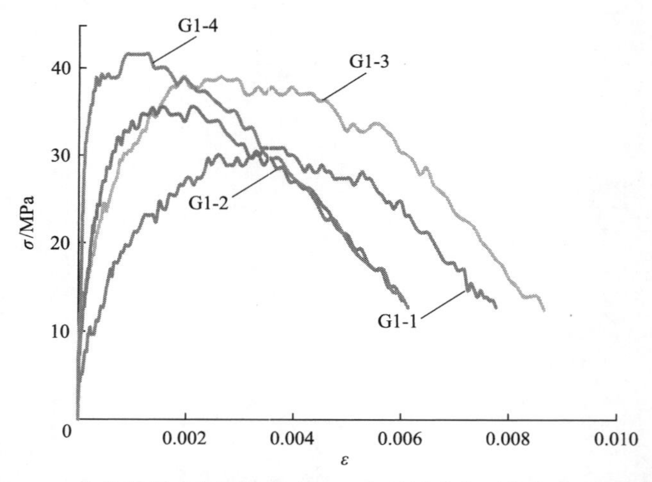

图 3-31　自然煤样在相同静载（20MPa）不同动载下的应力-应变曲线

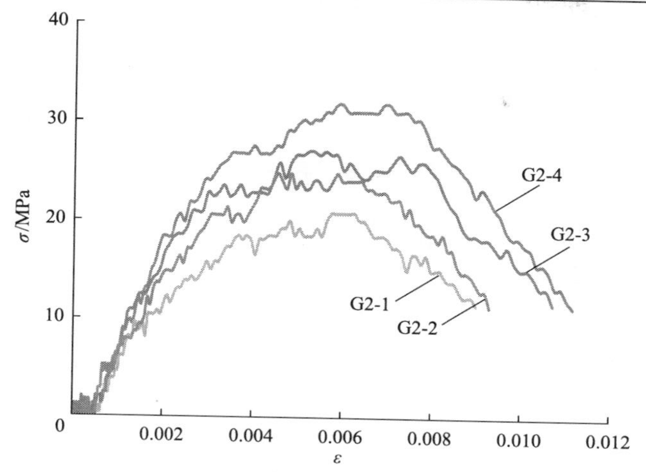

图 3-32　饱水 7d 煤样在相同静载(20MPa)不同动载下的应力-应变曲线

轴向静载为 20MPa 时，无论一是自然煤样还是饱水 7d 煤样的动静组合强度相对于 16MPa 时均降低。轴向静载的作用主要是改变原生裂隙的数量、尺度、裂隙尖端储能；冲击动载的作用主要是使裂隙扩展，进而使煤样发生破坏。除含水率对动静组合强度产生影响外，轴向静载和冲击动载也是两个重要因素，当煤样处于弹性变形阶段时，冲击动载大小对煤样动静组合强度的影响起主导作用；当煤样处于裂隙增强发展阶段以后，冲击动载对煤样动静组合强度影响程度减小，轴向静载对动静组合强度的影响起主导作用。

关于不同冲击动载下煤样的动静组合强度方面，刘少虹等[39]对两种煤进行了试验，由图 3-33 可知，两种煤动静组合强度都是随着动载的增大而增大。

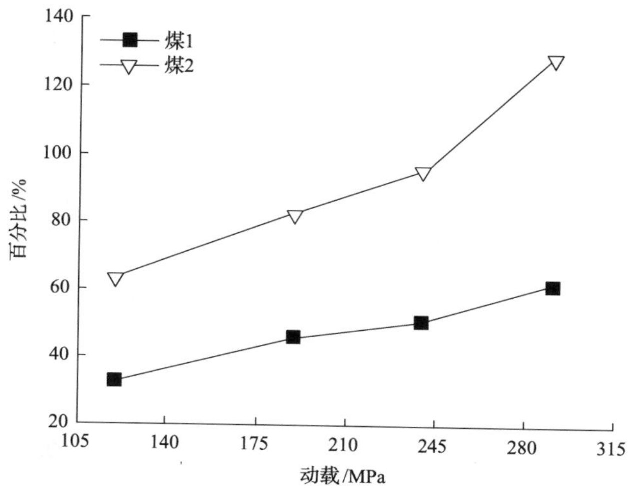

图 3-33　不同动载下的强度增长百分比

3.4 三维动静组合加载煤样力学试验

3.4.1 相同围压不同轴向静载煤样强度及变形分析

对自然煤样和饱水 7d 煤样进行分组试验，采用相同的冲击载荷，预加轴向静载分别为 8MPa、12MPa、16MPa、20MPa、28MPa、36MPa，围压分别为 4MPa 和 8MPa。图 3-34～图 3-38 为相同围压不同轴向静载煤样的应力-应变曲线。

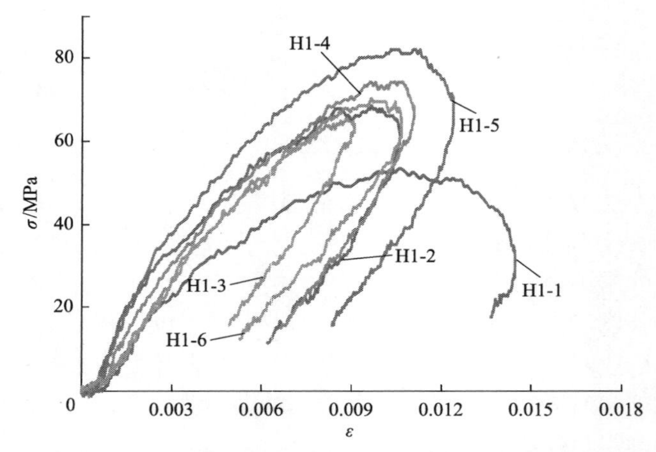

图 3-34 4MPa 围压动静组合加载自然煤样应力-应变曲线

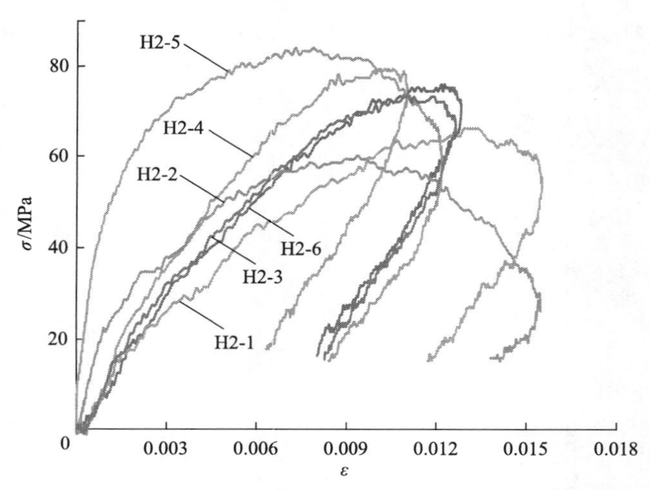

图 3-35 8MPa 围压动静组合加载自然煤样应力-应变曲线

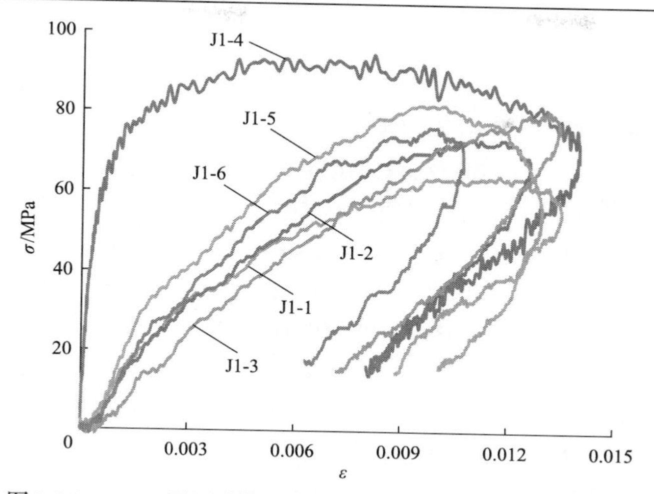

图 3-36　4MPa 围压动静组合加载饱水 7d 煤样应力-应变曲线

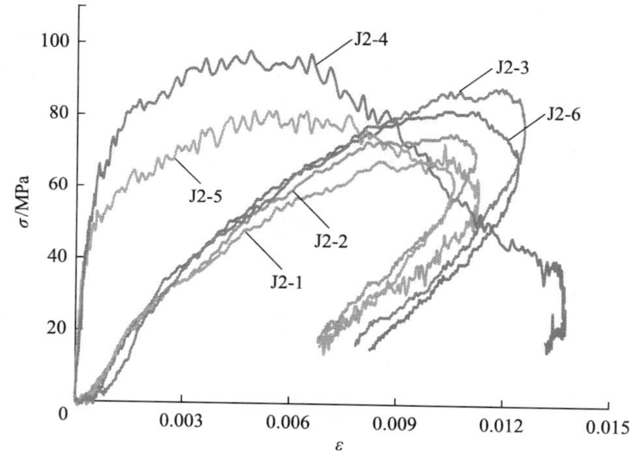

图 3-37　8MPa 围压动静组合加载饱水 7d 煤样应力-应变曲线

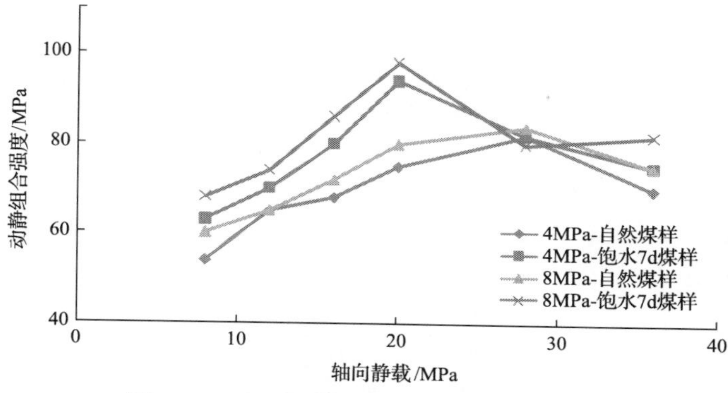

图 3-38　动静组合强度与轴向静载关系曲线

三维动静组合加载状态下，为重点考察自然煤样和饱水 7d 煤样的强度特征，控制系统尽量使应变率在较小范围内波动，暂不考虑应变率对强度的影响，重点分析三维状态下系统轴向静载和围压对煤样强度及变形的控制作用。

由图 3-34 和图 3-35 可知：动载一定的情况，4MPa 围压、不同轴向静载下自然煤样（H1-1～H1-6）动态强度分别为 54.23MPa、65.07MPa、68.27MPa、75.39MPa、82.08MPa、70.16MPa；8MPa 围压、不同轴向静载下自然煤样（H2-1～H2-6）动态强度分别为 60.27MPa、65.89MPa、72.38MPa、80.29MPa、84.78MPa、75.79MPa。

由数据分析可知，4MPa 围压下轴向静载在 20～28MPa 范围内煤样接近弹性变形阶段，煤样的动态强度最大为 82.08MPa，比轴向静载 8MPa 的动态强度提高了 51.85%，若轴向静载超过煤样弹性变形阶段范围，煤样进入损伤稳步发展阶段，煤样内部裂隙突然增多，煤样动态强度出现降低现象，8MPa 围压自然煤样测试结果也具有类似特征。

如图 3-36 和图 3-37 所示，4MPa 围压、不同轴向静载下饱水 7d 煤样（J1-1～J1-6）动态强度分别为 63.21MPa、70.29MPa、80.86MPa、94.28MPa、82.71MPa、75.67MPa；8MPa 围压、不同轴向静载下饱水 7d 煤样（J2-1～J2-6）动态强度分别为 68MPa、74.56MPa、86.74MPa、98.17MPa、80.23MPa、82.39MPa。饱水状态下轴向静载对煤样动态强度的影响同自然状态类似，但是饱水 7d 煤样的动态强度与自然煤样相比具有增大趋势。

4MPa 围压下饱水 7d 煤样比自然煤样动态强度提高 7.15%～25.33%，8MPa 围压下饱水 7d 煤样比自然煤样动态强度提高 9.33%～22.5%。

煤作为多孔介质，比一般的砂岩、辉岩致密性要低，试样内部存在大量的不规则裂隙及孔隙，当受三向应力作用，煤样处于弹性阶段时，试样裂隙和孔隙逐渐压缩而变小。改变轴向静载，使试样的变形在弹性阶段逐渐增加。围压限制侧向变形，使得煤样的动态强度逐渐增大，随着围压增大，煤样动态强度也呈现升高的趋势。

轴向静载对动态强度的影响主要在弹性阶段，其作用与围压类似，轴向静载越大，其动态强度越大；当轴向静载进入损伤阶段，煤样内部的裂隙逐渐增加，其动静组合强度下降。图 3-38 是围压相同条件下动静组合强度与轴向静载关系曲线。

在相同围压条件下改变轴向静载，随着轴向静载的增加，试样动态强度先升高后降低。试样动态强度的转折点是围压为 4MPa 和 8MPa、相对应轴向静载为 20MPa 或 28MPa 时，处于静载强度峰值的 50%～55%，饱水 7d 煤样和自然煤样均表现出该特征。三维动静组合加载中，当轴向静载强度超过单独煤样静载强度的 55%以上时，煤样裂隙发展剧烈，动态强度下降。

将三维动静组合加载中自然煤样和饱水 7d 煤样试验数据进行比较，围压为

4MPa 和 8MPa 时，当轴向静载加载强度低于单独煤样静载强度的 55%时，饱水 7d 煤样的动态强度高于自然煤样的动态强度；当高于 55%以上时，饱水 7d 煤样动态强度和自然煤样动态强度高低变化不明显。

3.4.2　相同轴向静载不同围压煤样强度及变形分析

将自然煤样和饱水 7d 煤样在 12MPa 轴向静载，0MPa、4MPa 和 8MPa 围压加载条件下的数据进行分析，如图 3-39 和图 3-40 所示。

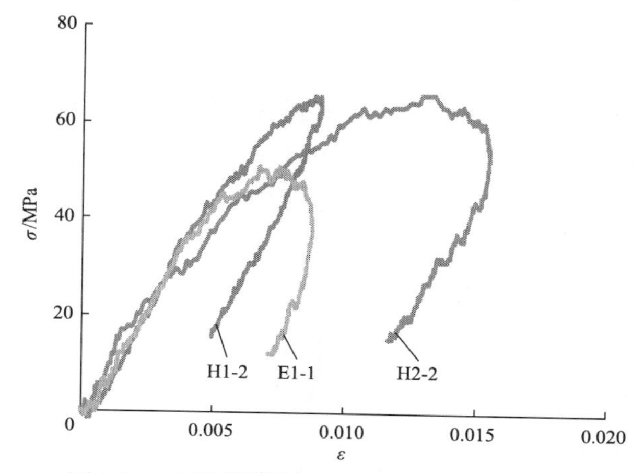

图 3-39　自然煤样不同围压下的应力-应变曲线

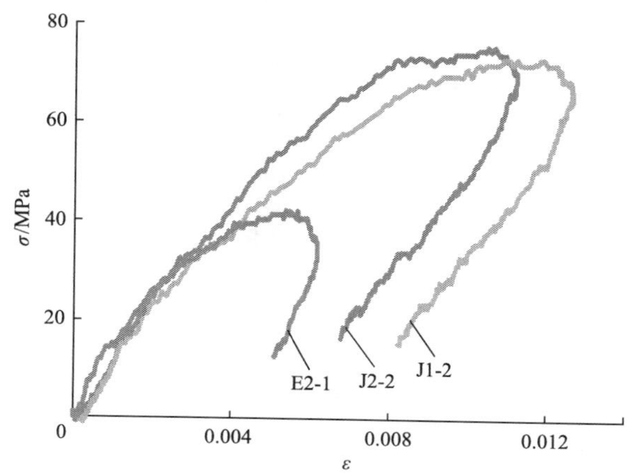

图 3-40　饱水 7d 煤样不同围压下的应力-应变试验曲线

对 0MPa、4MPa、8MPa 三种围压下的试验数据进行分析。自然煤样(H1-2、E1-1、H2-2)动态强度分别为 65.07MPa、50.92MPa、65.89MPa，饱水 7d 煤样(E2-1、J2-2、J1-2)动态强度分别为 42.32MPa、70.29MPa、74.56MPa。当轴向静载为 12MPa、最大围压为 8MPa 时，煤样处于弹性变形阶段。随着围压的增大，自然煤样和饱水 7d 煤样的动静组合强度均有增大的趋势。围压为 8MPa 时，自然煤样动态强度相对于 0MPa 围压动态强度提高了 29.39%；围压为 8MPa 时，饱水 7d 煤样动态强度相对于 0MPa 围压动态强度提高了 76.18%。饱水 7d 煤样动态强度增加幅度较大，自然煤样动态强度增加幅度较小，表明饱水 7d 煤样对围压变化的响应较强。

围压限制煤样侧向变形，弹性变形阶段内煤样内部孔隙缩小、压密，弹性变形阶段范围更大，故其煤样组合动态强度随着围压的增大而增大。当继续增加围压，使围压超出弹性变形阶段，进入新裂隙大量发展阶段，煤样的损伤加剧，组合强度降低。本试验围压环境均在弹性阶段，未出现动态强度随着围压的增大而降低的现象。

图 3-41 反映了利用三维 SHPB 装置测得的砂岩不同围压(0MPa、5MPa、10MPa)时的应力-应变试验曲线[40]，图 3-42 反映的是于亚伦利用对围压的 SHPB 装置对 3 种岩石进行的冲击试验结果[41]，与本试验结果规律类似。

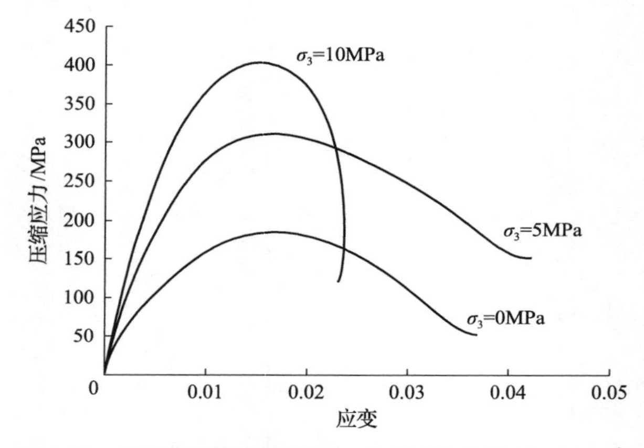

图 3-41 砂岩不同围压的应力-应变试验曲线($\dot{\varepsilon}$=210s^{-1})

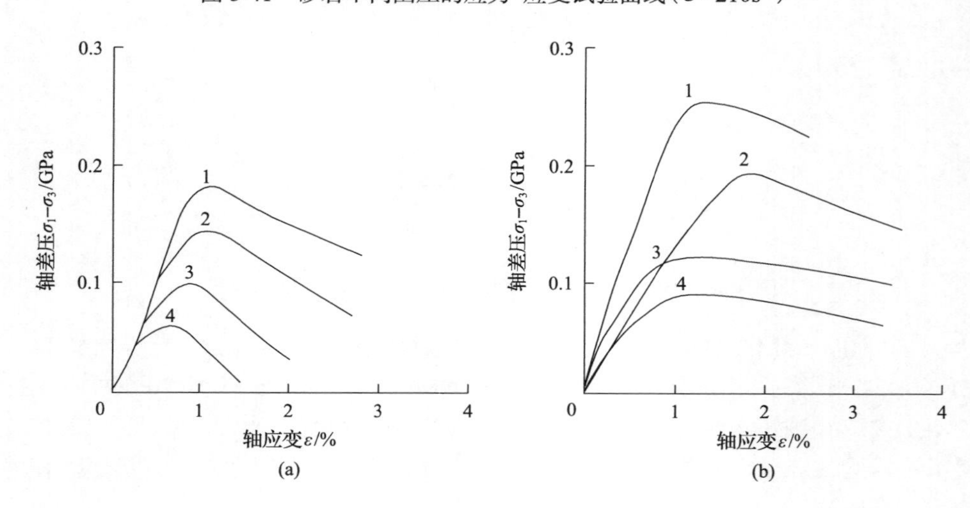

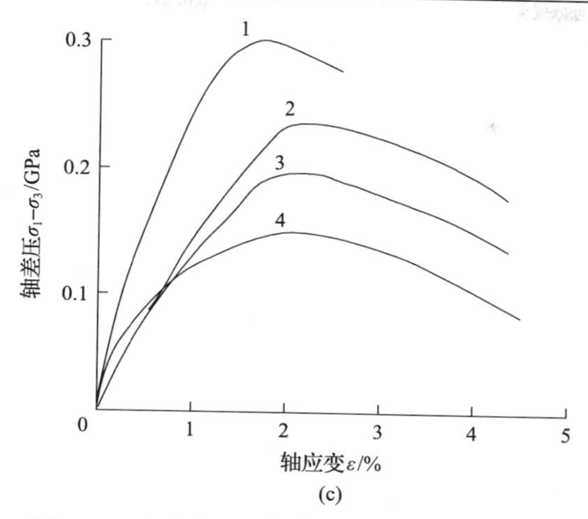

(c)

图 3-42　应变率为 10^2s^{-1} 时轴压差-轴应变曲线

1-σ_3=20MPa；2-σ_3=10MPa；3-σ_3=5MPa；4-σ_3=0.1MPa；σ_1-轴向静载；σ_3-围压

动静组合加载中围压和轴向静载对煤岩的弹性模量有较大的影响。由于煤岩内存在较多的裂隙和孔隙，当受三向加载时，微裂隙闭合，煤岩内部裂隙单位体积内更致密。当轴向静载不变，围压加载超过某一定值时，随着围压的增加微裂隙也逐渐闭合，其弹性模量增大；在相同围压下，随着轴向静载逐渐增加，裂隙逐渐变得致密，该阶段一般为弹性状态；当轴向静载超过弹性变形阶段后，内部出现新裂隙和孔隙，煤样内微裂纹从闭合到重新发育、扩展、串接，致使煤样损伤加剧，弹性模量降低。因煤样的离散性较大，自然煤样弹性模量与围压及轴向静载的相关性较弱，饱水煤样的相关性较明显。

岩石的围压及轴向静载对弹性模量的影响比煤表现得更敏感。图 3-43 为当轴向静载为 22.5MPa 和 36MPa 时，试样在弹性变形阶段随着围压的增加，岩石的弹性模量一直处于增大状态，轴向静载高的试样弹性模量高于轴向静载低的试样。图 3-44 是当围压分别为 4MPa 和 8MPa 时，增加轴向静载，试样开始处于弹性变

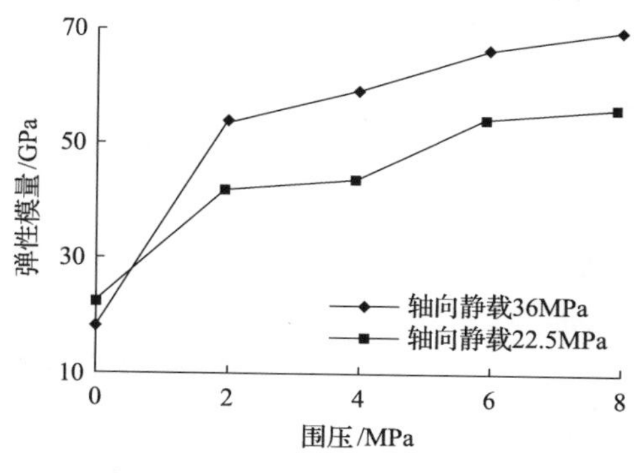

图 3-43　岩石弹性模量-围压关系

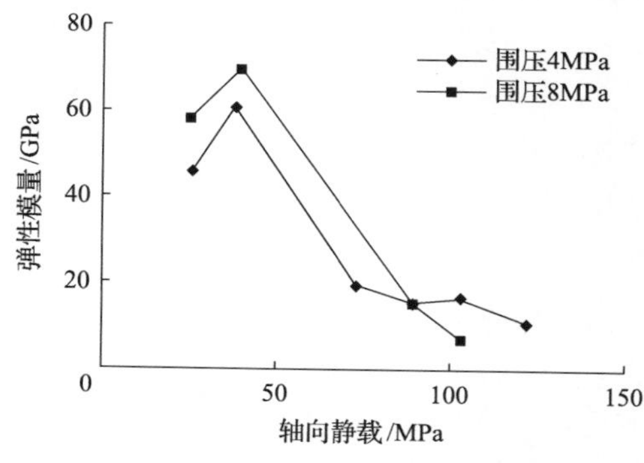

图 3-44　岩石弹性模量-轴向静载关系

形阶段，随着轴向静载的增大，弹性模量提高，当进入损伤阶段后，弹性模量将随着轴向静载的增大而降低[42]。

围压影响着试样应变率的大小，应变率反映煤岩应力条件下变形的快慢，同时表示应力变化的程度。试样平均应变率反映材料破坏整体变形的快慢特征，最大应变率是表现某一特殊时刻试样变形最快的瞬间点。

3.5 煤样的动态应力-应变曲线特征

在低应变率加载条件下，试样的应力-应变曲线趋势基本相同，只是抗压强度大小有所区别。中、高应变率条件下，多数选用半正弦应力波进行加载，所得的动态应力-应变曲线形式与静载时静应力-应变曲线差异较大，动态应力-应变曲线初始阶段不存在静应力-应变曲线中的下凹段，在加载初期近似直线段，然后进入曲线段，图 3-45 为一维动静组合加载典型应力-应变曲线。

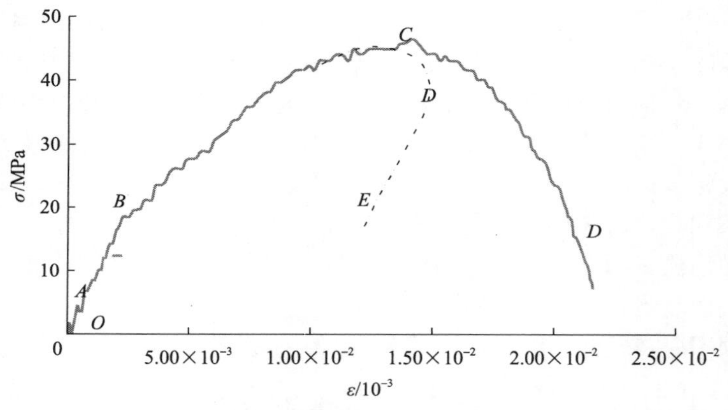

图 3-45 一维动静组合加载典型应力-应变曲线(D1-2)

煤样的应力-应变曲线大致分为两种，分 4 个或 5 个阶段，按变形阶段可分为：*OA* 段、*AB* 段、*BC* 段、*CD* 段、*DE* 段，对每段的特征进行逐一分析。

(1) *OA* 段——压密阶段：该段延续的时间为应力波在试样中来回传播一次或两次所需的时间，该段动态应力-应变曲线的斜率整体小于 *AB* 段，该阶段煤样处于应力波作用下试样被逐渐“压密”过程。

(2) *AB* 段——弹性变形阶段：该阶段应力-应变曲线呈直线状态，其斜率相对于 *OA* 段有所增加，该阶段是煤样被压密后的弹性变形阶段。

(3) *BC* 段——裂纹扩展阶段：*BC* 段的应力-应变曲线的切线斜率有逐渐降低的趋势，曲线曲率变化较大，表明煤样内部裂隙不断发育、扩展，裂隙发展比较稳定，斜率变化较大。*C* 点为冲击过程中形成应力波施加给试样的最大冲击应力，该点称为峰值应力点。该点的高低反映该次冲击过程中试样内部损伤的大小，峰值应力点越高表明试样抵抗变形能力越强。

从曲线的加卸载过程看，*OA*→*AB*→*BC* 3 段中，试样动态应力值表现出逐渐增大趋势，这 3 个阶段称为应力加载阶段。

(4) 卸载阶段(*CD* 卸载阶段或 *CD-DE* 卸载阶段)：①*CD* 卸载阶段。当应力-应变曲线过 *C* 点后，外部动载逐渐变小，而应变逐渐增加。该阶段试样内部裂隙继续扩展，煤样的弹性模量变小，内部发生塑性变形，煤样内部发生塑性或产生大的宏观裂隙，说明试样内部损伤累积程度逐渐加大，应变达到应变点 *D*。②*CD-DE* 卸载阶段。该卸载阶段多发生在三维加载和轴向静载不同的情况，该卸载阶段分为 *CD* 和 *DE* 两个卸载阶段。

当曲线过 *C* 点后，外部动载载逐渐减小，煤样变形没有立刻回弹，应变继续增加，直至增大到最大点 *D* 点处，即峰值应变点。该阶段虽然载荷减小，但是试样内部裂隙继续扩展，岩石内部出现塑性变形，变形不可逆，试样内损伤逐渐增大。

峰值应变点 *D* 点处于应力逐渐降低的阶段，试样在 *OA*、*AB*、*BC*、*CD* 阶段应变逐渐增大，这一过程也是试样吸收能量逐渐增加的过程，当应力波强度逐渐降低时，试样虽然处于加载状态下，但其值较小，试样系统释放能量，出现应变回弹的现象。*D* 点到 *E* 点间的应变是试样冲击中恢复的弹性应变，有时 *D* 点和 *E* 点重合，岩石完全破坏。

在进行岩石静载试验时，应力-应变曲线没有明显类似 *CD* 的卸载阶段，这与该加载过程有关。金解放[43]进行了轴向静载为 21MPa 时的循环冲击试验，并对砂岩的动态应力-应变曲线进行了特征分析，其曲线特征和文献[44]对无轴向静载花岗岩进行冲击试验得到的应力-应变曲线特征相似，如图 3-46 所示(图中 R27 表示试样编号，1、2、3 表示第 1 次、第 2 次、第 3 次冲击)。

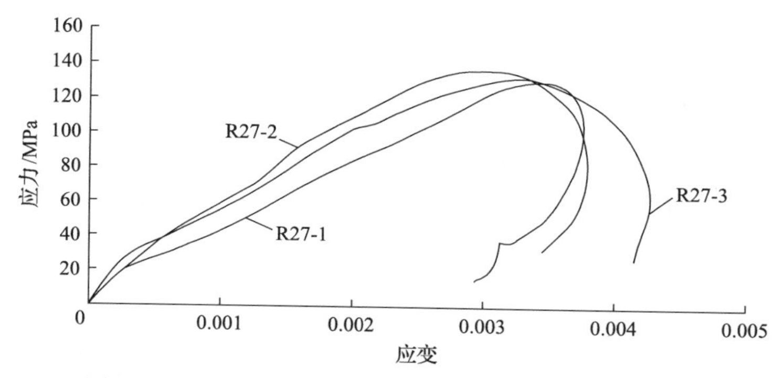

图 3-46　花岗岩在循环冲击试验过程中的应力-应变曲线

参 考 文 献

[1] 周子龙. 岩石动静组合加载试验与力学特性研究[D]. 长沙: 中南大学, 2007.

[2] 李夕兵, 宫凤强, 高科, 等. 一维动静组合加载下岩石冲击破坏试验研究[J]. 岩石力学与工程学报, 2010, 29(2): 251-260.

[3] 李夕兵. 岩石动力学基础与应用[M]. 北京: 科学出版社, 2014.

[4] 周子龙, 李国楠, 宁树理, 等. 侧向扰动下高应力岩石的声发射特性与破坏机制[J]. 岩石力学与工程, 2014, 33(8): 1720-1728.

[5] 康亚明, 刘长武, 陈义军, 等. 水压轴压联合作用下煤岩的统计损伤本构模型研究[J]. 西安建筑科技大学学报(自然科学版), 2009, 41(2): 180-186, 212.

[6] Hopkinson J. On the rupture of iron wire by a blow[C]. Proceedings of the Literary and Phlilosophical Society of Manchester, London: 1872: 40-45.

[7] Hopkinson B. A method of measuring the pressure produced in the detonation of high explosives or by the impact of bullets[C]//Containing Papers of a Mathematical or Physical Character. London: Philosophical Transactions of the Royal Society, 1914, A213: 437-456.

[8] 李地元, 成腾蛟, 周韬, 等. 冲击载荷作用下含孔洞大理岩动态力学破坏特性试验研究[J]. 岩石力学与工程学报, 2015, 34(2): 249-260.

[9] 宫凤强, 李夕兵, 刘希灵. 三轴 SHPB 加载下砂岩力学特性及破坏模式试验研究[J]. 振动与冲击, 2012, 31(8): 29-32.

[10] Fairhurst C E, Hudson J A. 单轴压缩试验测定完整岩石应力-应变全程曲线 ISRM 建议方法草案[J]. 岩石力学与工程学报, 2000, 19(6): 802-808.

[11] 国土资源部. 岩石物理力学性质试验规程: DZ/T 0276.29—2015[S]. 北京: 中国标准出版社, 2015.

[12] Li X B, Zhou Z L, Lok T S, et al. Innovative testing technique of rock subjected to coupled static and dynamic loads[J]. International Journal of Rock Mechanics and Mining Sciences, 2008, 45(5): 739-748.

[13] 李夕兵, 周子龙, 叶洲元, 等. 岩石动静组合加载力学特性研究[J]. 岩石力学与工程学报, 2008, 27(7): 1387-1399.

[14] 考尔斯. 固体中的应力波[M]. 王仁等, 译. 北京: 科学出版社, 1966.

[15] Richard S. Longitudinal impact of a semi-infinite circular elastic bar[J]. Journal of Applied Mechanics, 1957, 24: 59-64.

[16] Bertholf L D, Karnes C H. Two-dimensional analysis of the split-Hopkinson pressure bar system[J]. Journal of Mechanics and Physics of Solids, 1975, 23: 1-19.

[17] Zhao H, Gary G, Klepaczko J R. On the use of a viscoelastic split Hopkinson pressure bar[J]. International Journal of Impact Engineering, 1997, 19(4): 319-330.

[18] Li X B, Lok T S, Zhao J, et al. Oscillation elimination in the Hopkinson bar apparatus and resultant complete dynamic stress-strain curves for rocks[J]. International Journal of Rock Mechanics and Mining Sciences, 2000, 37(7): 1055-1060.

[19] Liu D S, Li X B, Yang X B. An approach for controlling oscillation in dynamic stress-strain measurement[J]. Transactions of Nonferrous Metals Society of China, 1996, 6(2): 144-147.

[20] 李夕兵, 古德生, 赖海辉. 冲击载荷下岩石动态应力应变全图测试的合理加载波形[J]. 爆炸与冲击, 1993, 13(2): 125-130.

[21] 李夕兵, 赖海辉, 古德生. 不同加载波形下矿岩破碎的能耗规律[J]. 中国有色金属学报, 1992, 2(4): 10-14.

[22] 李夕兵，刘德顺，古德生. 消除岩石动态实验曲线振荡的有效途径[J]. 中南工业大学学报，1995，26(4): 457-460.

[23] Davies E D H, Hunter S C. The dynamic compression testing of solids by the method of the split Hopkinson pressure bar system[J]. Journal of the Mechanics and Physics of Solids, 1963, 11(3): 155-179.

[24] 李夕兵. 冲击荷载下岩石能耗及破碎力学性质的研究[D]. 长沙: 中南工业大学, 1986.

[25] Hudson J A, Harrison J P. Engineering Rock Mechanics[M]. Oxford: Elsevier, 1997.

[26] 李夕兵, 古德生. 岩石冲击动力学[M]. 长沙: 中南工业大学出版社, 1994.

[27] 李夕兵, 赖海辉, 朱成忠. 冲击载荷下岩石破碎能耗及其力学性质的研究[J]. 矿冶工程, 1988, 8(1): 15-19.

[28] Samanta S K. Dynamic deformation of aluminium and copper at elevated temperatures[J]. Journal of the Mechanics and Physics of Solids, 1971, 19(3): 117-122.

[29] 陶俊林. SHPB 试验中几个问题的讨论[J]. 西安科技大学学报, 2009, 24(3): 27-35.

[30] Lok T S, Li X B, Liu D S, et al. Testing and response of large diameter brittle materials subjected to high strain rate[J]. Journal of Materials in Civil Engineering, 2001, 14(3): 262-269.

[31] Ozbolt J, Rah K K, Mestrovic D. Influence of loading rate on concrete cone failure[J]. International Journal of Fracture, 2006, 139(2): 239-252.

[32] Bindiganavile V, Banthia N. A comment on the paper, "Size effect for high-strength concrete cylinders subjected to axial impact" by T. Krauthammer et al.[J]. International Journal of Impact Engineering, 2004, 30(7): 873-875.

[33] 宫凤强，李夕兵，饶秋华，等. 岩石 SHPB 试验中确定试样尺寸的参考方法[J]. 振动与冲击，2013，32(17): 24-28.

[34] 翟越. 岩石类材料的动态性能研究[D]. 西安: 长安大学, 2008.

[35] 许金余, 范建设, 吕晓聪. 围压条件下岩石的动态力学特性[M]. 西安: 西北工业大学出版社, 2012.

[36] Ross C A, Jerome D M, Tedesco J W, et al. Moisture and strain rate effects on concrete strength[J]. ACI Material Journal, 1996, 93(3): 293-300.

[37] 洪亮. 冲击载荷下岩石强度及破碎能耗特征的尺寸效应研究[D]. 长沙: 中南大学, 2008.

[38] 王斌，李夕兵. 单轴荷载下饱水岩石静态和动态抗压强度的细观力学分析[J]. 爆炸与冲击，2012，32(4): 423-431.

[39] 刘少虹，李凤明，蓝航，等. 动静加载下煤的破坏特性及机制的试验研究[J]. 岩石力学与工程学报，2013，32(2): 3749-3759.

[40] 宫凤强. 动静组合加载下岩石力学特性和动态强度准则的试验研究[D]. 长沙: 中南大学, 2010.

[41] 于亚伦. 用三轴 SHPB 装置研究岩石的动载特性[J]. 岩土工程学报, 1992, 14(3): 76-79.

[42] 叶洲元，李夕兵，周子龙，等. 三轴压缩岩石动静组合强度与变形特征的研究[J]. 岩土力学，2009，30(7): 1981-1986.

[43] 金解放. 静载荷与循环冲击组合作用下岩石动态力学特性研究[D]. 长沙: 中南大学, 2012.

[44] Li X B, Lok T S, Zhao J. Dynamic characteristics of granite subjected to intermediate loading rate[J]. Rock Mechanics and Rock Engineering, 2005, 38(1): 21-39.

第4章　真三维动静组合加载含水煤样力学试验特征

随着世界经济的发展和对能源需求的增加，国内外矿山相继转入深部开采。国外煤矿的最大开采深度达到1713m，国内煤矿的最大开采深度达到1197m，金属矿山在国外的开采深度已经延伸至 3000m 以上[1-3]。开采深度逐渐增加，工程灾害日趋增多，对深部资源安全高效开采造成巨大的威胁，深部开采的岩石动力学问题已经成为国内外学者的研究焦点[4-6]。深部煤岩的力学特性主要表现为“三高一扰动”的恶劣环境[2,7]，煤岩在开采过程中受到爆破应力波、顶板来压的地震波、锚杆钻机的振动波等影响，对高静载作用下的煤岩体造成动力扰动，形成煤岩体在动静组合加载下的岩石动力学问题。

国内外许多学者通过煤岩体在动静组合加载下的力学特性试验，取得了丰硕的研究成果[8]。例如，李夕兵等[9]、宫凤强等[10,11]、金解放等[12]、叶洲元等[13]利用改进 SHPB 进行了常规三维动静组合加载砂岩力学特性试验，分析了围压及轴压对试样强度的影响，得到了砂岩的破坏形式及规律。Liu 等[14,15]利用澳大利亚蒙纳士大学世界首台基于真三维动静组合加载的霍普金森压杆(Hopkinson bar)系统研究砂岩的动态力学与破坏特征，得出了在单轴、预应力单轴、双轴及真三维动静组合加载状态下砂岩的动态力学特性，并得到了试样在真三维动态压缩下 X、Y 和 Z 轴 3 个方向的应力-应变曲线、体应力-应变关系，分析了砂岩在多轴动静组合加载下的变形、强度与破坏特征。徐松林等[16-18]利用三维霍普金森压杆动态力学试验系统，对混凝土、岩石类材料进行真三维静载试验，得出了在 3 个不同方向上的应力-应变关系。

水对深部高静载作用下煤岩的力学特性具有较大的影响。Vasarhelyi[19]通过分析孔隙率、单轴抗压强度、弹性模量和抗拉强度，统计了含水率对灰岩强度的影响。Zhou 等[20]、王斌等[21]利用一维动静组合加载系统对干燥及饱水砂岩进行动态试验，分析了含水率及应变率对砂岩动态强度的影响，探讨了含水作用下动载强度变化的原因。前面章节介绍了一维、三维动静组合加载试验，对含水煤样的动态强度及能量传递规律特征开展了研究，得出三维动静组合加载条件下饱水 7d 煤样的动态强度高于自然煤样，而一维动静组合加载条件下饱水 7d 煤样的动态强度低于自然煤样强度。本章试验采用蒙纳士大学的真三维动静组合加载的霍普金森压杆试验装置，对自然煤样和饱水 7d 煤样进行三维动静组合加载试验，分析含水煤样在真三维动静组合加载状态下的受力特性及强度变化特征，讨论饱水 7d 煤样在常规三维与真三维动静组合加载作用下的动态强度变化特征。

4.1　真三维动静组合加载实验设备及试样制备

4.1.1　真三维动静组合加载实验设备概况

试验采用蒙纳什大学的真三维动静组合加载的霍普金森压杆系统，该系统可进行岩石、混凝土、煤样单轴、双轴和三维动静组合加载试验，试验系统和装置如图 4-1[14]所示。试验中将煤样加载在压缩杆中，预应力通过两个水平液压缸和一个垂直液压缸在立方体煤样上 3 个独立的正交方向上施加，如图 4-1 所示，动载通过在气枪中发射子弹撞击入射杆来施加。静载加载实物如图 4-2 所示，伺服加载控制系统和信号采集系统如图 4-3 所示。试验系统的详细介绍见文献[14]。

图 4-1　真三维动静组合加载的霍普金森压杆系统试验装置

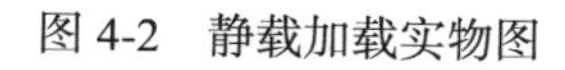

图 4-2　静载加载实物图

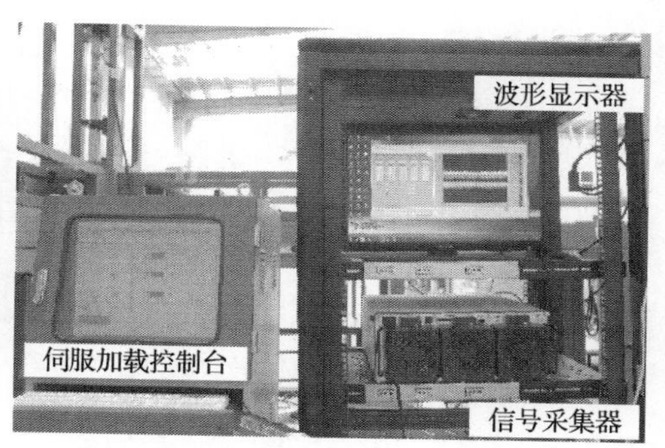

图 4-3　伺服加载控制系统和信号采集系统

冲击过程中立方体煤样 6 个面的动态响应与损伤演化可以通过 3 个维度、6 根方杆上的应变信号进行分析处理。先将煤样放置于加载台上，位于 6 根方杆的交叉处，在煤样各平面上均要放置相同规格的金属垫片，然后将 6 根方杆紧密接触垫片，通过液压缸对煤样施加设定静载，最后通过设定气压射出子弹撞击入射杆，实现对煤样的三维动静组合加载，煤样的受力过程及原理如图 4-4 所示。

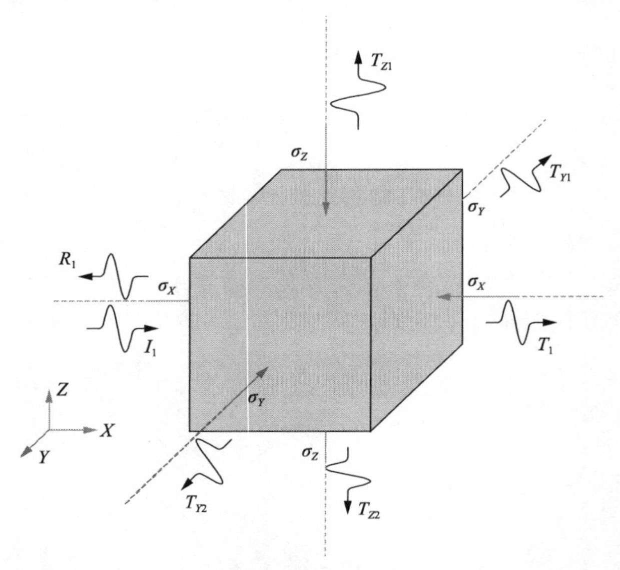

图 4-4　真三轴动静加载系统试验原理

σ_X-X 轴方向静载；σ_Y-Y 轴方向静载；σ_Z-Z 轴方向静载；I_1-入射波；R_1-反射波；T_1-透射波；T_{Y1}-$Y1$ 方向的出射波；T_{Y2}-$Y2$ 方向的出射波；T_{Z1}-$Z1$ 方向的出射波；T_{Z2}-$Z2$ 方向的出射波

在试验中，冲击和施加的静载均为压缩应力，故在试验中定义压缩试样为正。图 4-5 表现出了自然煤样在真三维静载(8MPa、2MPa、6MPa)作用下，施加动载载荷(冲击速度为 16.80m/s)所得出的三轴方向上动态应力-应变曲线。

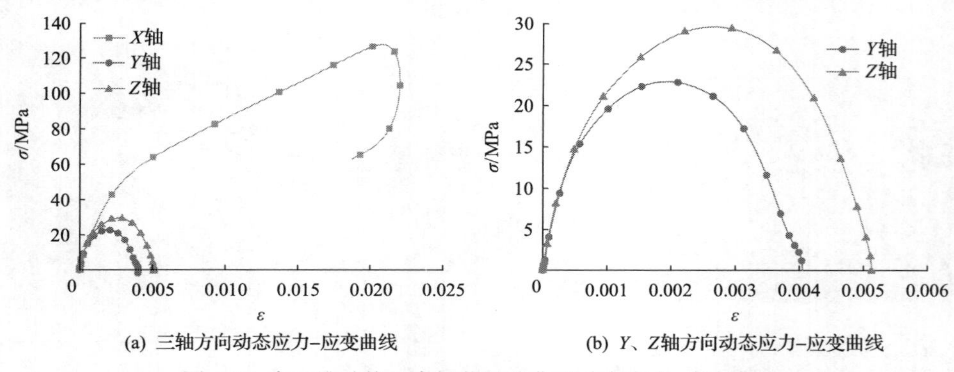

图 4-5　真三维动静组合加载试验典型动态应力–应变曲线

4.1.2　试样制备

试样选自河南义马集团跃进煤矿二$_1$煤，煤种为长烟煤，加工后的煤样规格为

52mm×52mm×52mm 的立方体，按照岩石力学试验测试标准要求对试样进行精细加工，对 6 个平面进行仔细打磨，使试样的 6 个表面的不平行度和不垂直度均小于 0.02mm，筛选出完整性、均质性较好的试样，以满足真三维动静组合加载试验的要求，加工后的试样如图 4-6 所示。

图 4-6　加工后的试样实物图

将加工筛选后的试样随机分成自然煤样和饱水 7d 煤样两组，标号分别为 A1-1～A1-5 和 A2-1～A2-5，其中自然煤样是指将加工筛选后的试样放在空气中搁置，饱水 7d 煤样是指采用自然吸附法，将煤样放置于水中 7d，使煤样充分吸收水分，达到自然饱和的状态，煤样的渗透率为 0.04×10^{-15}～$1.24\times10^{-15}m^2$。

4.1.3　试验方案

为分析饱水煤样的动态强度特征及变形特征，对自然煤样和饱水 7d 煤样进行分组试验，并对真三轴作用下 *X*、*Y* 和 *Z* 轴方向的应力进行设置，具体试验方案见表 4-1，并对试验数据进行统计分析。

表 4-1　试验方案

试样编号	试样状态	冲击气压/MPa	冲击速度/(m/s)	静载/MPa		
				σ_1	σ_2	σ_3
A1-1	自然煤样	0.8	16.80	8	2	6
A1-2			17.14		4	
A1-3			16.79		6	
A1-4			16.79		8	
A1-5			16.70		10	

续表

试样编号	试样状态	冲击气压/MPa	冲击速度/(m/s)	静载/MPa		
				σ_1	σ_2	σ_3
A2-1			17.21		2	
A2-2			17.72		4	
A2-3	饱水 7d 煤样	0.8	17.16	8	6	6
A2-4			17.07		8	
A2-5			17.09		10	

注：σ_1、σ_2、σ_3分别表示 X 轴、Y 轴、Z 轴方向的静载。

4.2　真三维动静组合加载试验结果分析

4.2.1　自然煤样及饱水 7d 煤样试验结果

1. 自然煤样试验结果

不同 Y 轴静载作用下，自然煤样在 X、Y 和 Z 轴方向的动态应力–应变曲线如图 4-7～图 4-9 所示。在 X 轴和 Z 轴静载相同的情况下，随着 Y 轴静载的增大(2MPa、4MPa、6MPa、8MPa 和 10MPa)，自然煤样在 X 轴方向的峰值动态强度分别为 127.67MPa、129.03MPa、138.10MPa、126.86MPa 和 126.51MPa，在 Y 轴方向的峰值动态强度分别为 22.91MPa、33.03MPa、32.51MPa、35.95MPa 和 31.69MPa，在 Z 轴方向的峰值动态强度分别为 29.60MPa、33.16MPa、31.16MPa、29.84MPa 和 34.56MPa。

保持 X 轴和 Z 轴静载不变，由图 4-7(a)、图 4-8(a)和图 4-9(a)可知，受到初始应力的影响，随着 Y 轴静载的增大，煤样在三轴方向的应力和应变响应不同。

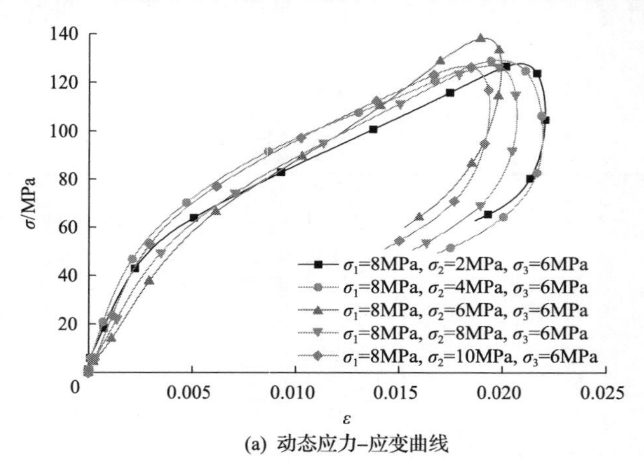

(a) 动态应力–应变曲线

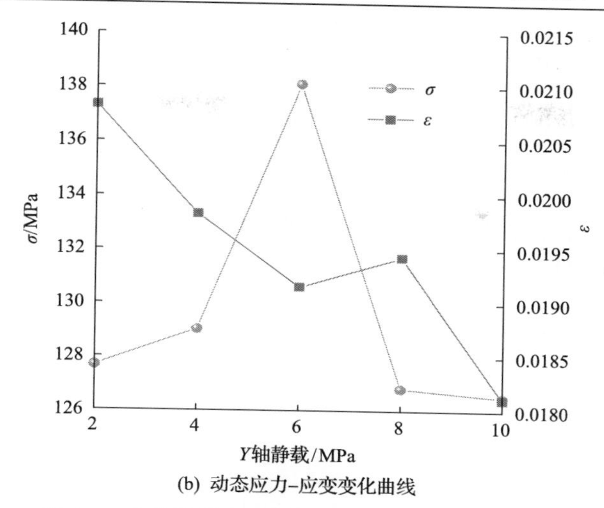

(b) 动态应力–应变变化曲线

图 4-7　自然煤样在 X 轴方向的动态应力–应变曲线

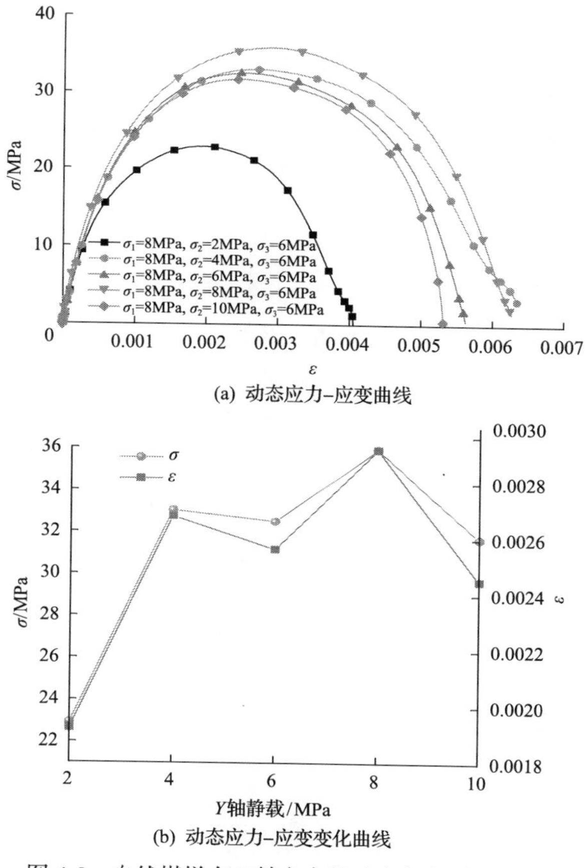

(a) 动态应力–应变曲线

(b) 动态应力–应变变化曲线

图 4-8　自然煤样在 Y 轴方向的动态应力–应变曲线

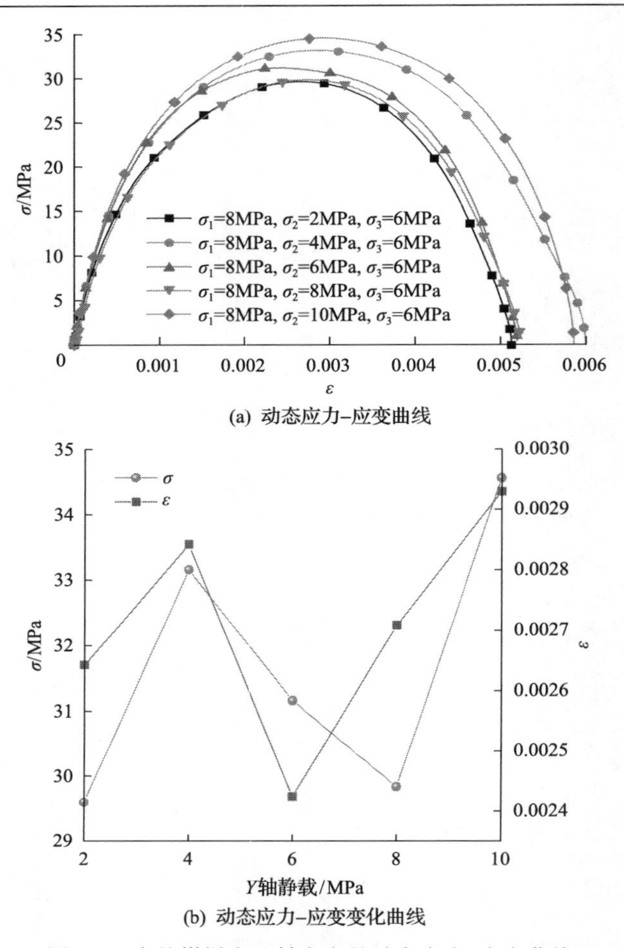

(a) 动态应力–应变曲线

(b) 动态应力–应变变化曲线

图 4-9　自然煤样在 Y 轴方向的动态应力–应变曲线

1) $\sigma_2 \leqslant 6$MPa 时动态强度变化特征

由图 4-7(b)可知，自然煤样随着 Y 轴静载增大至 6MPa，在 X 轴方向的峰值动态强度呈现增强的趋势，比 Y 轴静载为 2MPa 时强度提高 8.17%。如图 4-8(b)所示，在 Y 轴静载为 2～4MPa 时，自然煤样在 Y 轴方向的峰值动态强度和应变均处于增长的趋势，增长斜率为 5.06。当 Y 轴静载增加至 6MPa 时，Y 轴与 Z 轴静载相同($\sigma_1 > \sigma_2 = \sigma_3 \neq 0$)，自然煤样在 Y 轴的峰值动态强度较静载为 4MPa 时减小 1.57%，峰值动态应变减小 4.48%。由图 4-9(b)可知，自然煤样在 Y 轴静载为 2～4MPa 时峰值动态强度和应变均处于增长趋势，当 Y 轴静载增加至 6MPa 时，Y 轴与 Z 轴静载相同($\sigma_1 > \sigma_2 = \sigma_3 \neq 0$)，自然煤样在 Z 轴的峰值动态强度较静载为 4MPa 时减小 6.03%，峰值动态应变减小 8.10%。

2) 6MPa＜σ_2≤10MPa 时动态强度变化特征

如图 4-7(b)所示，当 Y 轴静载由 6MPa 加载至 10MPa 时，自然煤样在 X 轴方向的峰值动态强度呈现减小趋势，比 Y 轴静载为 6MPa 时降低 8.39%；X 轴方向的峰值动态应变在 Y 轴静载为 2～4MPa 和 8～10MPa 时减小斜率较大，在 4～8MPa 时减小斜率较为平缓。由图 4-8(b)可知，当 Y 轴静载为 8～10MPa 时，自然煤样在 Y 轴方向的峰值动态强度和应变均呈减小趋势，但如图 4-9(b)所示，此时在 Z 轴方向的峰值动态强度和应变均表现为增大现象，其中峰值动态强度增加 15.82%，峰值动态应变增加 8.12%。

当 Y 轴静载为 2～4MPa，即 $\sigma_1>\sigma_3>\sigma_2\neq0$ 时，自然煤样处于裂隙压密阶段，X 轴、Y 轴和 Z 轴方向的峰值动态强度和应变均表现为增长的趋势。当 Y 轴静载为 4～6MPa，即 $\sigma_1>\sigma_3>\sigma_2\neq0$ 或 $\sigma_1>\sigma_3=\sigma_2\neq0$ 时，自然煤样处于弹性变形阶段，继续压密自然煤样中的裂隙，使得在施加动载方向即 X 轴方向的应力响应较敏感，三轴方向的峰值动态应变均表现出减小趋势。表明适当增加 Y 轴静载可以增强煤样承受外部高应力的冲击能力。当 Y 轴静载为 6～10MPa，即 $\sigma_1>\sigma_2>\sigma_3\neq0$ 或 $\sigma_1=\sigma_2>\sigma_3\neq0$ 或 $\sigma_2>\sigma_1>\sigma_3\neq0$ 时，Y 轴静载超过煤样弹性变形阶段，煤样进入损伤稳步发展阶段，煤样内部裂隙突然增多，加剧煤样内部损伤，促进煤样在 Z 轴方向上破坏能量的释放(如 X 轴、Y 轴、Z 轴轴向静载分别为 8MPa、10MPa、6MPa)。随着三轴应力状态逐渐接近平衡状态(如 X 轴、Y 轴、Z 轴轴向静载分别为 8MPa、6MPa、6MPa 和 X 轴、Y 轴、Z 轴轴向静载分别为 8MPa、8MPa、6MPa)，自然煤样在 X 轴方向破坏应变的减小处于稳定趋势，在 Y 轴和 Z 轴表现出不同的变化趋势。由于试验系统的真三轴加载特点，σ_2 和 σ_3 提供的侧向约束力限制了自然煤样在冲击过程中的剪胀，可压密煤样中的裂隙，有助于提高动态强度。为了避免在试验中自然煤样和横向杆之间的接触面的动态摩擦导致岩石强度增加，试验中使用润滑脂来减小断面效应影响。

2. 饱水 7d 煤样试验结果

在不同 Y 轴静载作用下，饱水 7d 煤样在 X 轴、Y 轴和 Z 轴方向的动态应力-应变曲线如图 4-10～图 4-12 所示。试验施加动载大小相同即冲击气压为 0.8MPa，X 轴和 Z 轴静载分别为 8MPa 和 6MPa，随着 Y 轴静载的增加(2MPa、4MPa、6MPa、8MPa 和 10MPa)，饱水 7d 煤样在 X 轴方向的峰值动态强度分别为 108.14MPa、99.35MPa、119.65MPa、118.86MPa 和 108.04MPa，在 Y 轴方向的峰值动态强度分别为 37.55MPa、31.56MPa、43.82MPa、37.09MPa 和 37.80MPa，在 Z 轴方向的峰值动态强度分别为 34.07MPa、34.95MPa、42.82MPa、40.35MPa 和 34.99MPa。

保持 X 轴和 Z 轴静载不变，由图 4-10(a)、图 4-11(a)和图 4-12(a)可知，受到初始应力的影响，随着 Y 轴静载大小的变化，饱水 7d 煤样在三轴方向的应力和应变响应不同。

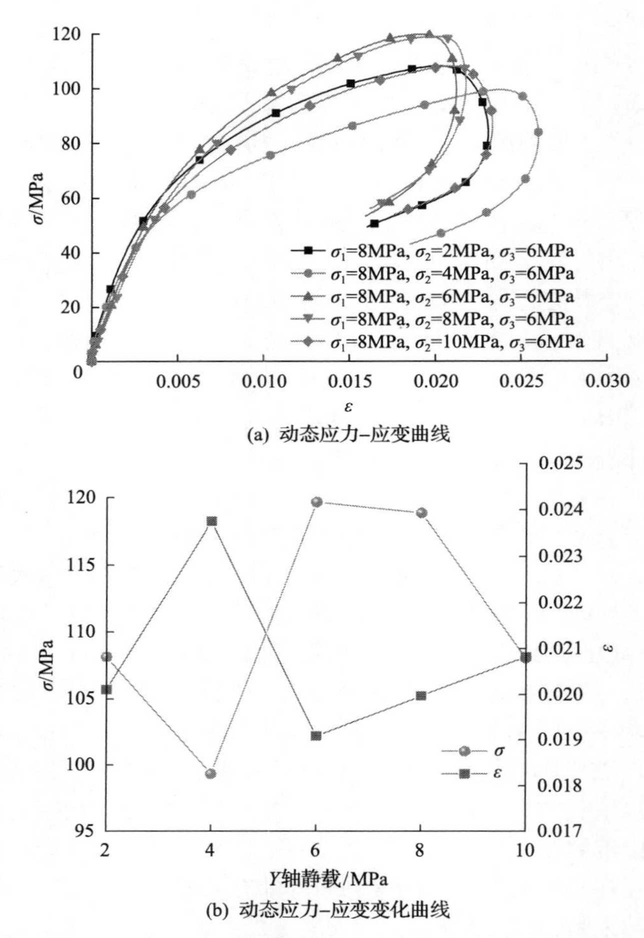

(a) 动态应力-应变曲线

(b) 动态应力-应变变化曲线

图 4-10　饱水 7d 煤样在 X 轴方向的动态应力-应变曲线

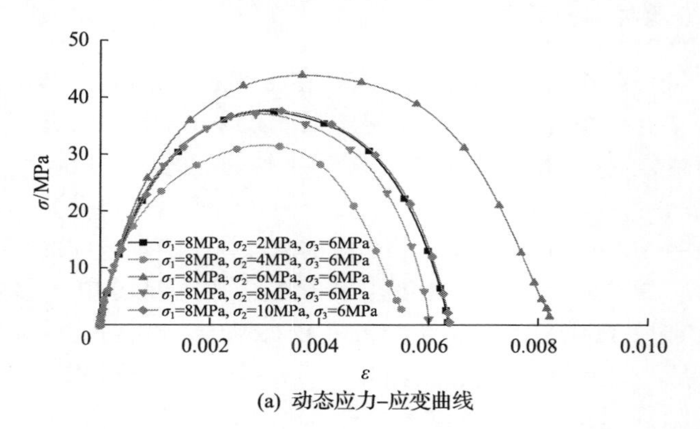

(a) 动态应力-应变曲线

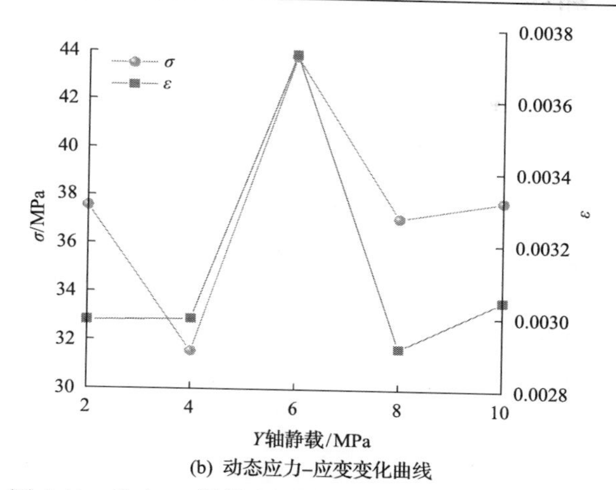

(b) 动态应力–应变变化曲线

图 4-11　饱水 7d 煤样在 Y 轴方向的动态应力–应变曲线

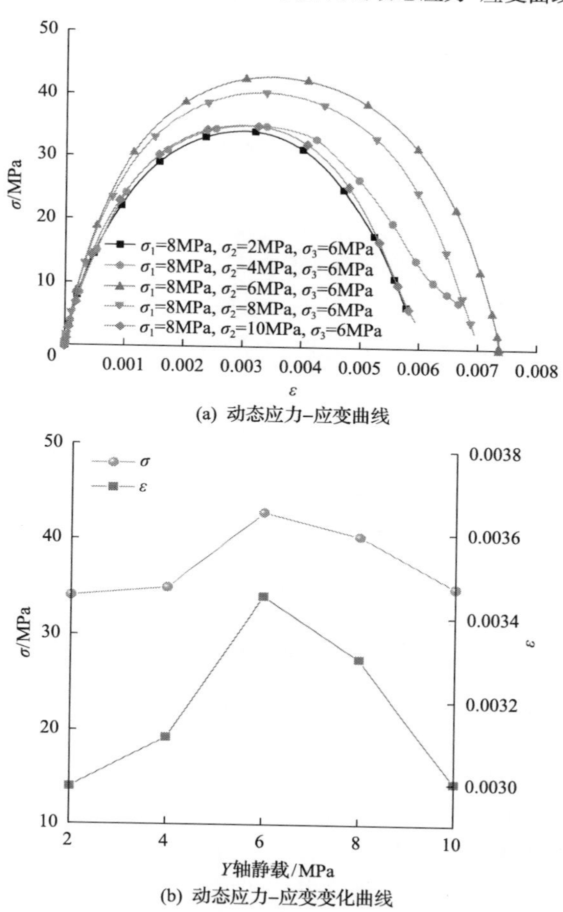

(a) 动态应力–应变曲线

(b) 动态应力–应变变化曲线

图 4-12　饱水 7d 煤样在 Z 轴方向的动态应力–应变曲线

1) $\sigma_2 \leq 6\text{MPa}$ 时动态强度变化特征

根据图 4-10(b)饱水 7d 煤样在 X 轴方向的动态应力–应变变化曲线，随着 Y 轴静载增加至 6MPa，饱水 7d 煤样在 X 轴的峰值动态强度呈现出增大的趋势，饱水 7d 煤样的加载状态为$\sigma_1 > \sigma_3 > \sigma_2 \neq 0$ 或$\sigma_1 > \sigma_2 = \sigma_3 \neq 0$，比 Y 轴静载为 2MPa 时峰值动态强度增大 10.64%，饱水 7d 煤样的应变呈现减小的趋势，比 Y 轴静载为 2MPa 时峰值动态应变减小 5.12%。如图 4-11(b)所示，当 Y 轴静载从 2MPa 加载至 6MPa 时，饱水 7d 煤样的加载状态为$\sigma_1 > \sigma_3 > \sigma_2 \neq 0$ 或$\sigma_1 > \sigma_2 = \sigma_3 \neq 0$，饱水 7d 煤样在 Y 轴的峰值动态强度与应变均表现出增加的趋势，峰值动态强度增加 16.70%，峰值动态应变增加 24.57%。如图 4-12(b)所示，当 Y 轴静载从 2MPa 加载至 6MPa 时，饱水 7d 煤样的加载状态为$\sigma_1 > \sigma_3 > \sigma_2 \neq 0$ 或$\sigma_1 > \sigma_2 = \sigma_3 \neq 0$，饱水 7d 煤样在 Z 轴的峰值动态强度与应变均表现出增加的趋势，峰值动态强度增加 25.68%，峰值动态应变增加 15.83%。

2) $6\text{MPa} < \sigma_2 \leq 10\text{MPa}$ 时动态强度变化特征

由图 4-10(b)和图 4-12(b)可知，随着 Y 轴静载由 6MPa 增加至 10MPa，饱水 7d 煤样在 X 轴和 Z 轴的峰值动态强度均呈现出减小的趋势，特别是 6～8MPa 时减小趋势较小，此时饱水 7d 煤样的加载状态从$\sigma_1 > \sigma_2 = \sigma_3 \neq 0$ 向$\sigma_1 = \sigma_2 > \sigma_3 \neq 0$ 过渡；8～10MPa 时减小趋势较大，此时饱水 7d 煤样的加载状态从$\sigma_1 = \sigma_2 > \sigma_3 \neq 0$ 向$\sigma_2 > \sigma_1 > \sigma_3 \neq 0$ 过渡；X 轴峰值动态强度减小 9.7%，Z 轴峰值动态强度减小 18.29%。Y 轴方向的峰值动态应变表现出先急剧减小后缓慢增大的现象，Z 轴的峰值动态应变表现出持续减小的现象。图 4-11(b)显示，Y 轴静载为 6～8MPa 时，饱水 7d 煤样在 Y 轴方向的峰值动态强度和应变减小趋势较大，峰值动态强度减小 15.36%，峰值动态应变减小 21.98%。Y 轴静载为 8～10MPa 时，饱水 7d 煤样在 Y 轴的峰值动态强度和应变表现出缓慢增长趋势。

根据图 4-10(b)、图 4-11(b)和图 4-12(b)动态应力–应变变化曲线可知，Y 轴静载加载至 6MPa 时，饱水 7d 煤样在 Y 轴和 Z 轴方向峰值动态强度和应变均增大，在 X 轴方向峰值动态强度增大，峰值动态应变减小，此时饱水 7d 煤样的三轴加载从$\sigma_1 > \sigma_3 > \sigma_2 \neq 0$ 向$\sigma_1 > \sigma_2 = \sigma_3 \neq 0$ 过渡，表明饱水 7d 煤样处于弹性变形阶段，随着 Y 轴静载增加，不断使饱水 7d 煤样中的裂隙压密，饱水 7d 煤样的峰值动态强度和应变表现出增大的现象。Y 轴静载从 6MPa($\sigma_1 > \sigma_2 = \sigma_3 \neq 0$)加载至 8MPa($\sigma_1 = \sigma_2 > \sigma_3 \neq 0$)时，饱水 7d 煤样在 X、Y 和 Z 轴的峰值动态强度均表现为减小现象，峰值动态应变在 X 轴方向表现出增大的现象，在 Y 轴和 Z 轴方向均表现为减小现象，表明在此静载加载状态下，饱水 7d 煤样中仍有一些被水充填的裂隙未被压密，受到动载瞬间冲击作用，在 X 轴方向压密裂隙使饱水 7d 煤样瞬间被破坏。Y 轴静载从 8MPa($\sigma_1 = \sigma_2 > \sigma_3 \neq 0$)加载至 10MPa($\sigma_2 > \sigma_1 > \sigma_3 \neq 0$)时，饱水 7d 煤样的峰值动态强度在 X 轴和 Z 轴方向表现减小趋势，在 Y 轴方向表现稍微增大的趋势；饱水 7d 煤样的峰值动态应变在 X 轴和 Y 轴方向表现出稍微增大的现象，在 Z 轴方向表现出减小的趋势，表明 Y 轴静载超过煤样弹性变形阶段，煤样进入损伤稳步发展阶段，煤样内部裂隙突然增多，加剧了煤样内部损伤。

当三轴静载加载状态逐渐趋于平衡（$\sigma_1 > \sigma_2=\sigma_3\neq0$ 和 $\sigma_1=\sigma_2 > \sigma_3\neq0$），饱水 7d 煤样的动态强度远高于其他的加载状态。由于水充填于煤样裂隙中，不断软化煤样，饱水 7d 煤样的变形表现出稍微增大的现象。随着 Y 轴静载的增大，饱水 7d 煤样内的裂隙经历了裂隙稳定压缩阶段、裂隙急剧扩展阶段、裂隙贯通阶段。

4.2.2　自然煤样及饱水 7d 煤样动态强度讨论

煤作为一种多孔介质，比一般砂岩、灰岩的致密性要低，煤体内部赋存大量不规则的裂隙及孔隙，当煤样在三轴静载约束力作用下处于弹性范围时，煤样裂隙及孔隙被逐渐压缩而变小[21]。改变 Y 轴方向静载 σ_2，使煤样在弹性范围内逐渐压密内部裂隙；三轴静载限制侧向变形，使煤样的动态强度逐渐增大，即随着 Y 轴方向静载 σ_2 增加，煤样动态强度呈升高的趋势。轴向静载对煤样动态强度的影响主要表现在弹性范围内，其作用与围压类似，轴向静载越大其动态强度越大；当轴向静载增大至煤样出现膨胀损伤时，煤样内部的裂隙逐渐增加，其动态强度下降。

为进行真三维动静组合加载下 Y 轴方向静载变化和不同含水状态对煤样动态强度变化的讨论，对自然煤样和饱水 7d 煤样进行真三维动静组合加载冲击试验，探讨相同尺寸煤样、相同 σ_1、σ_3 静载条件在三维动静组合加载作用下煤样的动态强度变化规律。图 4-13～图 4-15 分别表示自然煤样和饱水 7d 煤样在三轴方向随着 Y 轴静载增加峰值动态强度和峰值动态应变的变化趋势。

随着 Y 轴静载的增加，自然煤样和饱水 7d 煤样的峰值动态强度均表现为先增大后减小的现象。自然煤样和饱水 7d 煤样峰值动态强度转折点为 Y 轴静载 6MPa 附近，两种状态的煤样在 X 轴方向的峰值动态强度表现出减小趋势，在 Y 轴和 Z 轴方向的峰值动态强度呈现不稳定变化。由图 4-13～图 4-15 可知，饱水 7d 煤样

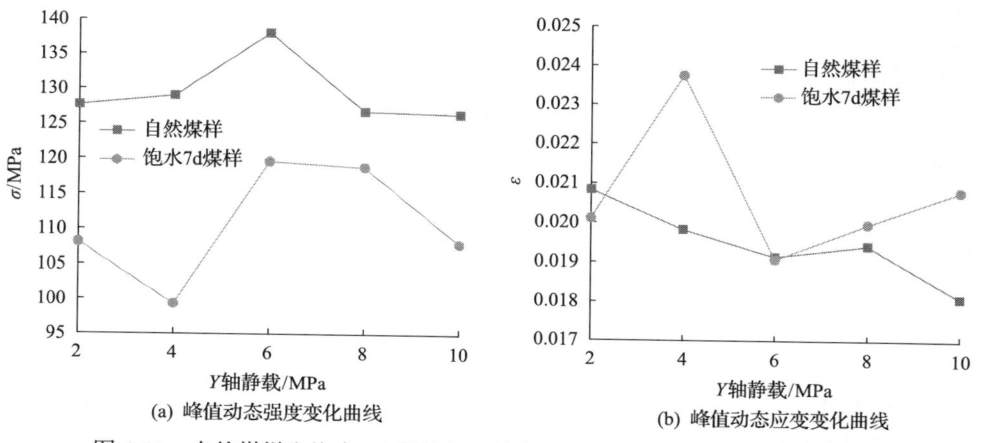

(a) 峰值动态强度变化曲线　　(b) 峰值动态应变变化曲线

图 4-13　自然煤样和饱水 7d 煤样在 X 轴方向的峰值动态应力–应变变化曲线

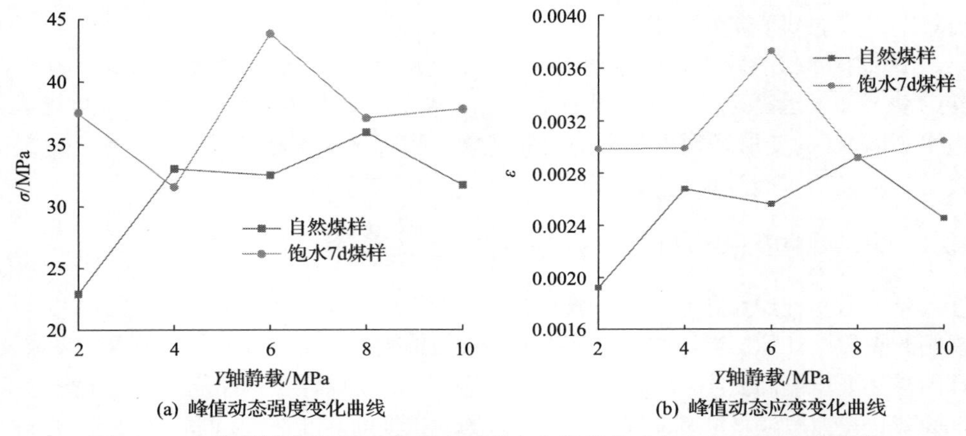

图 4-14 自然煤样和饱水 7d 煤样在 Y 轴方向的峰值动态应力–应变变化曲线

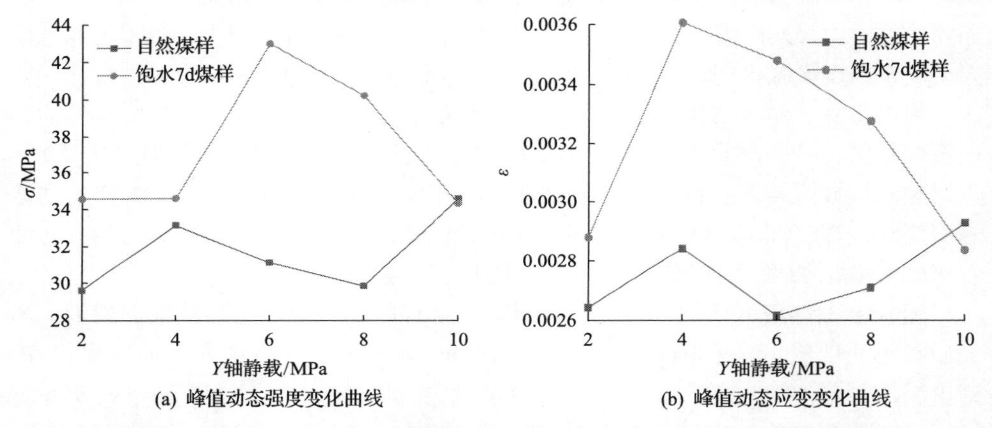

图 4-15 自然煤样和饱水 7d 煤样在 Z 轴方向的峰值动态应力–应变变化曲线

的峰值动态强度普遍小于自然煤样，但在 Y 轴和 Z 轴方向饱水 7d 煤样的峰值动态强度大于自然煤样。在 X 轴方向，自然煤样的峰值动态强度比饱水 7d 煤样平均高约 17.43%；在 Y 轴方向，自然煤样的峰值动态强度比饱水 7d 煤样平均低约 15.88%；在 Z 轴方向，自然煤样的峰值动态强度比饱水 7d 煤样平均低约 14.23%。相同预应力加载下，自然煤样在 X 轴方向的峰值动态强度大于饱水 7d 煤样，在 Y 轴和 Z 轴方向的峰值动态强度小于饱水 7d 煤样，表明煤样内含水量对煤样的动态强度有较大的影响。

参 考 文 献

[1] Sellers E J, Klerck P. Modeling of the effect of discontinuities on the extent of the fracture zone surrounding deep tunnels[J]. Tunneling and Underground Space Technology, 2000, 15(4): 463-469.

[2] 何满潮, 谢和平, 彭苏萍, 等. 深部开采岩体力学研究[J]. 岩石力学与工程学报, 2005, 24(16): 2803-2813.

[3] 何满潮, 钱七虎. 深部岩体力学研究进展[C]//第九届全国岩石力学与工程学术大会论文集. 北京: 中国岩石力学与工程学会, 2006: 49-62.

[4] 黄理兴. 岩石动力学研究成就与趋势[J]. 岩土力学, 2011, 32(10): 2889-2900.

[5] 何满潮, 钱七虎. 深部岩体力学及工程灾害控制研究[C]//突发地质灾害防治与减灾对策研究高级学术研讨会论文集. 深圳: 中国灾害防御协会, 2006: 25.

[6] 何满潮, 钱七虎. 深部岩体力学研究进展[M]. 北京: 科学出版社, 2006: 1-30.

[7] 谢和平, 高峰, 鞠杨. 深部岩体力学研究与探索[J]. 岩石力学与工程学报, 2015, 34(11): 2161-2178.

[8] Zhang Q B, Zhao J. A review of dunamic experimental techniques and mechanical behaviour of rock material[J]. Rock Mechanics and Rock Engineering, 2014, 47(4): 1411-1478.

[9] 李夕兵, 宫凤强, 王少锋, 等. 深部硬岩矿山岩爆的动静组合加载力学机制与动力判据[J]. 岩石力学与工程学报, 2019, 38(4): 708-723.

[10] 宫凤强, 李夕兵, 刘希灵. 三维动静组合加载下岩石力学特性试验初探[J]. 岩石力学与工程学报, 2011, 30(6): 1179-1190.

[11] 宫凤强, 李夕兵, 刘希灵. 三轴 SHPB 加载下砂岩力学特性及破坏试验研究[J]. 振动与冲击, 2012, 31(8): 29-32.

[12] 金解放, 李夕兵, 钟海兵. 三维静载与循环冲击组合作用下砂岩动态力学特性研究[J]. 岩石力学与工程学报, 2013, 32(7): 1358-1372.

[13] 叶洲元, 李夕兵, 周子龙, 等. 三轴压缩岩石动静组合强度及变形特征的研究[J]. 岩土力学, 2009, 30(7): 1981-1986.

[14] Liu K, Zhang Q B, Wu G, et al. Dynamic mechanical and fracture behaviour of sandstone under multiaxial loads using a triaxial Hopkinson bar[J]. Rock Mechanics and Rock Engineering, 2019, 52(7): 2175-2195.

[15] Liu K, Zhang Q B. Dynamic behaviors of sandstone under true tri-axial confinements: tri-axial Hopkinson bar tests[C]//The 53rd US Rock Mechanics/Geomechanics Symposium. New York: Geomechanics Symposium, 2019: 6.

[16] 徐松林, 王鹏飞, 赵坚, 等. 基于三维 Hopkinson 杆的混凝土动态力学性能研究[J]. 爆炸与冲击, 2017, 37(2): 180-185.

[17] 徐松林, 王鹏飞, 单俊芳, 等. 真三轴静载作用下混凝土的动态力学性能研究[J]. 振动与冲击, 2018, 37(15): 59-67.

[18] 徐松林, 赵坚, 宋晓勇, 等. 一种基于真三轴静载的岩石霍普金森冲击加载装置: 201620574575.9[P]. 2016–06–15.

[19] Vasarhelyi B. Technical note statistical analysis of the influence of water content on the strength of the miocene limestone[J]. Rock Mechanics and Rock Engineering, 2005, 38(1): 69-76.

[20] Zhou Z L, Cai X, Cao W Z. Influence of water content on mechanical properties of rock in both saturation and drying processes[J]. Rock Mechanics and Rock Engineering, 2016, 49(8): 3009-3025.

[21] 王斌, 李夕兵, 尹土兵, 等. 饱水砂岩动态强度的 SHPB 试验研究[J]. 岩石力学与工程学报, 2010, 29(5): 1003-1009.

第5章　动静组合加载含水煤样损伤断裂特征

煤层在地质演变过程中，因矿物成分力学性质的差异产生了非均质性，不论是从宏观还是细观、微观方面来考察，均存在各种缺陷如裂隙、空洞、层理，该缺陷无疑对煤样的力学性质产生不同的影响。为掌握煤层的损伤断裂特征，通过大量的试验手段观测煤层中裂隙的萌生、扩展与贯通，发现煤样的宏观断裂和破坏过程实际上就是其内部裂隙作用的结果。煤层是矿物含量复杂、内部结构裂隙缺陷丰富的复合矿物，煤层宏观失稳破坏与矿物组成种类及含量多少、微细缺陷分布、外部载荷大小(不同应变率)等密切相关。与常规煤样条件相比较，饱水与冲击载荷下煤样的破坏特征更复杂，饱水作用会对煤样的裂隙扩展特征产生显著的影响。

煤层的脆性破坏过程十分复杂，关系到几种不同矿物层次和空间尺寸，根据断裂力学可推导出均质脆性材料中单一裂隙或规范性裂隙的扩展准则和扩展方向，但对多裂隙含水煤样的理论研究欠缺。煤层裂隙的起裂、扩展、贯通对煤层的物理力学性能影响显著，使煤层内部微观结构损伤逐渐劣化直至断裂破坏。当煤样裂隙处于应力和渗流耦合作用时，裂隙的起裂、扩展、贯通及分支裂隙的产生等系列劣化趋势有所加剧。然而，在应力场和渗透压共同作用下，对岩体中的裂隙如何扩展贯通及其他强度变化情况的研究还不成熟。

深部煤岩体中的含水表现出一定的水压，即渗透水压，煤岩体开挖后，含水裂隙使煤岩体内部损伤不断弱化，直接影响煤岩体的宏观力学性能，表现为材料应变软化、刚度和强度劣化、宏观断裂破坏[1,2]。煤岩裂隙水压作用降低了结构面之间的有效正应力，促使煤岩体裂隙萌生、分岔、扩展、贯通，加剧了裂隙沿结构面的滑移剪切破坏。煤层在受到不同应力作用下形成新裂隙，煤样破坏裂隙保存形貌与新裂隙发展趋势明显一致[3-5]。

本章针对煤体在高压水作用下的压裂损伤进行了研究分析，文献[6]针对含水煤体内部细观结构的损伤破坏进行了理论分析，因为含水裂隙扩展、贯通形成新的裂隙面需要消耗表面能，将致使宏观煤样塑性增大。将 Φ_{ad} 对应力 σ_{ij} 求导得到煤体内裂隙扩展产生的损伤演化柔度 C^{ad} 为

$$C^{\mathrm{ad}}=\frac{8}{E_0}\sum_{m=1}^{N}\rho_{\mathrm{v}}^{m}a^{m^2}\left[a^{m}\left(1-\mu_0^2\right)\left(\frac{2\sigma_{\mathrm{n}}^{m}}{3}+\frac{4\tau^{m}}{3\left(2-\mu_0\right)}\right)+\frac{4}{\sqrt{3}}\tau^{m}+5\left(\sigma_{\mathrm{n}}^{m}+\tau^{m}\cot\theta\right)L^{m}\right] \tag{5-1}$$

式中，E_0 为煤岩块的弹性模量；μ_0 为煤岩块的泊松比；τ 为剪应力；σ_{n} 为正应力；$L=l/a$，l 为新裂隙长度；a 为原裂隙长度；ρ_{v}^{m} 为平均体积密度；a^{m} 为统计尺

寸；θ 为裂缝的长轴与最小主应力的方向夹角；m 为裂隙的权函数。

对于含水裂隙煤样，可用完整煤样的柔度来表示无损脆性材料的柔度张量 $\boldsymbol{C}_{ijkl}^{0}$：

$$\boldsymbol{C}_{ijkl}^{0}=\frac{1+\mu_0}{E_0}\delta_{ik}\delta_{jl}-\frac{\mu_0}{E_0}\delta_{ij}\delta_{kl} \tag{5-2}$$

煤岩裂隙中是否含水导致弹性波波速差别较大，研究认为水充填裂隙起到波传播的桥梁作用，使波速升高，完全饱水时煤岩体的波速略高于水中的波速[7-10]。

以往对煤岩类材料进行静、动力性能的研究多以宏观力学为基础，很难反映材料破坏的微观过程和应变率效应的物理机制。本章从含水煤样的裂隙赋存出发，利用细观力学理论，根据煤岩体中裂隙的发育、扩展、贯穿、破坏的机理，考虑不同加载速率对裂隙扩展速度、应力强度因子和孔隙水压力的影响，研究静载及动静组合加载下孔隙水压下煤岩翼型裂隙的强度因子，建立煤样强度破坏准则理论模型，并与第 4 章自然煤样和饱水煤样的静载及动静组合加载试验结果进行比较。

5.1　煤岩体断裂力学理论基础

5.1.1　煤岩裂隙断裂分类及尖端应力场

20 世纪初期，较多学者在研究金属材料的断裂实践中，对脆性材料的断裂失稳现象展开研究，此后，格里菲思(Griffith)以玻璃、陶瓷等脆性材料作为试验样品，进行了大量的基础研究工作，提出了脆性材料的强度准则。Irwin 随后完善了格里菲思的强度准则，建立了工程脆性材料的断裂理论，后来，Irwin 又指出能量与应力强度因子的相对应关系，即当应力强度因子达到其临界值时，裂隙会出现失稳扩展，并建立了应力强度因子的框架，主要研究裂隙的起裂条件、裂隙在外部载荷或其他因素下的扩展过程等相关问题。

煤岩体中随机分布着大量不均匀的节理裂隙，是一种不连续的介质，如果单纯将裂隙简化并将煤岩体视为简单的等效介质，并利用材料力学来计算裂隙煤岩体的失稳断裂问题显然是不科学的。可采用断裂力学的观点去解决煤岩体内部裂隙的扩展贯通问题。裂隙断裂模式分为 3 种：脆性断裂模式、韧性断裂模式、准解理断裂模式，具体如下所述。

(1) 脆性断裂模式的产生与扩展是脆性材料断裂的根本原因，脆性裂隙萌生是通过位错理论来分析解释的，其分析基于 Griffith 断裂理论。脆性裂隙分为两种：脆性裂隙的萌生(位错塞积机制、位错反应机制、滑移解理机制)、脆性裂隙的扩展。

(2) 韧性断裂模式是材料断裂前出现明显宏观塑性变形，韧性断裂的过程相对较缓慢，裂隙断裂需要不断从外界吸收能量。韧性断裂分为两种：非垒积型韧性断裂和垒积型韧性断裂。

(3) 准解理断裂模式与微观断口形貌和脆性断口类似，准解理断裂是介于脆性断裂与韧性断裂的中间断裂模式。图 5-1 表示岩石准解理断裂过程：载荷作用下岩石出现了微小的裂隙核；裂隙核在载荷作用下持续增长，并沿某解理面扩展，裂隙之间连接、贯穿将试样撕裂。准解理裂隙较短，且扩展具有不定向性，裂隙尖端产生显著的塑性变形，在两边界形成尖锐的撕裂棱形状。

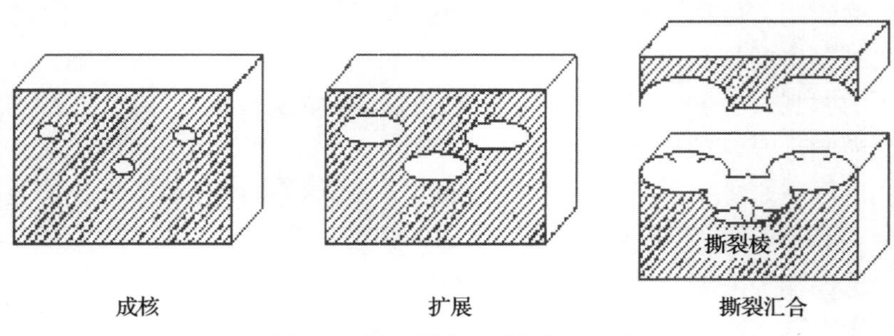

图 5-1 岩石准解理断裂过程图

为进行平面裂隙问题的应力分析，欧文将简单裂隙分为 3 种基本类型[11-13]：Ⅰ型——张开型、Ⅱ型——滑开型、Ⅲ型——撕开型，图 5-2 表示岩体裂隙断裂模式的 3 种基本类型。

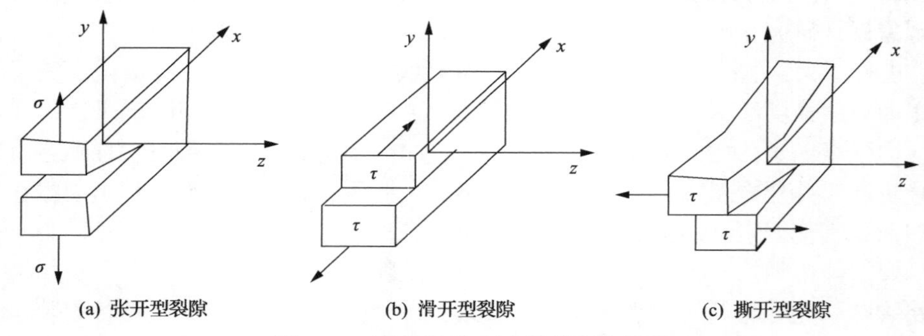

图 5-2 Ⅰ型、Ⅱ型、Ⅲ型裂隙示意图

σ-正应力；τ-剪应力

第一种称为张开型，简称Ⅰ型裂隙。当裂隙受垂直于裂隙面的拉应力作用时，裂隙上、下两表面沿 y 轴相对张开，特别是裂隙表面的位移垂直于裂隙表面，即上、下表面点有位移分量（y 方向）的间断。

第二种称为滑开型，简称Ⅱ型裂隙。当裂隙受平行于裂隙面而垂直于裂隙前缘的剪应力作用时，上、下两表面沿 x 轴相对滑开，裂隙特点是表面的位移在裂隙平面内，裂隙面上、下表面点有位移分量（x 方向）的间断。

第三种称为撕开型，简称Ⅲ型裂隙。当裂隙经历平行于裂隙面又平行于裂隙前缘的剪应力作用时，上、下两表面沿 z 轴相对错开，裂隙特点是表面的位移在裂隙平面内，表面的上、下表面点有位移分量（z 方向）的间断。

因受到正应力的Ⅰ型裂隙的扩展最危险，裂隙体的脆性断裂研究以Ⅰ型裂隙作为研究对象。当裂隙既受到正应力又受到剪应力作用时，3 种裂隙形式同时存在且共同作用，称作复合裂隙。利用能量平衡法可以较深入、透彻地理解材料断裂过程，习惯性地直接考察裂隙尖端应力场的状态。Ⅰ型、Ⅱ型、Ⅲ型裂隙尖端应力场分别如下所述。

（1）Ⅰ型裂隙尖端应力场：

$$\begin{cases}\sigma_{XX}=\dfrac{K_{\mathrm{I}}}{\sqrt{2\pi r}}\cos\dfrac{\theta}{2}\left(1-\sin\dfrac{\theta}{2}\sin\dfrac{3\theta}{2}\right)+O\left(r^{-1/2}\right)\\ \sigma_{YY}=\dfrac{K_{\mathrm{I}}}{\sqrt{2\pi r}}\cos\dfrac{\theta}{2}\left(1+\sin\dfrac{\theta}{2}\sin\dfrac{3\theta}{2}\right)+O\left(r^{-1/2}\right)\\ \tau_{XY}=\dfrac{K_{\mathrm{I}}}{\sqrt{2\pi r}}\cos\dfrac{\theta}{2}\sin\dfrac{\theta}{2}\cos\dfrac{3\theta}{2}+O\left(r^{-1/2}\right)\end{cases} \tag{5-3}$$

（2）Ⅱ型裂隙尖端应力场：

$$\begin{cases}\sigma_{XX}=-\dfrac{K_{\mathrm{II}}}{\sqrt{2\pi r}}\sin\dfrac{\theta}{2}\left(2+\cos\dfrac{\theta}{2}\cos\dfrac{3\theta}{2}\right)+O\left(r^{-1/2}\right)\\ \sigma_{YY}=\dfrac{K_{\mathrm{II}}}{\sqrt{2\pi r}}\left(\cos\dfrac{\theta}{2}\sin\dfrac{\theta}{2}\cos\dfrac{3\theta}{2}\right)+O\left(r^{-1/2}\right)\\ \tau_{XY}=\dfrac{K_{\mathrm{II}}}{\sqrt{2\pi r}}\cos\dfrac{\theta}{2}\left(1-\sin\dfrac{\theta}{2}\sin\dfrac{3\theta}{2}\right)+O\left(r^{-1/2}\right)\end{cases} \tag{5-4}$$

（3）Ⅲ型裂隙尖端应力场：

$$\begin{cases}\tau_{XZ}=\dfrac{K_{\mathrm{III}}}{\sqrt{2\pi r}}\sin\dfrac{\theta}{2}+O\left(r^{-1/2}\right)\\ \tau_{YZ}=\dfrac{K_{\mathrm{III}}}{\sqrt{2\pi r}}\cos\dfrac{\theta}{2}+O\left(r^{-1/2}\right)\end{cases} \tag{5-5}$$

将 3 种裂隙尖端的应力公式（5-3）～式（5-5）归纳为统一的形式：

$$\sigma_{ij}=\frac{K_J}{\sqrt{2\pi r}}f_{ij}^{J}(\theta)+O\left(r^{-1/2}\right) \tag{5-6}$$

式中，J=Ⅰ，Ⅱ，Ⅲ；i，j=1，2，3；K_J（J=Ⅰ，Ⅱ，Ⅲ）为应力强度因子；f_{ij}^{J}为不同类型裂隙尖端的不同应力分量对于θ的依赖关系；θ为原裂隙与新裂隙的夹角；γ 为裂纹尖端。

式(5-6)说明每一种类型的裂隙尖端应力场的分布规律(即 σ_{ij} 随 r 及 θ 的变化规律)是相同的，其大小取决于参数 K_J，所以 K_J 是表征裂隙尖端应力场特征的唯一需要确定的物理量，因而称为应力强度因子。

5.1.2 动载裂隙断裂现象和扩展速度

1) 动载作用下裂隙断裂现象

煤岩等脆性材料是由晶体或者不定形体通过胶结物质黏结形成的，往往含有孔隙与裂隙，在动载条件下，裂隙将发生扩展、分岔、合并等现象，从断裂力学方面看这 3 种现象的含义为：

(1) 当应力波与介质中的裂隙相互作用时，如果裂隙尖端的应力强度因子 K_{I} 达到脆性材料抵抗动态断裂韧性指标(动态断裂韧度 K_{ID})时，煤岩脆性材料将失稳产生新的裂隙。

(2) 当 $K_{\mathrm{I}} < K_{\mathrm{ID}}$ 时，裂隙将以较快的速度传播、发育和扩展。

(3) 当 K_{I} 超过煤岩脆性材料的动态断裂韧度 K_{ID} 时，裂隙将会发生分岔。

由煤岩裂隙扩展特征可知，当载荷施加于裂隙表面时，裂隙尖端的应力强度因子并不是立即上升到固体脆性材料的临界应力相对应的值，而是从零开始逐渐增加，先达到静态应力强度因子，再继续上升，最终达到动态应力强度因子。该过程中裂隙经历了起动、非稳定扩展等阶段，该过程与静力过程相比较，加载时间上相差几个数量级，高应变率条件下，时间仅仅只有几微秒至几十微秒。试验研究结果表明，煤岩材料的断裂破坏效果与作用力大小、载荷作用时间的长短、变形速度的急缓直接相关。

2) 裂隙扩展速度的变化过程

根据格里菲思的脆性破坏理论，当煤岩体裂隙尖端附近的应力强度因子达到临界值 K_{ID} 时，裂隙才开始扩展，但是有学者[14]发现不少脆性材料的 $K_{\mathrm{I}} < K_{\mathrm{ID}}$ 时，裂隙也开始扩展。根据煤岩体裂隙扩展速度将裂隙断裂分为：亚临界、临界、稳定扩展 3 个变化过程，如图 5-3 所示，其含义如下：

(1) 亚临界扩展阶段——当 $K_{\mathrm{I}} < K_{\mathrm{ID}}$ 时，裂隙仍能稳定扩展；

(2) 临界扩展阶段——当 $K_{\mathrm{I}} < K_{\mathrm{ID}}$ 时，裂隙开始扩展、增大；

(3) 稳定扩展阶段——当 $K_{\mathrm{I}} < K_{\mathrm{ID}}$ 时，裂隙快速、稳定扩展。

裂隙扩展速度与贯通试验[15]采用 FIZ-250 型高速转镜分幅相机和 EKTAPRO1000 摄像机，对石灰岩、大理岩、花岗岩、石膏和水泥砂浆进行测试，模型试样尺寸一般为 20cm×20cm×20cm，测试结果见表 5-1，影响岩石裂缝扩展和速度的因素见表 5-2。

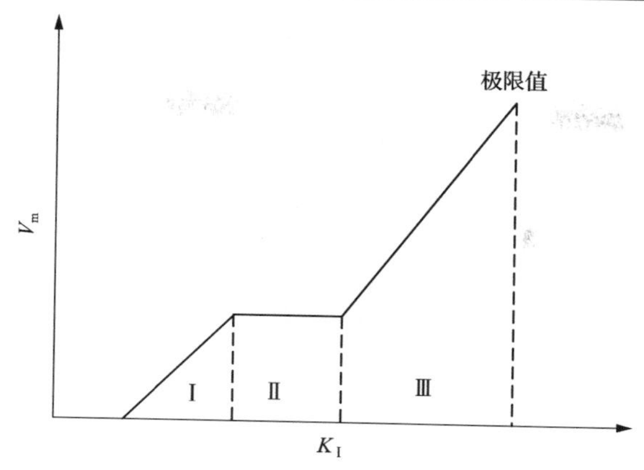

图 5-3　裂隙扩展的变化过程

Ⅰ-亚临界扩展；Ⅱ-临界扩展；Ⅲ-稳定扩展；V_m-裂隙扩展速度

表 5-1　不同固体介质裂隙扩展的速度　（单位：m/s）

岩石名称	大理石			砂岩	石灰岩	花岗岩	石膏	水泥砂浆	
	山东	钠化	中条					200°	100°
速度/m/s	1730	1250	1100	789	1990	1185	850	813	397

表 5-2　影响岩石裂缝扩展和速度的因素

影响因素	内容
预裂导向形式	轴向双面聚能药包、预制 V 形槽口、空孔导向
地质构造	长度与破碎程度、弱面方向、地应力、节理数或裂隙形式、充填物性质
岩石性质	抗拉强度、风化程度、波阻抗、衰减系数、动态弹性模量、泊松比
炮孔参数	药量、装药结构、堵塞材料、装药密度、耦合比
炸药性质	爆轰阻抗、炸药组分、能量利用率、爆速、气体体积
起爆方式	延期时间、起爆类型、起爆能量
周围环境	含水率、温度、围压
自由面	多个自由面、两个自由面、一个自由面
加载条件	加载速度

5.1.3　煤样结构破坏与力学性能弱化关系

煤岩体受水浸泡后，水分子进入裂隙，煤样受外力作用时，形成裂隙水压，致使裂隙破裂与扩展，内部裂隙结构容易失稳破坏，宏观上表现为柔性变大，脆性弱化，煤岩体的刚度整体下降。裂隙扩展造成的能量耗散和损伤是不可逆的热力学过程，一般运用能量耗散理论来分析煤样裂隙细观结构破坏引起的损伤。

当煤岩体内翼型裂隙发育、扩展后，在预先施加的应力下裂隙的应变能W_c等于原始裂隙产生的应变能(W_1)与分支裂隙发育、扩展产生的附加应变能(W_a)之和，即

$$W_c = W_a + W_1 \tag{5-7}$$

分析煤岩体内裂隙变化所引起的应变能时，只要考虑垂直于裂隙的正应力σ_n和平行于裂隙的剪应力τ的相互作用，分支裂隙发育，扩展产生的附加应变能为[16]

$$W_a = \frac{a^3}{E_0}\left(G_1\sigma_n^2 + G_2\tau^2\right) \tag{5-8}$$

式中，a为原裂隙长度；$G_1 = \frac{8\left(1-\mu_0^2\right)}{3}$；$G_2 = \frac{16\left(1-\mu_0^2\right)}{3\left(2-\mu_0\right)}$；$\mu_0$为煤岩块的泊松比；$E_0$为煤岩块的弹性模量。

文献[17]探讨的原始裂隙产生的应变能为

$$W_1 = \frac{4}{E_0}a^2\left[\frac{2}{\sqrt{3}}\tau + \frac{5}{2}\left(\sigma_n + \tau\cot\theta\right)\right]^2 \tag{5-9}$$

假设裂隙煤岩体中赋存有N组优势结构面或弱面，统计尺寸是a^m，而平均体积密度为ρ_v^m。取单位厚度的块体进行能量分析，计算单位体积内裂隙的应变能，即应变能密度为

$$\Phi_{ad} = \sum_{m=1}^{N}\rho_a^m\left(W_a^m + W_1^m\right) \tag{5-10}$$

式中，ρ_a为平均裂隙岩体尺寸的密度。

5.2　动静组合加载裂隙水-应力翼型裂隙模型建立

5.2.1　已有翼型裂隙模型成果

翼型裂隙是受压缩载荷煤岩体断裂破坏分析常用的裂隙模型。判断裂隙是否扩展，扩展路径如何发展，煤岩体宏观上是否发生失稳破坏，均涉及翼型裂隙的应力强度因子计算问题。煤岩脆性材料通常处于压缩载荷条件下，其中的裂隙面有可能处于闭合状态或张开状态。

由于断裂力学长期的发展，翼型裂隙计算模型得到了较大的发展，较多学者提出了改进的翼型裂隙分析模型和应力强度因子。图 5-4 是受压缩载荷作用下翼

型裂隙岩体的断裂分析。Horii 和 Nemat-Nasser[18]采用复变函数解析方法，计算了翼型裂隙的应力强度因子，提供了有效的解析计算方法，得到了该问题的精确解，但是计算过程较为繁杂，应用很不方便。后来又进一步提出了计算应力强度因子K_{I}的近似计算公式[19]：

$$K_{\mathrm{I}}=-\frac{2a\tau_{\mathrm{eff}}\sin\theta}{\sqrt{\pi\left(l+l^{*}\right)}}+\sigma_{\mathrm{n}}'\sqrt{\pi l} \tag{5-11}$$

式中，τ_{eff}为主裂隙面上的剪应力，计算公式为

$$\tau_{\mathrm{eff}}=\tau+\mu|\sigma| \tag{5-12}$$

式中，μ为裂隙面的摩擦系数；τ、σ分别为主裂隙面上的剪应力和法向应力：

$$\tau=\frac{1}{2}(\sigma_{\mathrm{V}}-\sigma_{\mathrm{H}})\sin 2\beta \tag{5-13}$$

$$\sigma=\frac{1}{2}\left[(\sigma_{\mathrm{V}}+\sigma_{\mathrm{H}})+(\sigma_{\mathrm{V}}-\sigma_{\mathrm{H}})\cos 2\beta\right] \tag{5-14}$$

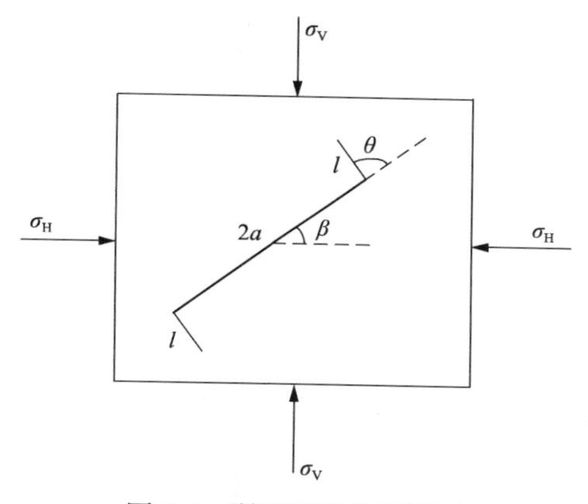

图 5-4　翼型裂隙分析简图

a-原裂隙长度；l-翼型裂纹长度；β-裂纹与水平方向的夹角；σ_{V}-与裂纹方向垂直的应力；σ_{H}-与裂纹方向平行的应力

式(5-11)中，σ_{n}'为翼型裂隙分支裂隙面上的法向应力：

$$\sigma_{\mathrm{n}}'=\frac{1}{2}\left[(\sigma_{\mathrm{V}}+\sigma_{\mathrm{H}})+(\sigma_{\mathrm{V}}-\sigma_{\mathrm{H}})\cos 2(\beta+\theta)\right] \tag{5-15}$$

式(5-11)中，l^{*}为设定分支裂隙很短时引入的当量裂隙长度，$l^{*}=0.27a$。引入l^{*}是为了拟合文献[18]的解析结果，经计算证明，在分支裂隙发育、扩展的长度l很小时，K_{I}极值对应的角度θ与文献[20]的结果有较大差距，与Ⅱ型断裂的开裂

角理论值也不相符。

综述分析，式(5-11)结果在l较小时误差较大，在l很大时与文献[18]的解析解接近。

Steif[20]将翼型裂隙简化为一条长为$2l$的直裂隙，并假设裂隙中部受到初始主裂隙相对滑动位移作用，推导出了相应的K_{I}计算公式：

$$K_{\mathrm{I}}=-\frac{3}{4}\tau_{\mathrm{eff}}\left(\sin\frac{\theta}{2}+\sin\frac{3\theta}{2}\right)\sqrt{\frac{\pi}{2}}\left(\sqrt{2a+l}-\sqrt{l}\right)+\sigma_{\mathrm{n}}'\sqrt{\frac{\pi l}{2}} \tag{5-16}$$

显然，式(5-16)的结果在l较小时误差较大，在l很大时与文献[19]的解析解较接近。

Lehner 和 Kachanov[21]考察了翼型裂隙分支裂隙发育、扩展的长度很小和很大两种极限情形，提出了K_{I}的近似计算公式：

$$K_{\mathrm{I}}=-\frac{2a\tau_{\mathrm{eff}}\sin\beta}{\sqrt{\pi\left(l+\dfrac{3a\sin^{2}\beta}{\pi^{2}}\right)}}+\sigma_{\mathrm{n}}'\sqrt{\pi l} \tag{5-17}$$

计算表明，当l较大时，式(5-17)的结果有较大的误差。

Baud 等[22]也考虑了翼型裂隙分支裂隙发育、扩展的长度很小和很大两种极限情况，并且引入了分支裂隙当量长度l_{eq}：

$$l_{\mathrm{eq}}=\frac{9}{4}l\cos^{2}\frac{\theta}{2} \tag{5-18}$$

得到的K_{I}的计算公式为

$$K_{\mathrm{I}}=-3\tau_{\mathrm{eff}}\sqrt{\frac{a+l_{\mathrm{eq}}}{\pi}}\sin^{-1}\left(\frac{a}{a+l_{\mathrm{eq}}}\right)\sin\theta\cos\frac{\theta}{2}+\sigma_{\mathrm{n}}'\sqrt{\pi l} \tag{5-19}$$

计算表明，式(5-19)的计算结果与式(5-17)和式(5-18)相比有很大的改进，与式(5-11)的结果符合程度较相近。但是，对某些特殊情况，式(5-19)的计算结果误差仍然较大，且参数l_{eq}的物理意义也不是很明显。

Ashby 和 Hallam[23]考虑翼型裂隙沿主压力方向的情况，给出了压缩载荷下控制翼型裂隙生长的应力强度因子的表达式：

$$K_{\mathrm{I}}=\frac{\sqrt{\pi a}}{(1+l/a)^{3/2}}\left(\frac{2}{\sqrt{3}}\tau_{\mathrm{eff}}-2.5\sigma_{2}\,l/a\right)\left[0.4l/a+(1+l/a)^{-1/2}\right] \tag{5-20}$$

式中，σ_{2}为Y轴方向的应力。

王元汉等[24]将主裂隙和分支裂隙相叠加，改进了翼型裂隙应力强度因子计算模型(式5-21)，该改进模型物理意义较明确，能模拟计算从极短到很长的分支裂隙，所得解与解析解符合程度较好。随后，李银平等[25]将其参数量纲进行归一化，提出了式(5-22)的模型形式，显得较为合理：

$$K_{\mathrm{I}}=-2\tau_{\mathrm{eff}}\sin\theta\left[\frac{3}{2}\mathrm{e}^{-l}\cos\frac{\theta}{2}+\left(1-\mathrm{e}^{-l}\right)\right]\sqrt{\frac{a+l}{\pi}}\sin^{-1}\left(\frac{a}{a+l}\right)+\sigma_{\mathrm{n}}'\sqrt{\pi l} \tag{5-21}$$

$$K_{\mathrm{I}}=2\tau_{\mathrm{eff}}\sin\theta\left[\frac{3}{2}\mathrm{e}^{-l/a}\cos\frac{\theta}{2}+\left(1-\mathrm{e}^{-l/a}\right)\right]\left[\sqrt{\frac{a+l}{\pi}}\sin^{-1}\left(\frac{a}{a+l}\right)-\sqrt{l}\right]-\sigma_{\mathrm{n}}'\sqrt{\pi l} \tag{5-22}$$

目前有学者将裂隙岩体在压剪应力作用下的脆性破坏分为两种情况：当没有围压或围压较小时，材料呈轴向劈裂破坏；当有一定围压但导致脆性-延性转变时，材料呈滑移破坏。Hllam 等建立的滑动裂隙模型[26]得到了进一步的发展。当应力在裂隙面引起的剪应力超过摩擦力时，裂隙面将发生相互滑动而引起裂隙尖端应力集中，使尖端翼型裂隙萌生、发育、扩展。较多学者在建立了考虑材料内部裂隙萌生、扩展等引起的材料宏观损伤方程，构建了多个滑动裂隙计算模型，但对考虑裂隙含水条件下翼型裂隙扩展模型的研究较少。

5.2.2 静载含水张开翼型裂隙模型

本小节研究在渗透水压力-应力(静载、动载)共同作用下，压剪裂隙的起裂、扩展及裂隙水流动，首先做以下几点假设。

(1)假定煤岩材料本身不能导水，是不渗透边界。裂隙内渗透压通过与之相连通的裂隙渗透获取，且相互之间能进行裂隙水的交换，能够保证水压的稳定性。

(2)翼型裂隙张开和闭合分两种情况：其一，张开型裂隙在未闭合前开裂，形成了初始裂隙为张开型的翼型裂隙；其二，张开型裂隙闭合后开裂，形成了初始裂隙为闭合型的翼型裂隙。煤样在动静组合加载时，先施加静载，使煤样处于弹性变形阶段初期，裂隙处于初始的开裂状态并充满水，然后给煤样施加动载，使其破坏，形成了初始裂隙为张开型的翼型裂隙。

(3)压剪裂隙起裂后形成翼型裂隙，主裂隙水进入分支裂隙，水压作为面力施加于翼型裂隙面上。

一维动静组合加载下含水煤样裂隙扩展模型中侧压 σ_{h} 趋于0。为推导动静组合加载含水裂隙应力强度因子，需确定如下参数。

(1)翼型裂隙中，原裂隙长度为 $2a$，翼型裂纹长度为 l 。

(2)有时为了便于分析，将翼型裂隙简化成主裂隙和分支裂隙组成的一条斜的直线裂隙，裂隙水压力为 P_{s}。

对于图5-5(b)所示情况，K_{I}的结果是负值，应力强度因子 $K_{\mathrm{I}}^{(1)}$ 可由下式计算表示：

$$K_{\mathrm{I}}^{(1)} = \sigma_{\mathrm{n}}' \sqrt{\pi l} \tag{5-23}$$

式中，σ_{n}' 为翼型裂隙分支裂隙面上的法向应力，其表达式如下：

$$\sigma_{\mathrm{n}}' = \frac{1}{2}\left[(\sigma_{\mathrm{V}} + \sigma_{\mathrm{H}}) + (\sigma_{\mathrm{V}} - \sigma_{\mathrm{H}})\cos 2(\theta + \beta)\right] - P_{\mathrm{s}} \tag{5-24}$$

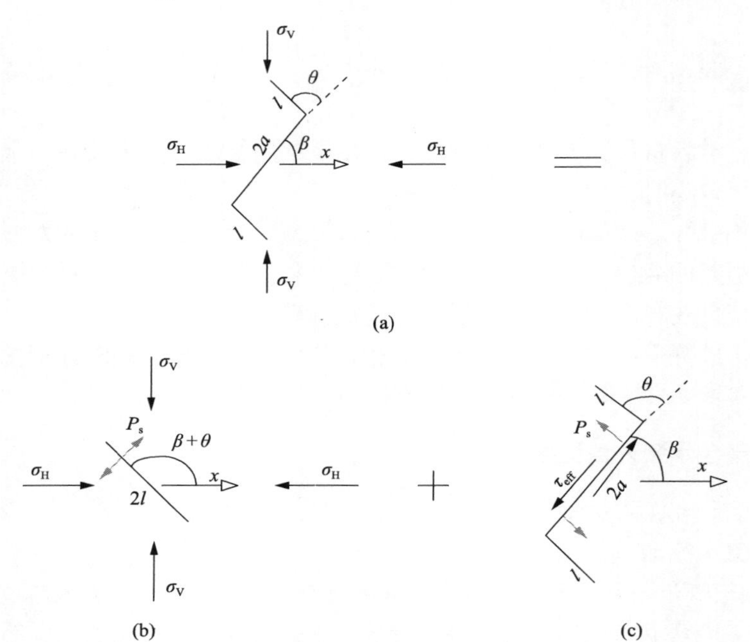

图 5-5　翼型裂隙尖端 K 的叠加计算

对图 5-5(c)进行结构分析，可以将其进一步简化，如图 5-6 所示，即将原裂隙与新裂隙的夹角转动 θ，将主裂隙和分支裂隙组合成一条长为 $2(l+a)$ 的直线裂隙，在主裂隙面上作用有法向应力 σ_{eq} 和剪应力 τ_{eq}。

由图 5-5(b)所示情形可知，应力强度因子 $K_{\mathrm{I}}^{(2)}$ 为[26]

$$K_{\mathrm{I}}^{(2)} = 2\sigma_{\mathrm{eq}}\sqrt{\frac{a+l}{\pi}}\sin^{-1}\left(\frac{a}{a+l}\right) \tag{5-25}$$

当 $l \to 0$ 时，为图 5-6(a)所示的结构形式，为单独裂隙断裂特征。由复合型断裂的最大周向应力理论或者能量释放率理论[27]可知对应不同 θ 处的裂隙尖端的 K_{I} 为

$$K_{\mathrm{I}} = -\frac{3}{2}K_{\mathrm{II}}\sin\theta\cos\frac{\theta}{2} \tag{5-26}$$

式中，$K_{\mathrm{II}} = \tau_{\mathrm{eff}} \sqrt{\pi a}$ 。

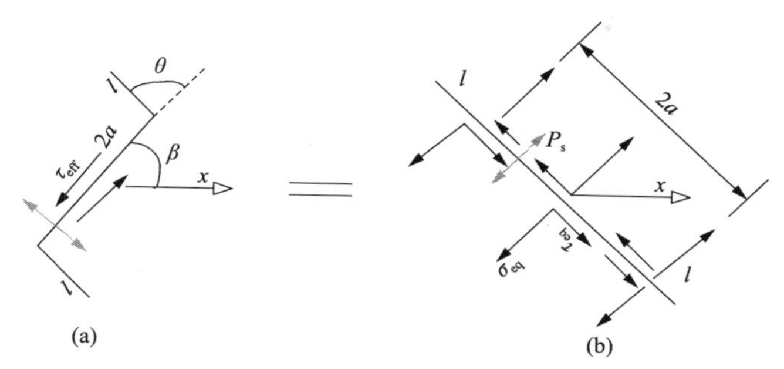

图 5-6　翼型裂隙主裂隙面受 τ_{eff} 情形的简化

当$l \to 0$时，为如图 5-6(b)所示结构形式，有[27]

$$K_{\mathrm{I}} = \left(\sigma_{\mathrm{eq}} - P_{\mathrm{s}}\right)\sqrt{\pi a} \tag{5-27}$$

根据式(5-26)和式(5-27)中的K_{I}相等，有

$$\sigma_{\mathrm{eq}} = -\frac{3}{2}\tau_{\mathrm{eff}} \sin\theta \cos\frac{\theta}{2} + P_{\mathrm{s}} \tag{5-28}$$

针对图 5-6(b)的情况，当$l \to \infty$时，裂隙结构可以看作裂隙面作用一对集中力$2a\sigma_{\mathrm{eq}} - P_{\mathrm{s}}$，裂隙长度近似取$2l$，则$K_{\mathrm{I}}$为[27]

$$K_{\mathrm{I}} = \frac{2a\sigma_{\mathrm{eq}} - P_{\mathrm{s}}}{\sqrt{2l}} \tag{5-29}$$

式(5-29)可以由式(5-25)取$l \to \infty$得到，在式(5-29)中：

$$\sigma_{\mathrm{eq}} = -\tau_{\mathrm{eff}} \sin\theta + P_{\mathrm{s}} \tag{5-30}$$

考虑到$l \to 0$和$l \to \infty$两种极限情况，为满足式(5-28)和式(5-30)的要求，σ_{eq}可以设为以下形式：

$$\sigma_{\mathrm{eq}} = -\tau_{\mathrm{eff}} \sin\theta\left[\frac{3}{2}\mathrm{e}^{-l}\cos\frac{\theta}{2} + \left(1 - \mathrm{e}^{-l}\right)\right] + P_{\mathrm{s}} \tag{5-31}$$

以上所述，静载作用下，含水翼型裂隙尖端的应力强度因子K_{IS}为式(5-23)和式(5-25)两部分之和，即

$$
\begin{aligned}
K_{\mathrm{IS}} &= K_{\mathrm{I}}^{(1)} + K_{\mathrm{I}}^{(2)} \\
&= \sigma_{\mathrm{n}}'\sqrt{\pi l} + 2\sigma_{\mathrm{eq}}\sqrt{\frac{a+l}{\pi}}\sin^{-1}\left(\frac{a}{a+l}\right) \\
&= \sigma_{\mathrm{n}}'\sqrt{\pi l} - 2\left\{\tau_{\mathrm{eff}}\sin\theta\left[\frac{3}{2}\mathrm{e}^{-l}\cos\frac{\theta}{2} + \left(1-\mathrm{e}^{-l}\right)\right] + P_{\mathrm{s}}\right\}\sqrt{\frac{a+l}{\pi}}\sin^{-1}\left(\frac{a}{a+l}\right) \\
&= \left[\frac{1}{2}\left[(\sigma_{\mathrm{V}}+\sigma_{\mathrm{H}}) + (\sigma_{\mathrm{V}}-\sigma_{\mathrm{H}})\cos 2(\theta+\beta)\right] - P_{\mathrm{s}}\right]\sqrt{\pi l} \\
&\quad - 2\left\{\tau_{\mathrm{eff}}\sin\theta\left[\frac{3}{2}\mathrm{e}^{-l}\cos\frac{\theta}{2} + \left(1-\mathrm{e}^{-l}\right)\right] + P_{\mathrm{s}}\right\} \\
&\quad \times\sqrt{\frac{a+l}{\pi}}\sin^{-1}\left(\frac{a}{a+l}\right)
\end{aligned}
\tag{5-32}
$$

5.2.3　煤样裂隙水赋存特征

大量岩土工程表明，岩石类材料处于饱水状态，如大坝、桥梁的基础及墩台、海岸结构物等，在各种载荷影响下，材料孔隙中的自由水会对孔隙产生水压力，给岩石类材料内部结构带来一定的影响，影响其工程服务年限。Mehta 和 Nonteiro[28]、Yaman 等[29]的研究结果表明，饱水混凝土与干燥混凝土相比，饱水混凝土的静载强度适当降低。Ross 等[30]的试验结果表明干燥混凝土动态抗压强度没有明显变化(应变率小于 60～80s^{-1})，但是饱水混凝土与半干混凝土在中应变率加载下的动态强度明显增高，饱水高性能混凝土对应变率的敏感性要弱于普通混凝土，是因为与普通混凝土相比，饱水高性能混凝土中的孔隙水相对较少，裂隙的自由水对混凝土的物理力学性能起重要的控制作用。

煤岩体中的孔隙水压不仅与材料的体积变形有关，还与含水裂隙的张开速度有关。当处于体积压缩阶段，饱水煤岩中的孔隙水压力与煤岩的体积变形有关，随着损伤的逐渐发展，裂隙水压力有所降低，当损伤发展到一定程度后，饱水煤岩中裂隙水压力主要取决于裂隙扩展速度。静态加载时，煤岩体中裂隙的张开速度较慢，轴向压力作用下，体积压缩阶段煤岩体裂隙中的自由水会产生孔隙水压力(P_{d})，孔隙水压力的产生类似于“楔”体的楔入作用，促进裂隙的发展，孔隙水压力作用形式如 5-7(a)所示。当煤岩体中的体积应变进入体积膨胀阶段后，孔隙水压力的大小与自由水的分布状态有关，裂隙展开的速度较慢，受表面张力的影响，裂隙中的自由水有充足的时间到达裂隙尖端，受自由水表面张力的作用，尖端的自由水仍会对裂隙产生劈拉作用力。

当进行快速加载时，因裂隙扩展速度较快，裂隙中的自由水不容易达到裂隙尖端，裂隙中自由水的分布如 5-7(b)所示，自由水面上存在的张力表面力 F_{c}，相当于对裂隙面作用有益的拉伸力，其阻碍了裂隙的扩展。

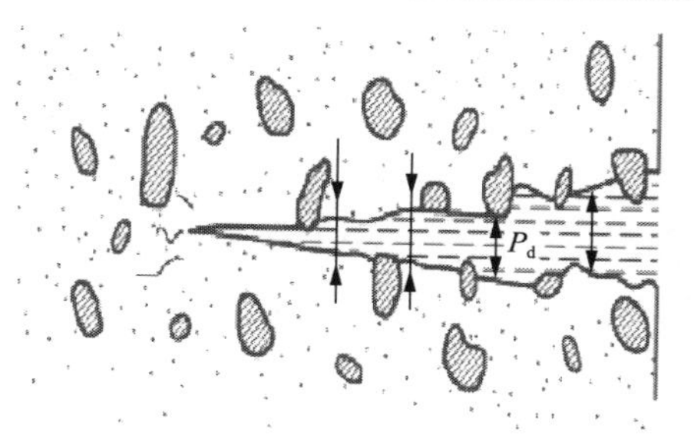

(a) 慢速加载时水达到缝尖

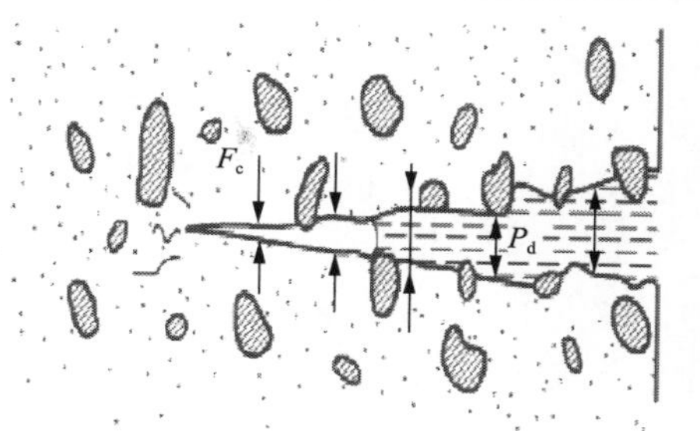

(b) 快速加载时水不易达到缝尖

图 5-7　不同加载速度下裂隙中的水压力分布

根据物理学原理，图 5-7(b)中 F_c 对裂隙产生的有益合力为

$$F_c = \frac{2V\gamma\cos\theta_r}{h^2} \tag{5-33}$$

式中，V 为液体的体积；γ 为表面能；θ_r 为湿润角；$h = 2\rho\cos\theta$，ρ 为水的弯月面的半径。

无水压力条件下的压剪岩石裂隙与处于水压力作用下的裂隙煤岩体在裂隙起裂、扩展、贯通的机理上是有区别的，主表现为两个方面：其一，孔隙水压力扰动了煤岩体应力场，导致初始应力场发生改变；其二，裂隙煤岩体孔隙水压力增加了压剪主裂隙面的有效剪切驱动力，导致压剪裂隙起裂，翼型裂隙内的孔隙水压力对裂隙的劈裂作用是导致裂隙扩展的主要动力。

5.2.4　动静组合加载含水张开翼型裂隙模型

在研究煤岩裂隙水压力-应力(预加静载、动载)共同作用下，煤岩的压剪裂隙发育、起裂、扩展及裂隙水相互流动时，做以下几点假设：

(1)煤岩体裂隙自身的水不导通，两裂隙之间不导通。裂隙内渗透压通过与之相连通的裂隙渗透获得，且相互之间进行裂隙水的交换，能够保证水压的稳定性。

(2)煤样在动静组合加载时，先施加静载，裂隙处于初始的开裂状态，裂隙充满水，然后给煤样施加动载，使其破坏，形成了初始裂隙为张开型的翼型裂隙扩展破坏过程。翼型裂隙在未闭合前开裂形成张开型裂隙，在预加静载作用初期裂隙开裂状态属于应力-应变曲线中应力的裂隙开裂阶段，即弹性范围内。

(3)在预加静载时，假设主裂隙开始发展分支裂隙，但是分支裂隙长度远小于主裂隙长度。

(4)压剪裂隙起裂后形成翼型裂隙，主裂隙水进入分支裂隙，水压力作为面力施加于翼型裂隙面上。

煤层与岩石相比裂隙赋存丰富，煤样在未受压力作用之前裂隙处于闭合状态，受压拉之后才出现微开裂。压剪裂隙起裂后，翼型裂隙发育、扩展，翼型裂隙尖端应力强度因子会发生扩展及演变。现在对以往翼型裂隙模型做了改进，增加了裂隙水压力作用，同时，裂隙经历了两个受力过程，即预加静载和动载。

如图 5-8 所示，在考虑裂隙水压力的条件下，可将动静组合翼型裂隙尖端应力强度因子 $K_{1(s+d)}$ 简化为预加静载过程裂隙尖端应力强度因子 $K_{I(s)}$ 和动载应力强度因子 $K_{I(d)}$ 的叠加：

$$K_{I(s+d)} = K_{I(s)} + K_{I(d)} \tag{5-34}$$

1) 预加静载的裂隙尖端应力强度因子

因煤的裂隙较多且较短，可以认为初期的裂隙仅为主裂隙，相当于当 $l \to 0$ 时图 5-8(b) 的结构形式，为单独的Ⅱ型裂隙断裂类型。根据复合型断裂的最大周向应力理论或者能量释放率理论可知，对应不同 θ 处的裂隙尖端的 $K_{I(s)}$ 为

$$K_{I(s)} = -\frac{3}{2} K_{II} \sin\theta \cos\frac{\theta}{2} \tag{5-35}$$

式中，$K_{II} = \tau_{eff}\sqrt{\pi a}$。

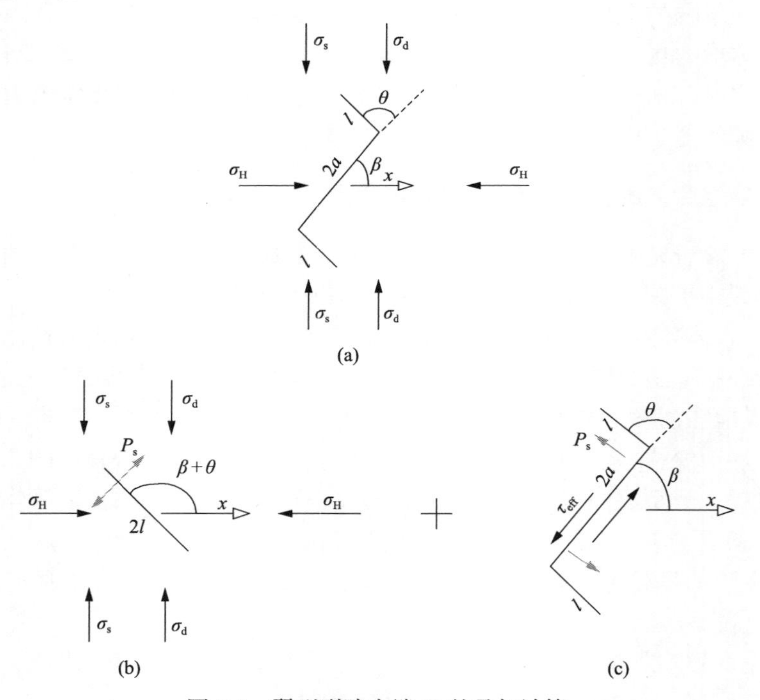

图 5-8　翼型裂隙尖端 K_I 的叠加计算

σ_s -静载；σ_d -动载；σ_H -与裂纹方向平行的应力；2a-初始裂纹长度；l-翼型裂纹长度；β -裂纹与水平方向的夹角

由式(5-31)可知：

$$\sigma_{\mathrm{eq}}=-\frac{3}{2}\tau_{\mathrm{eff}}\sin\theta\cos\frac{\theta}{2}+P_{\mathrm{s}}$$

2) 动载应力强度因子

煤岩脆性材料动态断裂问题相对复杂多变，煤岩动态应力强度因子的大小不仅与裂隙尺寸和应力场特征有关，还是时间的相关函数，是一个复杂的非线性运动边界问题，计算非常复杂，目前尚无统一的数学理论表达式。动载和静载使裂隙断裂的不同之处在于裂隙扩展的速度不同，为简化起见，动载强度因子可以用静载强度因子和裂隙速度的函数表示。动载作用下，裂隙尖端的应力强度因子为

$$K_{\mathrm{I(d)}}(t)=k(v)K_{\mathrm{I}} \tag{5-36}$$

式中，$K_{\mathrm{I(d)}}(t)$ 为裂隙扩展速度为 v 时尖端的动载应力强度因子；$k(v)$ 为速度影响因数；K_{I} 为静载单支饱水翼型裂隙尖端的应力强度因子。

速度影响因数 $k(v)$ 的取值[31]：

$$k(v)=\frac{1-v/c_{\mathrm{R}}}{(1-v/c_{\mathrm{P}})^{1/2}} \tag{5-37}$$

式中，c_{R} 为介质的瑞利波波速；c_{P} 为介质的纵波波速。

动载作用使介质裂隙沿某一速度 v 扩展，当 $v=0$ 时，$k(v)=1$；当裂隙扩展速度达到极限速率即材料的瑞利波波速 c_{R} 时，$k(v)=0$。

考虑到煤岩体介质的纵波波速 c_{P} 在研究中应用较为广泛，采用与 c_{P} 相关的 $k(v)$ 近似计算更方便，$k(v)$ 也为与常用的 c_{R} 相关的近似表达式[32,33]。介质的纵波波速 c_{P} 和瑞利波波速 c_{R} 表达式如下：

$$c_{\mathrm{R}}=\frac{0.87+1.12\nu}{1+\nu}\sqrt{\frac{E}{2\rho(1+\nu)}} \tag{5-38}$$

$$c_{\mathrm{P}}=\sqrt{\frac{E(1-\nu)}{\rho(1+\nu)(1-2\nu)}} \tag{5-39}$$

式中，ρ 为岩石材料介质密度；E 为弹性模量；ν 为泊松比。

则可得

$$\frac{c_{\mathrm{R}}}{c_{\mathrm{P}}}=\frac{0.87+1.12\nu}{1+\nu}\sqrt{\frac{1-2\nu}{2(1-\nu)}} \tag{5-40}$$

根据式(5-40)可得 c_R/c_P 随泊松比变化的关系曲线，图 5-9 所示。

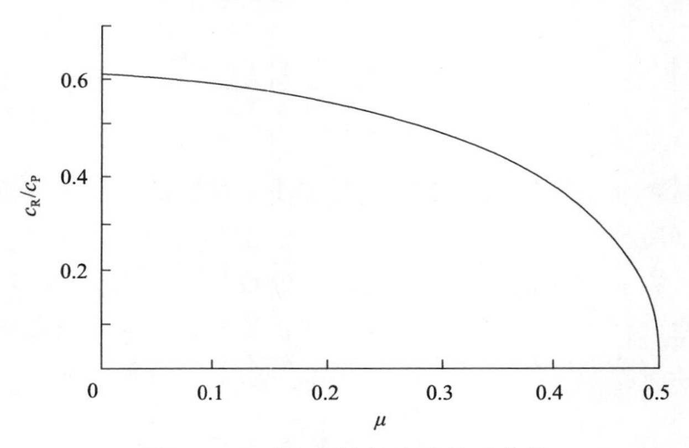

图 5-9 c_R/c_P 与泊松比的关系曲线

当 $\mu=0.25$ 时，$c_R=0.531c_P$，代入式(5-37)可得

$$k(v)=\frac{1-1.88v/c_P}{(1-v/c_P)^{1/2}} \tag{5-41}$$

依据式(5-41)可得 $k(v)$ 随裂隙扩展速度的变化趋势线，如图 5-10 所示。

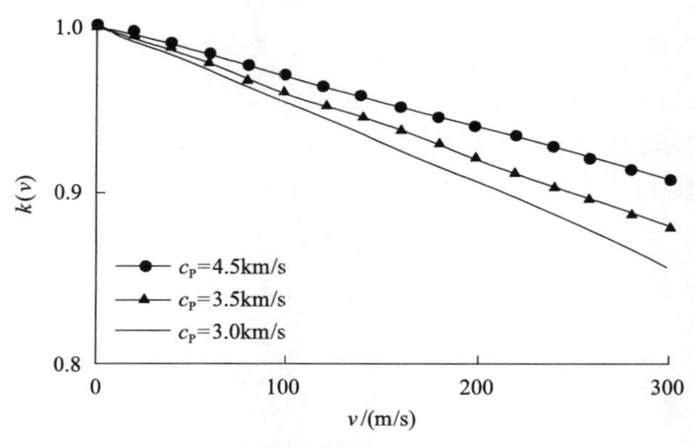

图 5-10 $k(v)$ 与裂隙扩展速度的关系曲线

动载作用下，考虑到孔隙水压力和孔隙水黏聚力共同作用使裂隙之间相互影响，动载裂隙尖端的应力强度因子为

$$\begin{aligned}K_{\mathrm{I(d)}}&=k(v)K_{\mathrm{I(s)}}\\&=\frac{1-1.88v/c_P}{(1-v/c_P)^{1/2}}\left[\sigma_n'\sqrt{\pi l}+2\sigma_{eq}\sqrt{\frac{a+l}{\pi}}\sin^{-1}\left(\frac{a}{a+l}\right)\right]\end{aligned} \tag{5-42}$$

式中，翼型裂隙分支裂隙面上的法向应力 $\sigma_{\mathrm{n}}'=\frac{1}{2}\left[\left(\sigma_{\mathrm{V}}+\sigma_{\mathrm{H}}\right)+\left(\sigma_{\mathrm{V}}-\sigma_{\mathrm{H}}\right)\cos 2(\theta+\beta)\right]-P_{\mathrm{s}}$；翼型裂隙主裂隙面上的法向应力 $\sigma_{\mathrm{eq}}=-\tau_{\mathrm{eff}}\sin\theta\left[\frac{3}{2}\mathrm{e}^{-l}\cos\frac{\theta}{2}+\left(1-\mathrm{e}^{-l}\right)\right]+P_{\mathrm{s}}$。

由式(5-35)和式(5-42)可得，翼型裂隙动静组合加载作用下，裂隙尖端的应力强度因子：

$$
\begin{aligned}
K_{\mathrm{I(s+d)}}&=K_{\mathrm{I(s)}}+K_{\mathrm{I(d)}}\\
&=\frac{1-1.88v/c_{\mathrm{P}}}{\left(1-v/c_{\mathrm{P}}\right)^{1/2}}\left[\sigma_{\mathrm{n}}'\sqrt{\pi l}+2\sigma_{\mathrm{eq}}\sqrt{\frac{a+l}{\pi}}\sin^{-1}\left(\frac{a}{a+l}\right)\right]-\frac{3}{2}\tau_{\mathrm{eff}}\sqrt{\pi a}\sin\theta\cos\frac{\theta}{2}
\end{aligned}
\tag{5-43}
$$

5.3　动静组合加载含水煤样强度特征

5.3.1　裂隙静、动态断裂准则及关系

静载和动载的区分没有严格的界线，常用应变率 $\dot{\varepsilon}$ 作为区分静载与动载的指标，一般静载应变率介于 $10^{-5}\sim10^{-1}\mathrm{s}^{-1}$，动载应变率介于 $10\sim10^{3}\mathrm{s}^{-1}$，超动载应变率大于 $10^{4}\mathrm{s}^{-1}$。煤岩裂隙断裂准则中常用的基本参量是应力强度因子和断裂韧度，二者控制着静载和动载断裂过程的发生、发展。外载作用时，煤岩材料内部裂隙应力强度因子达到材料的断裂韧度，初始裂隙将扩展，直至煤岩材料宏观上发生失稳破坏。

煤岩类材料简化为 I 型裂隙断裂问题，不考虑亚临界扩展状态情况，静载作用下的裂隙扩展准则为

$$
K_{\mathrm{I(s)}}=K_{\mathrm{IC}} \tag{5-44}
$$

式中，$K_{\mathrm{I(s)}}$ 为加静载过程裂隙尖端应力强度因子；K_{IC} 为材料的静载断裂韧度。

动载作用下，脆性材料常用的裂隙扩展准则：

$$
K_{\mathrm{I(d)}}=K_{\mathrm{IC(d)}} \tag{5-45}
$$

式中，$K_{\mathrm{I(d)}}$ 为裂隙的动载应力强度因子；$K_{\mathrm{IC(d)}}$ 为材料的动载断裂韧度。

1) 裂隙动载起始判据

设煤岩裂隙稳定，而外载随时间迅速变化，裂隙起裂扩展的判据与静态问题类似，试样的 $K_{\mathrm{I(s)}}$ 和临界值 $K_{\mathrm{I(d)}}$ 之间的制约关系作为控制性条件。$K_{\mathrm{I(s)}}$ 显然与裂隙长度 $2a$、外应力 σ、时间 t、温度 T、含水率 w 有关，$K_{\mathrm{I(d)}}$ 假定为材料动态

断裂性能的常数，除以上因素外，还与应变率$\dot{\varepsilon}$有关：

$$K_{\mathrm{I(s)}}\left(a,\sigma,t,T,\gamma\right)=K_{\mathrm{I(d)\cdot C}}\left(\dot{\varepsilon}\right) \tag{5-46}$$

式中，$K_{\mathrm{I(d)\cdot C}}\left(\dot{\varepsilon}\right)$为裂隙动态起始问题的断裂韧度。

2) 裂隙传播与止裂的判据

对运动裂隙的传播问题有类似的判据，动态裂隙常数为$K_{\mathrm{I(d)\cdot C}}\left(\dot{a}\right)$，表示裂隙运动速度$\dot{a}$的函数，类似于式(5-46)，即

$$K_{\mathrm{I(s)}}\left(a,\sigma,t,T,\gamma\right)\leqslant K_{\mathrm{I(d)\cdot C}}\left(\dot{a}\right) \tag{5-47}$$

式中，等式表示裂隙传播条件，不等式表示裂隙止裂条件。

3) 动态裂隙问题的能量释放率

断裂静力学中的应变能释放率及其判据可推广到断裂动力学中，与裂隙静态公式相比较，动态裂隙能量释放率表达式：

$$G_{\mathrm{I(s)}}\left(a,\sigma,t,T,\gamma\right)\leqslant R_{\mathrm{I(d)\cdot C}}\left(\dot{a}\right) \tag{5-48}$$

对于给定的煤岩类结构几何形状尺寸、作用载荷与工作温度，式(5-48)为等式时表示裂隙传播条件，为不等式时表示裂隙止裂条件。用式(5-48)表示线性弹性断裂静力学向动力学的推广，说明岩石类材料试样附加给裂隙传播的驱动力与来自材料的断裂性质——抗力之间为一对矛盾运动。材料性质表示裂隙顶端流动的能量耗散与裂隙扩展相伴随的断裂过程。而驱动力包括 3 种不同的贡献。动态能量释放率即为单位面积的裂隙在扩展过程中这 3 个分量(应变能、动能、外力对结构做的功)的净变化量，也称裂隙扩展的驱动力[34]，其形式为

$$G_{\mathrm{I}}=\frac{1}{b}\left\{\frac{\mathrm{d}W}{\mathrm{d}a}-\frac{\mathrm{d}U}{\mathrm{d}a}-\frac{\mathrm{d}T}{\mathrm{d}a}\right\}=\frac{1}{b\dot{a}}\left\{\frac{\mathrm{d}W}{\mathrm{d}t}-\frac{\mathrm{d}U}{\mathrm{d}t}-\frac{\mathrm{d}T}{\mathrm{d}t}\right\} \tag{5-49}$$

式中，U为应变能；T为动能；W为外力对结构做的功；a为裂隙长度；b为在裂隙顶端处试样的厚度；t为时间。

5.3.2 裂隙水促进或抑制裂隙扩展机制分析

饱水煤样裂隙中充满水，为分析饱水煤样中裂隙自由水对静载、动载状态下裂隙扩展特征的影响，先从饱水初始裂隙的单一裂隙进行分析。为方便进行裂隙的力学分析，将三维的含水裂隙简化为平面裂隙。含水单裂隙参数特征为：静载为σ_{s}，动载为σ_{d}，初始裂隙长度为$2a$，角度为β，如图 5-11 所示。

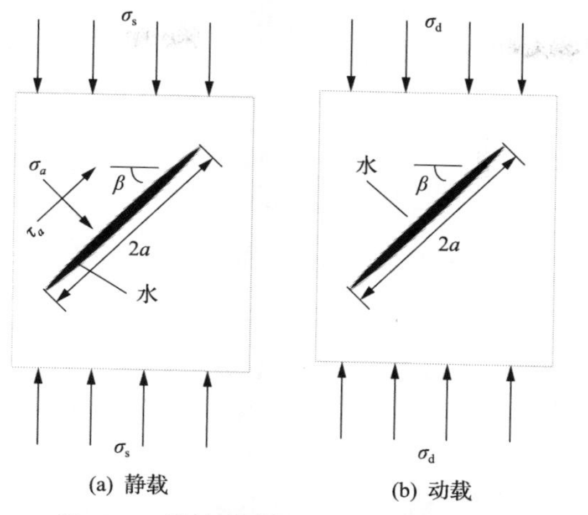

图 5-11　单轴裂隙载荷下含水初始裂隙

1）静载作用下水促进裂隙扩展分析

煤样在静载的压缩阶段，原始裂隙受压闭合，使裂隙自由水产生裂隙水压力，在封闭的裂隙内，裂隙水压力逐渐增长并与外载呈线性关系。随着静载的增大，裂隙扩展速度相对于试验加载速度要快很多[35]，自由水有足够的时间向裂隙尖端扩散，产生类似“楔入”作用。

裂隙的新尖端裂隙如虹吸管，液体进入裂隙的力是液体间分子内聚力，出现了“虹吸”现象，使裂隙接触面摩擦系数减小，煤样微破裂活动加剧，裂隙加速扩展，裂隙之间串接、贯通，试样发生宏观破坏的力较小，试样的抗压强度降低[36]，如图 5-12 所示。

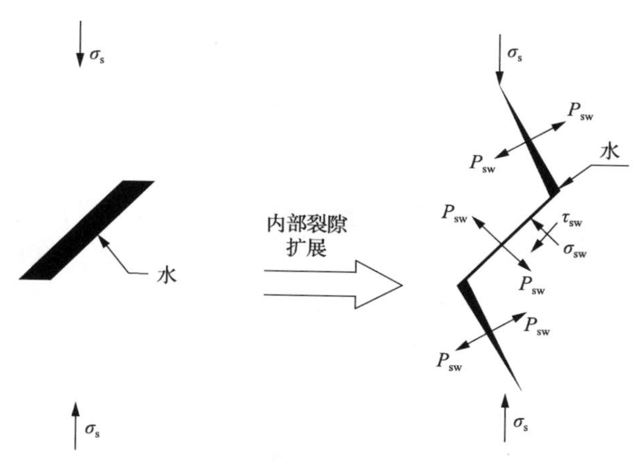

图 5-12　静载条件下自由水对裂隙表面的作用力

P_{sw}-翼型裂隙中自由水对裂隙表面的挤压应力

静载条件下，不考虑水对裂隙面的化学腐蚀，且压应力为正，经分析含水裂

隙自由水的主裂隙面上的剪应力 τ_{sw} 和翼型裂隙面法向应力 σ_{sw} 分别为

$$\tau_{sw} = \sigma_s \sin\beta\cos\beta - f_{sw}\left(\sigma_s \cos^2\beta - P_{sw}\right) \tag{5-50}$$

$$\sigma_{sw} = \sigma_s \cos^2(\beta+\theta) - P_{sw} \tag{5-51}$$

式中，f_{sw} 为静载作用下含水裂隙面摩擦因数。

2) 动载作用下水抑制裂隙扩展分析

借鉴饱和砂岩、混凝土的动载力学分析，在动载条件下，裂隙动态扩展的速度比静态扩展快。动载条件下，裂隙扩展速度低于试验加载速度，在中、高应变率条件下，认为裂隙不排水。中、高应变率作用下水是不可压缩的，翼形裂隙的分支裂隙的自由水无法在瞬间扩散至张开的裂隙尖端，增加了尖端裂隙的刚度，如图 5-13 所示。

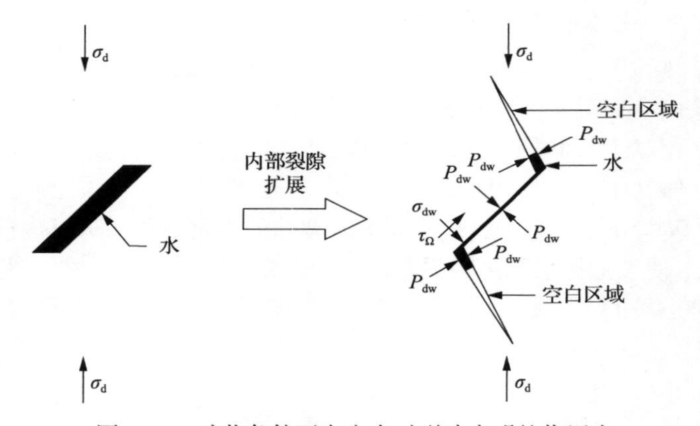

图 5-13　动载条件下自由水对裂隙表明的作用力

P_{dw}-抑制裂隙发育和扩展表面的应力；σ_{dw} -裂隙表面与水接触时的正应力；σ_Ω -裂隙表面与水接触时的剪应力

大量 SHPB 冲击试验表明：煤岩脆性材料是在裂隙尖端的拉应力作用下破坏的。在动载条件下，裂隙动态扩展的速度较快，裂隙水无法在较短时间内扩散到新的分支裂隙中，受自由水表明张力的影响，水在裂隙面会形成阻碍裂隙扩展的孔隙水压力，导致饱水岩石在较高强度下被破坏，因煤层裂隙特征和砂岩裂隙有较大的区别，能否形成孔隙压力值得讨论。设在饱和煤样中自由水表面张力形成的孔隙水压力为 F_1，可表示为

$$F_1 = \frac{V_{液}\gamma}{2\rho^2\cos\theta_r} \tag{5-52}$$

式中，$V_{液}$ 为液体的体积；γ 为表面能；θ_r 为湿润角；ρ 为水的弯月面的半径。

Zheng 和 Li[37]、Rossi 等[38]研究了饱和混凝土动态断裂强度的影响，在动态加载条件下，饱和混凝土强度提高的原因是裂隙产生斯特藩(Stefan)效应，可阻碍裂隙扩展断裂。孔隙水黏聚力 F_2 为

$$F_2=\frac{3\eta r^4}{2\pi h^3}\frac{\mathrm{d}v}{\mathrm{d}t} \tag{5-53}$$

式中，r 为中间充满不可压缩黏性液体的两平行圆形平板的半径；v 为两圆形平板分离的相对速度；h 为两圆形平板的间距；η 为液体黏度。

孔隙水压力和孔隙水黏聚力共同作用下的有益反力为 F，两者的有益反力在裂隙尖端形成拉应力 p_{w}，A 为裂隙含水面积，表达式如下：

$$F=F_1+F_2 \tag{5-54}$$

$$p_{\mathrm{w}}=F/A \tag{5-55}$$

在中低加载速率下，裂隙黏结形成的拉应力较小，可忽略不计，即 $F=F_1$；在高加载速率下，应考虑裂隙黏聚力。暂不考虑煤样裂隙在中应变率下能否形成黏聚力，将来再通过试验数据来分析形成黏聚力和孔隙压力的方向问题。

在不考虑水对裂隙表面的化学损伤作用，且在动载作用下，含孔隙自由水的主裂隙面上的剪应力 τ_{dw} 和翼型裂隙面法向应力 σ_{dw} 分别为

$$\tau_{\mathrm{dw}}=\sigma_{\mathrm{d}}\sin\beta\cos\beta-f_{\mathrm{dw}}\left(\sigma_{\mathrm{d}}\cos^2\beta+P_{\mathrm{dw}}\right) \tag{5-56}$$

$$\sigma_{\mathrm{dw}}=\sigma_{\mathrm{d}}\cos^2(\beta+\theta)+P_{\mathrm{dw}} \tag{5-57}$$

式中，f_{dw} 为动载作用下含水裂隙面摩擦因数；P_{dw} 为抑制裂隙发育和扩展的应力。

5.3.3　静载、动静组合加载含水煤样抗压强度

1）基于细观力学静载含水煤样抗压强度

在静载作用下，将主裂隙面上的剪应力和翼型裂隙面法向应力代入煤样裂隙的应力强度因子公式中，经换算可得含水煤样的静载抗压强度公式：

$$\tau_{\mathrm{sw}}=\sigma_{\mathrm{s}}\sin\beta\cos\beta-f_{\mathrm{sw}}\left(\sigma_{\mathrm{s}}\cos^2\beta-P_{\mathrm{sw}}\right)$$

$$\sigma_{\mathrm{sw}}=\sigma_{\mathrm{s}}\cos^2(\beta+\theta)-P_{\mathrm{sw}}$$

$$K_{\mathrm{IS}}=K_{\mathrm{I}}^{(1)}+K_{\mathrm{I}}^{(2)}=\sigma_{\mathrm{n}}'\sqrt{\pi l}+2\sigma_{\mathrm{eq}}\sqrt{\frac{a+l}{\pi}}\sin^{-1}\left(\frac{a}{a+l}\right)$$

$$\sigma_{\mathrm{s}}=\frac{K_{\mathrm{I(s).C}}+P_{\mathrm{sw}}\left[\sqrt{\pi l}+2\sqrt{\frac{a+l}{\pi}}\sin^{-1}\left(\frac{a}{a+l}\right)\right]}{\frac{1}{2}\left[1+\cos^{2}(\theta+\beta)\right]\sqrt{\pi l}+2\cos^{2}(\theta+\beta)\sin^{-1}\left(\frac{a}{a+l}\right)\sqrt{\frac{a+l}{\pi}}} \tag{5-58}$$

式中，$K_{\mathrm{I(s).C}}$ 为煤样饱水静态 I 型裂隙断裂韧度；σ_{n}' 为翼型裂隙分支裂隙面上的法向应力。

2）动载含水煤样抗压强度

含水煤样的动载抗压强度公式同式(5-42)。为计算方便，将式(5-42)简化，设 $k(v)=\dfrac{1-1.88v/c_{\mathrm{P}}}{\left(1-v/c_{\mathrm{P}}\right)^{1/2}}$。

结合含孔隙自由水的主裂隙面的剪应力公式[式(5-56)]和裂隙面法向力公式[式(5-57)]，可得饱水作用煤样动态抗压强度：

$$\sigma_{\mathrm{d}}=\frac{K_{\mathrm{d}}-k(v)\left[\frac{1}{2}\sigma_{\mathrm{V}}\left(1+\cos^{2}(\theta+\beta)\right)+P_{\mathrm{sw}}\sqrt{\pi l}\right]}{2\sqrt{\frac{a+l}{\pi}}\sin^{-1}\left(\frac{a}{a+l}\right)\cos^{2}(\theta+\beta)}-\frac{P_{\mathrm{dw}}}{\cos^{2}(\theta+\beta)} \tag{5-59}$$

3）动静组合加载含水煤样抗压强度

煤岩体内部微裂隙的扩展和聚合是煤岩在外载作用下宏观破坏的根本原因。用多种裂隙模型研究岩石类脆性材料在压应力作用下的力学特性，以及滑动型裂隙扩展的相关问题。

动静组合加载中，先预加静载 σ_{s}，然后施加动载 σ_{d}，二者组合加载时煤样含水裂隙复合破坏强度为 $\sigma_{\mathrm{s\text{-}d}}$。翼型裂隙主裂隙面的摩擦因数分别为静载因数和动载因数，即静载作用下含水裂隙面摩擦因数 f_{sw} 和动载作用下含水裂隙面摩擦因数 f_{dw}。

对翼型裂隙受动静组合加载下的受力结构进行力学分析，如图 5-14 所示，推出翼型含孔隙自由水的主裂隙面的剪应力 $\tau_{\mathrm{(d\text{-}s)w}}$ 和裂隙面法向应力 $\sigma_{\mathrm{(d\text{-}s)w}}$ 的表达式，见式(5-60)和式(5-61)：

$$\tau_{\mathrm{(s\text{-}d)w}}=\sigma_{\mathrm{s\text{-}d}}\sin\beta\cos\beta-f_{\mathrm{d}}\left[\sigma_{\mathrm{d}}\cos^{2}\beta-\left(P_{\mathrm{sw}}-P_{\mathrm{dw}}\right)\right] \tag{5-60}$$

$$\sigma_{\mathrm{(s\text{-}d)w}}=\sigma_{\mathrm{s\text{-}d}}\cos^{2}(\beta+\theta)-\left(P_{\mathrm{sw}}-P_{\mathrm{dw}}\right) \tag{5-61}$$

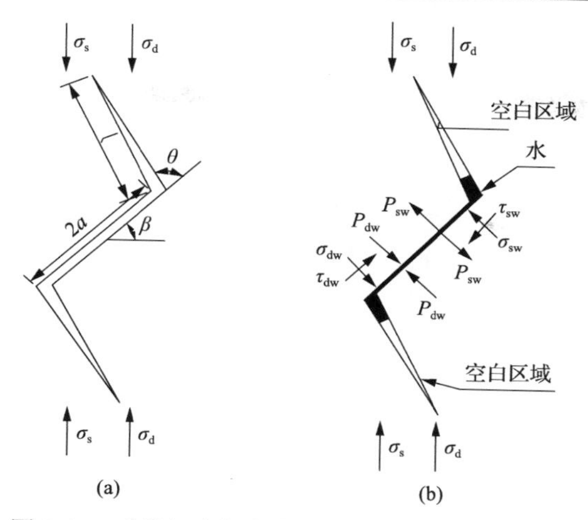

图 5-14　动静组合加载自由水对裂隙表面的作用力

动静组合加载下，P_{dw} 是抑制裂隙发育和扩展的应力，P_{sw} 为翼型裂隙中自由水对裂隙表面的挤压应力，即液体间分子的内聚力，数值 P_{sw} 与 P_{dw} 相比相差较大，二者均参与裂隙的发展与贯通。由式(5-60)和式(5-61)可知，在动静组合加载、摩擦系数相同条件下，P_{dw} 使剪应力 $\tau_{d\text{-}sw}$ 减小，而使裂隙面法向应力 $\sigma_{d\text{-}sw}$ 增大，表明裂隙不易发生破坏，试样应表现出抗压强度增大的特征，但试验结果恰恰与此相反，说明抑制裂隙发育和扩展的应力 P_{dw} 为负值，表现煤样静载加载的特征，因此，得出动静组合加载作用下含水煤样的动态强度是逐渐降低而非增强的，与饱和砂岩动态强度相反。

动静组合加载时含水煤样抗压强度因子同式(5-43)。

动静组合加载煤样的组合动态强度：

$$
\begin{aligned}
\sigma_{s\text{-}d} = & \frac{1}{\sin\beta\cos\beta} \\
& \times\left\{\frac{K_{s\text{-}d}-k(\nu)\sqrt{\pi l}\,\dfrac{1}{2}\sigma_{V}(1+\cos 2(\theta+\beta)+\left(k(\nu)\sqrt{\pi l}-2\sqrt{\dfrac{a+l}{\pi}}\sin^{-1}\left(\dfrac{a}{a+l}\right)\right)P_{s}}{2k(\nu)[\sin\theta\left(\dfrac{3}{2}e^{-l}\cos\dfrac{\theta}{2}+1-e^{-l}\right)\sqrt{\dfrac{a+l}{\pi}}\sin^{-1}\left(\dfrac{a}{a+l}\right)-\dfrac{3}{2}\sqrt{\pi l}\sin\theta\cos\dfrac{\theta}{2}}\right\} \\
& +\frac{1}{\sin\beta\cos\beta}\{f_{dw}[\sigma_{d}\cos^{2}\beta-(P_{sw}-P_{dw})]\}
\end{aligned}
\tag{5-62}
$$

式中，$k(\nu)=\dfrac{1-1.88\nu/c_{P}}{(1-\nu/c_{P})^{1/2}}$；$\sigma_{s}$ 为含水煤样的静载抗压强度，详见式(5-58)；σ_{d}

为含水煤样的动载抗压强度，详见式(5-59)；f_{dw} 为动态含水条件下裂隙面摩擦因数。

5.3.4　饱水煤岩类材料强度对比讨论

根据试验数据分析可知，静载条件下含水对煤岩材料强度的影响均较低，研究结论基本统一，而动载中因煤岩材料自身内部结构的差异，反映出含水试样与自然状态试样相比，动态强度增强或减弱的特征，以下对含水煤岩材料的动态强度进行讨论。

动载作用下，应变率是影响岩石物理力学性质的重要因素，较多脆性材料的抗压强度在一定程度上均随着应变率的增加而增大，动载强度比静载强度大百分之几至几倍，而动载的动态抗拉强度为静载的抗拉强度的 5～10 倍。Atkinson 和 Cook[39]研究了冲击、快速及静力加载率效应，同时，研究了在压缩应力条件下饱和多孔材料裂隙传播的加载率效应。中等应变率情况下，煤岩和混凝土材料饱水表现出强度增强和强度弱化两种特征。

中等应变率条件下，含水岩石试样动载的动态强度增加特征的具体文献数据如下：王斌等[40]在改进 SHPB 系统中进行自然风干与饱水砂岩动态冲击压缩试验，应变率范围为 52～56s^{-1}，饱水砂岩的动态曲线与自然风干砂岩的动态曲线形状相近，饱水砂岩的动态强度有显著提高，提高幅度为 10%～20%，自然风干砂岩与饱水砂岩试样的动态强度-应变率关系曲线特征如图 5-15 所示。

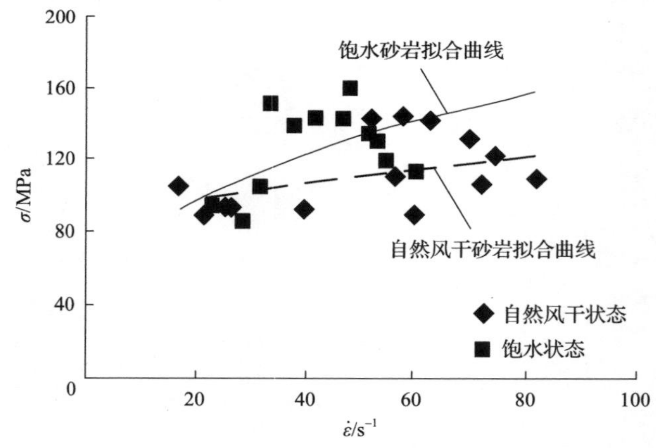

图 5-15　自然风干砂岩与饱水砂岩试样动态强度-应变率关系曲线

袁璞和马瑞秋[41]采用变截面霍普金森压杆装置对两煤矿 4 种含水状态长径比为 0.5 的砂岩进行单轴冲击压缩试验，获得相应砂岩试样的动态应力-应变曲线，如图 5-16 所示。结果表明：砂岩的动态单轴抗压强度随试样含水率呈幂函数增长。

中高应变条件下，砂岩含水裂隙中自由水的表面张力作用和 Stefan 效应，产生了抑制裂隙动态扩展的阻力，导致砂岩的动态单轴抗压强度随着含水率增加而增加。试样在强制饱水和自然饱水状态下的动态单轴抗压强度最高，且二者相近，自然含水状态下砂岩的动态单轴抗压强度次之，干燥状态下砂岩的动态单轴抗压强度最小。两种砂岩通过自然吸水法达到最大含水率时，饱水砂岩的动态单轴抗压强度比干燥状态分别提高 18%和 29%。

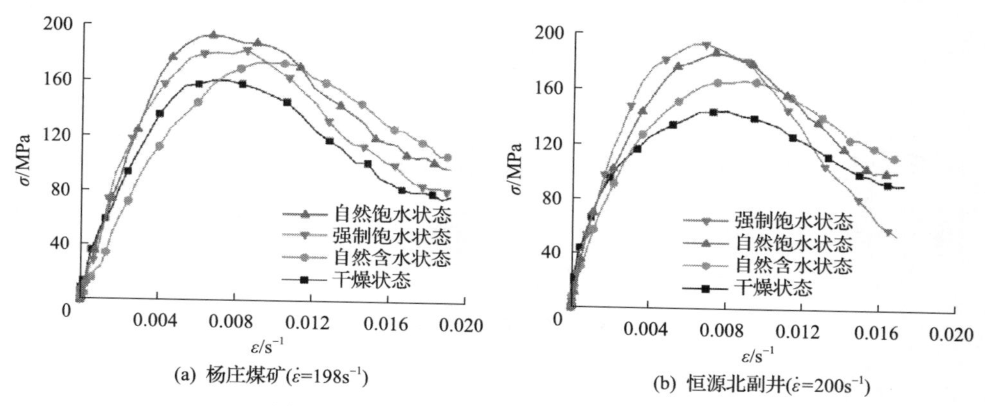

图 5-16　砂岩试样的动态应力–应变率曲线

文献[42]～[44]对干燥和饱水的混凝土试样进行静、动力学性能试验，采用尺寸为 100mm×100mm×300mm 的棱柱体试样，加载速率分别为 $10^{-6}s^{-1}$ 和 $10^{-4}s^{-1}$，静载条件下饱水混凝土试样强度与干燥混凝土试样相比峰值应力降低了 4.47%，动载条件下饱水混凝土试样与干燥混凝土试样相比峰值应力增高了 6.76%。

中等应变率条件下，含水岩石及混凝土类试样动载动态强度降低特征的具体数据如下：詹金武等[45]对泥质粉砂岩进行动态冲击试验，在相同冲击速度下，含水率范围为 0.54%～0.96%，应变率范围为 95.59～147.08s^{-1}，天然含水状态和自然含水状态的应力-应变曲线较为接近，如图 5-17(a)所示，初始阶段均表现出较好的线弹性变形特征，随后进入非稳定破裂发展阶段，试样进入破坏后阶段，峰值应力达到 285MPa；饱水试样的曲线变化较大，有明显的弱化现象，峰值应力达到 215MPa，试样发生破坏，随着试样含水量的增大其峰值应力呈逐渐减小趋势，图 5-17(b)也表现出此规律，表明试样含水状态对其物理力学性能影响较大，特别是饱水后试样的强度明显降低。

文献[46]利用 SHPB 进行 4 种含水率黏土的动态试验，在应变率均为 $5\times10^{2}s^{-1}$ 条件下，干黏土的动态单轴抗压强度最高，黏土的动态抗压强度随含水率的上升逐渐降低，表明非饱和黏土中的水分对其力学性能影响显著，如图 5-18 所示。

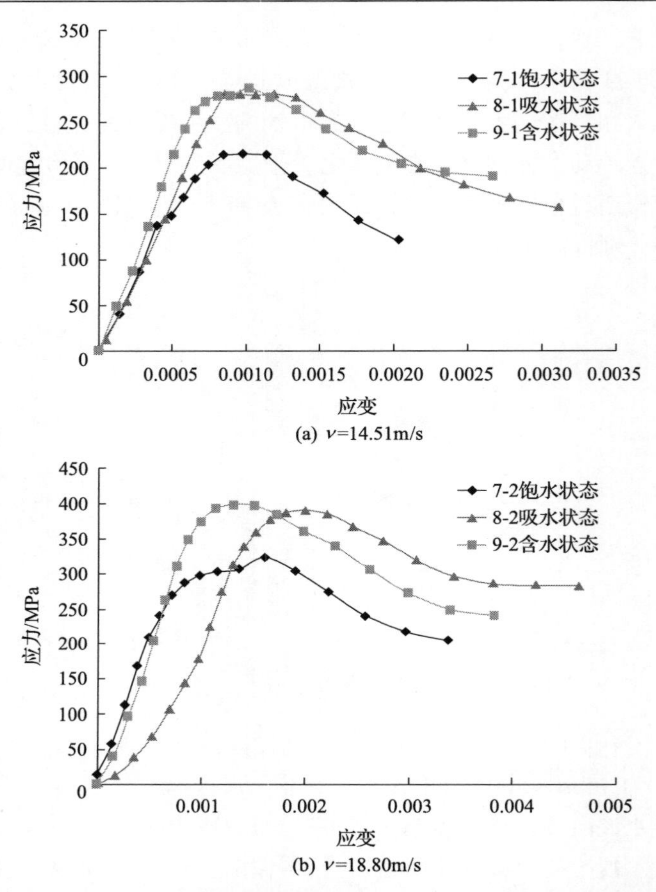

图 5-17　不同含水条件泥质粉砂岩的应力与应变关系曲线

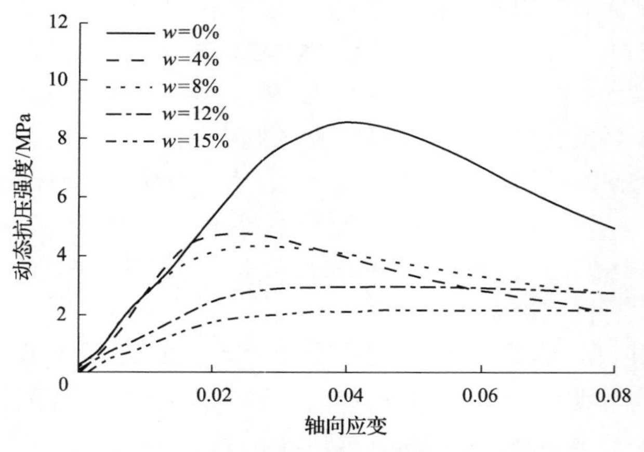

图 5-18　不同含水状态黏土的应力-应变曲线

w-含水率

丁宁等[47]在高应变率下进行了自由含水对水泥砂浆动态力学性能影响的试验，当应变率为 10^2s^{-1} 时，水泥砂浆的动态抗压强度随着含水率的增加而降低，饱和水泥砂浆试样的动态抗压强度比完全干燥试样低 23%，水泥砂浆的弹性模量随着含水率的增加先增加后减小；Wu 等[48]对含水混凝土的研究数据进行分析表明，相同应变率作用下，试样含水率的增加会导致其弹性模量增加，抗压强度有所降低；朱志武等[49]利用 SHPB 试验装置，针对含水率为 15%的黄土试样开展了单轴压缩冲击试验，结果显示黄土具有明显的应变率效应特征。

综上所述，通过砂岩、泥质粉砂岩、混凝土、黏土、水泥砂浆、黄土的饱水和自然状态的对比可知，中应变率状态下，饱水后试样的动态强度变化趋势不一致，有些增强，有些降低，其除了与应变率相关外，还受控于试样自身的孔隙分布特征、黏聚力等。

从第 4 章对一维动静组合加载含水煤样的强度测试结果可知，中应变率状态下，自然状态到饱水 3d 煤样的动态强度软化系数平均值为 0.65，自然状态到饱水 7d 煤样的动态强度软化系数平均值为 0.60，饱水 3d 煤样到饱水 7d 煤样的动态强度软化系数平均值为 0.93，煤样随饱水时间增加动态抗压强度呈现降低趋势，动静组合加载结果与砂岩差别较大，具体讨论如下：

(1) Winkler 和 Nur[50,51]测试孔隙石英玻璃的弹性模量不随应变幅值而变化，干燥花岗岩与砂岩在应变幅值大于 10^{-6} 时，弹性模量随应变幅值的增加而减小。微观表面孔隙石英内主要分布圆形孔隙，而花岗岩含有较多的裂隙类孔隙，应变幅值对弹性模量的影响起决定性作用的是微裂隙。静载加载时煤样破坏沿裂隙面或颗粒接触面摩擦滑动，煤样弹性模量减小，动静组合加载时煤岩体的裂隙破坏不发生摩擦滑动，因此，煤样和砂岩都具有动载弹性模量大于静载弹性模量特征。

(2) 静载加载煤样孔隙流体可以改变摩擦面的摩擦系数，增大摩擦滑动效应。10^{-6}cm 是裂隙滑动界线，由于滑动面之间的位移至少大于原子间距(约 10^{-8}cm)，才可能发生摩擦[52]。静载加载煤样处于低应变率范围，饱水作用下裂隙水能从裂隙孔间及时流入或流出，保持裂隙流体压力不变，裂隙处于“敞开”连通状态；动静组合加载时裂隙变形作用时间短及受裂隙流体黏度的影响，以及分子的虹吸现象，导致裂隙流体不能与外部裂隙发生相关交换，使裂隙处于“不排水”的封闭状态，裂隙流体压力升高，水为煤样提供附加刚度，煤样表现出有效模量增大(Gassmann 效应)，因此，饱水煤样动载强度大于静载强度。

(3) 动静组合加载煤样强度比其静载强度提高 10%～30%，但是饱水砂岩动载强度比其静载强度提高 2 倍。由于煤的多裂隙特征，翼型裂隙初始裂隙较长，裂隙间距较小，而翼型裂隙两翼发育较短即与其他独立裂隙串接、贯通，宏观裂隙的破坏表现为煤样的动载强度增加较小，而砂岩的动载强度增加较大。因此，砂岩的动载强度提高幅度比煤样的动载强度提高幅度大。

(4) 动静组合加载煤样随饱水时间增加动态强度降低，动态强度降低的原因有两种：一种是动静组合加载的应变率较小，饱水砂岩动态强度在应变率为 50～60s^{-1} 时表现出动态强度升高的特征，煤样的应变率为 90～155s^{-1} 时，未能形成含水裂隙封闭状态，当提高应变率达到煤样饱水临界应变率时，将会出现随饱水时间增长动态强度提高的现象；二是由于煤的多裂隙性，中应变率加载范围内，煤样均不会出现抑制裂隙发育和扩展的应力 P_{dw} 为正值的现象，表明中应变率条件下煤样具有随饱水时间增加动态强度均降低的特性。

(5) 通过对静载、动静组合加载煤样的弹性模量的对比分析可知，煤样在静载与动静组合加载时弹性模量差别较大，动静组合加载的弹性模量大于静载的弹性模量；动静组合加载煤样的弹性模量随着饱水时间的增加出现升高现象，与文献[53，54]结论相似，与饱水砂岩变化趋势不同。

由于孔隙水的力学作用，一维动静组合加载时饱水煤样的弹性模量与自然煤样相比有所提高，且孔隙或者孔隙水含率对煤样的弹性模量影响较大：随着孔隙水含率的增大，饱水煤样的弹性模量有所减小。饱水煤样的弹性模量有所提高而强度值有所减小，与自然煤样相比，饱水煤样变“脆”。文献[55]利用等效弹性模量的思想和 Mori-Tanaka 方法也探讨了饱水状态下混凝土的弹性模量的变化趋势。

5.4 一维动静组合加载煤样损伤本构模型建立

5.4.1 煤样损伤变量的定义

材料损伤是指材料在载荷、温度、环境等作用下，其微细观结构发生变化，造成裂隙生成、孕育、扩展和贯通，使材料宏观力学性能劣化，形成材料的失稳破坏，同时，从宏观上表现为材料内部有效承载面积减小。从裂隙或缺陷发育过程分析，将材料损伤分为 3 个阶段：连续滑移带的形成阶段、永久损伤的产生阶段、永久损伤的生长阶段。

连续损伤力学方法中的损伤变量常利用材料试样受损伤而引起的宏观力学性能参数(密度、抗压强度、弹性模量、拉伸强度等)，以及有效承载面积的损失变化来表示。采用力的有效承载面积的减弱表征损伤，即损伤变量定义为 D，表达式为

$$D=\frac{\overline{A}}{A_0}=1-\frac{\overline{A}}{A_0} \tag{5-63}$$

煤岩为脆性材料，因不规则微裂隙和孔隙的存在，有效承载面较难确定，

可以通过应力释放区的体积与材料总体积的比来定义损伤，则其损伤变量表达式为

$$D = 1 - \xi \frac{V}{V_0} \tag{5-64}$$

$$\xi = \frac{E(1-\mu)(1+\mu_0)(1-2\mu_0)}{E_0(1-\mu_0)(1+\mu)(1-2\mu)} \tag{5-65}$$

式中，A_0 为无损伤承载面积；$\overline{A}$ 为有效承载面积；V 和 V_0 分别为损伤后与损伤前的体积；E 和 E_0 分别为损伤后与损伤前的弹性模量；μ 和 μ_0 分别为煤岩块损伤后与损伤前的泊松比。

当 D=0 时，煤岩材料试样为无损伤状态；当 D=1 时，煤岩材料试样为破坏状态；0＜D＜1 对应于不同程度的试样损伤状态。

破裂区连接和裂隙长度表面解容易度量，采用试样冲击形成的自由表面积度量岩板损伤的能量耗散，自由表面积的增量为

$$\mathrm{d}A = 4A_\mathrm{f} + \sum_{i=1}^{n} 2w_\mathrm{H} l_i \tag{5-66}$$

式中，A_f 为损伤破裂区自由表面积；w_H 为裂隙宽度即岩板的厚度；l_i 为裂隙长度；n 为裂隙的条数。

5.4.2　煤样损伤变量的确定

煤岩体内部存在各种缺陷，试样受到外载荷时内部裂隙发展和繁衍，由于支撑外载荷的能力减弱，内部裂隙发展成试样的宏观裂隙，形成尺度不等的试样碎块。试样缺陷分布是随机的且独立的，而内部各处的平均密度较稳定，用泊松分布描述裂隙缺陷的分布。为方便分析，先考察一维情况，将试样看成许多长度为 ΔL 的微元，用 λ 表示单位长度含有缺陷的数学期望值，在长度为 L 的区段出现 k 个缺陷的概率可用泊松定律表示，如图 5-19 所示。

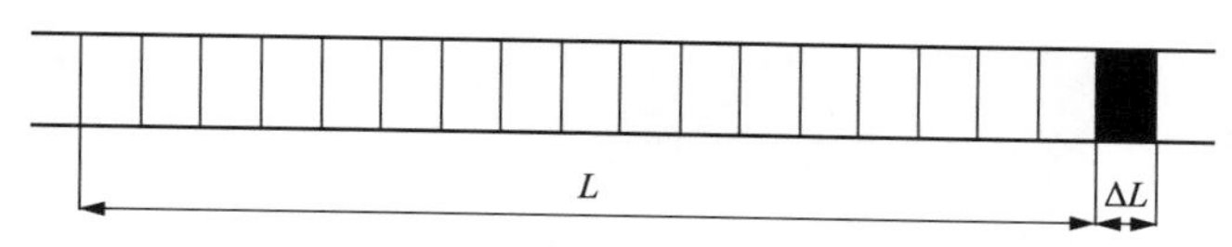

图 5-19　煤岩缺陷的分布

缺陷的分布：

$$p(k/l)=\frac{(\lambda l)^k}{k!}\mathrm{e}^{-\lambda l} \tag{5-67}$$

设：

$$\alpha=1/\lambda \tag{5-68}$$

式中，$k\alpha$ 为缺陷间距的数学期望(即是平均间距)。随外载荷的增加，裂隙越密集，λ 变大而 α 变小。

裂隙缺陷的平均间距为 α，其中裂隙区间的间距为非等间隔，进而求出裂隙间距，而 $p(l)$ 是长度 l 内没有缺陷的概率，$p(\Delta l)$ 是 Δl 长度内产生一个缺陷的概率。则有

$$p_1(\Delta l)=\lambda\Delta l\cdot\mathrm{e}^{-\lambda\cdot\Delta l} \tag{5-69}$$

由此得

$$p(l+\Delta l)=p(l)\left[1-p_1(\Delta l)\right]=p(l)-\lambda\Delta l p(l)\cdot\mathrm{e}^{-\lambda\cdot\Delta l}$$

$$\frac{p(l+\Delta l)-p(l)}{\Delta l}=-\lambda p(l)\cdot\mathrm{e}^{-\lambda\cdot\Delta l} \tag{5-70}$$

当 $\Delta l\to 0$ 时，两边取极限，然后解此概率微分方程，并当初始条件 $l=0$ 时，将 $p(l)=1$ 代入，可得

$$p(l)=\mathrm{e}^{-\lambda l} \tag{5-71}$$

在长度 l 内有 1 个以上缺陷的概率 $\phi(l)$ 是

$$\phi(l)=1-p(l)=1-\mathrm{e}^{-\lambda l} \tag{5-72}$$

缺陷的概率 $\phi(l)$ 是

$$\phi(l)=\frac{\mathrm{d}\phi}{\mathrm{d}l}=\lambda\mathrm{e}^{-\lambda l}$$

在缺陷十分密集的地方，岩石微元已不能支撑外载荷，设缺陷超过一定程度的微元将丧失承载能力，用 D 来表示损伤变量，便有

$$D=\frac{\int_0^x l\phi(l)\mathrm{d}l}{\int_0^\infty l\phi(l)\mathrm{d}l}=\frac{\frac{1}{\lambda}\left[-(\lambda l+1)\mathrm{e}^{-\lambda l}\right]}{\frac{1}{\lambda}\Gamma(2)}=1-(\lambda x+1)\mathrm{e}^{-\lambda x} \tag{5-73}$$

或用 α 表示，得

$$D=1-\left(\frac{x}{\alpha}+1\right)\exp\left[-\left(\frac{x}{\alpha}\right)\right]$$

当试样为一维加载时，损伤参数为

$$D=1-\left[\left(\frac{\varepsilon_a}{\alpha}\right)^k+1\right]\exp\left[-\left(\frac{\varepsilon_a}{\alpha}\right)^k\right]\ \varepsilon_a\geqslant 0 \tag{5-74}$$

$$D(t+t_0)=1-\left[\left(\frac{\varepsilon_0+\varepsilon_{\mathrm{r}}(t)}{\alpha}\right)^k+1\right]\exp\left[-\left(\frac{\varepsilon_0+\varepsilon_{\mathrm{r}}(t)}{\alpha}\right)^k\right] \tag{5-75}$$

式中，ε_a 为全应变；ε_0 为初始应变；α 为峰值时对应的全应变；k 为概率分布曲线的形状系数，为 0～6；$\varepsilon_{\mathrm{r}}(t)$ 为加载时产生的应变；t_0 为静载时间的实测值。

5.4.3　动载煤样损伤本构关系建立

本书引入水膨胀系数描述煤样在饱水作用下产生的裂隙的开裂、损伤，引入衰减系数来描述含水率对煤岩介质黏性的影响特性，并假设随含水率升高，介质黏性呈线性衰减特性，由此建立动力扰动下的孔隙水与煤耦合作用下的本构模型。如图 5-20 所示。f 为自然状态下煤样的含水率；a_1、a_2 分别为损伤体的饱水膨胀系数；E_{α_1}、E_{α_2} 为损伤体损伤前的平均弹性模量；ξ 为相应的黏性衰减系数；η 为黏缸的黏性参数；m 为弹性模量衰减系数；D_{a_1}、D_{a_2} 为损伤变量，则 $E_{f_1}=E_1-mf$ 、$\eta_{f_2}=\eta_2-\xi_2 f$ ，设总应力为 σ、总应变为 ε。

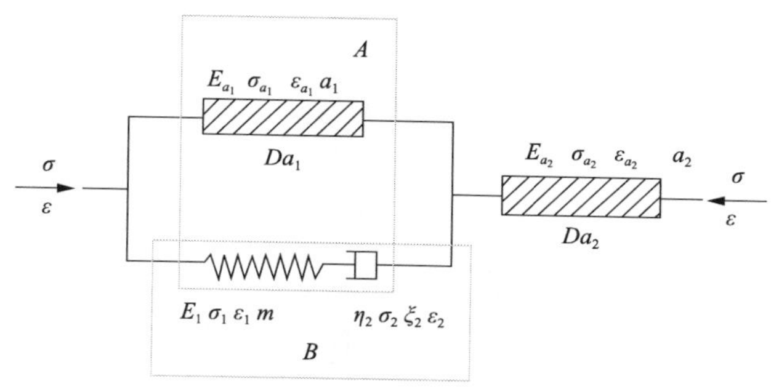

图 5-20　煤样单元组合体力学模型

$$\left.\begin{aligned}\sigma&=\sigma_{a_1}+\sigma_1=\sigma_{a_1}+\sigma_2=\sigma_{a_2}\\ \varepsilon&=\varepsilon_{a_1}+\varepsilon_{a_2}=\varepsilon_1+\varepsilon_2+\varepsilon_{a_2}\\ \dot{\varepsilon}&=\dot{\varepsilon}_{a_1}+\dot{\varepsilon}_{a_2}=\dot{\varepsilon}_1+\dot{\varepsilon}_2+\dot{\varepsilon}_{a_2}\end{aligned}\right\} \tag{5-76}$$

对于损伤体：

$$\sigma = E_{a_2}\varepsilon_{a_2}(1-D) - E_{a_2}\alpha_2 f \tag{5-77}$$

$$\dot{\sigma}=E_{a_2}\dot{\varepsilon}_{a_2}(1-D) - E_{a_2}\alpha_{a_2} f \tag{5-78}$$

串联后图 5-20 左图应力应变满足的关系如下：

$$\begin{cases}\sigma_A = \sigma_1 = \sigma_2 \\ \sigma_1 = (E_1 - mf)\varepsilon_1 \\ \sigma_2 = \eta\dot{\varepsilon} \\ \dot{\varepsilon}_A = \varepsilon_1 + \varepsilon_2\end{cases} \Rightarrow \dot{\varepsilon}_A = \frac{\dot{\sigma}_A}{E_1 - mf} + \frac{\sigma_A}{\eta_2 - \xi_2 f} \tag{5-79}$$

$$\begin{cases}\sigma_B = \sigma_{a_1} + \sigma_A \\ \varepsilon_B = \varepsilon_A = \varepsilon_{a_1}\end{cases} \Rightarrow \begin{cases}\dot{\sigma}_B = \dot{\sigma}_{a_1} + \dot{\sigma}_A \\ \dot{\varepsilon}_B = \dot{\varepsilon}_A = \dot{\varepsilon}_{a_1}\end{cases} \tag{5-80}$$

由式(5-79)、式(5-80)可得

$$\begin{aligned}\dot{\varepsilon}_B = \dot{\varepsilon}_A &= \frac{\dot{\sigma}_A}{E_1 - mf} + \frac{\sigma_A}{\eta_2 - \xi_2 f} = \frac{\dot{\sigma}_B - \sigma_{a_1}}{E_1 - mf} + \frac{\dot{\sigma}_B - \sigma_{a_1}}{\eta_2 - \xi_2 f} \\ &= \frac{1}{E_1 - mf}\left\{\dot{\sigma}_B - \left[E_{a_1}\dot{\varepsilon}_{a_1}(1-D) - E_{a_1}\alpha_1 f\right]\right\} \\ &\quad + \frac{1}{\eta_2 - \xi_2 f}\left\{\sigma_B - \left[E_{a_1}\varepsilon_{a_1}(1-D) - E_{a_1}\alpha_1 f\right]\right\}\end{aligned} \tag{5-81}$$

由 $\dot{\varepsilon}_B = \dot{\varepsilon} - \dot{\varepsilon}_{a_2}$， $\dot{\sigma}_B = E_{a_2}\dot{\varepsilon}_{a_2}(1-D) - E_{a_2}\alpha_2 f$ 得

$$\begin{aligned}\dot{\varepsilon}_B = \dot{\varepsilon} - \dot{\varepsilon}_{a_2} &= \frac{1}{E_1 - mf}\left\{\dot{\sigma} - \left[E_{a_1}\left(\dot{\varepsilon} - \dot{\varepsilon}_{a_2}\right)(1-D) - E_{a_1}\alpha_1 f\right]\right\} \\ &\quad + \frac{1}{\eta_2 - \xi_2 f}\left\{\sigma - \left[E_{a_1}\left(\varepsilon - \varepsilon_{a_2}\right)(1-D) - E_{a_1}\alpha_1 f\right]\right\}\end{aligned} \tag{5-82}$$

将 $\dot{\varepsilon}_{a_2} = \dfrac{\dot{\sigma}_{a_2} + E_{a_2}\alpha_2 f}{E_{a_2}(1-D)} = \dfrac{\sigma + E_{a_2}\alpha_2 f}{E_{a_2}(1-D)}$ 代入式(5-82)可得

$$
\begin{aligned}
\dot{\varepsilon}-\dot{\varepsilon}_{a_2}&=\dot{\varepsilon}-\frac{\dot{\sigma}+E_{a_2}\alpha_2 f}{E_{a_2}(1-D)}\\
&=\frac{1}{E_1-mf}\left\{\sigma-\left[E_{a_1}\left(\dot{\varepsilon}-\frac{\dot{\sigma}+E_{a_2}\alpha_2 f}{E_{a_2}(1-D)}\right)(1-D)-E_{a_1}\alpha_1 f\right]\right\}\\
&\quad+\frac{1}{\eta_2-\xi_2 f}\left\{\sigma-\left[E_{a_1}\left(\varepsilon-\frac{\sigma+E_{a_2}\alpha_2 f}{E_{a_2}(1-D)}\right)(1-D)-E_{a_1}\alpha_1 f\right]\right\}\\
&=\frac{\dot{\sigma}}{E_1-mf}-\frac{E_{a_1}(1-D)}{E_1-mf}+\frac{E_{a_1}\left(\dot{\sigma}+E_{a_2}\alpha_2 f\right)}{E_{a_2}\left(E_1-mf\right)}+\frac{E_{a_1}\alpha_1 f}{E_1-mf}+\frac{\sigma}{\eta_2-\xi_2 f}\\
&\quad-\frac{E_{a_1}\varepsilon(1-D)}{\eta_2-\xi_2 f}+\frac{E_{a_1}\left(\sigma+E_{a_2}\alpha_2 f\right)}{E_{a_2}\left(\eta_2-\xi_2 f\right)}+\frac{E_{a_1}\alpha_1 f}{\eta_2-\xi_2 f}
\end{aligned}
\tag{5-83}
$$

两边同时乘以 $E_{a_2}(1-D)(E_1-mf)\left(\eta_2-\xi_2 f\right)$ 得

$$
\begin{aligned}
&\left[\left(E_{a_1}+E_{a_2}\right)+\frac{\left(\eta_2-\xi_2 f\right)}{1-D}\right]\sigma+E_{a_2}\left[\left(\alpha_2+E_{a_1}\right)+\frac{\left(\eta_2-\xi_2 f\right)\alpha_2}{1-D}\right]f\\
&+\frac{\left(E_{a_1}+E_{a_2}\right)\left(\eta_2-\xi_2 f\right)}{E_1-mf}\dot{\sigma}+\frac{E_{a_1}\left(1+\alpha_1 E_{a_2}\right)\left(\eta_2-\xi_2 f\right)}{E_1-mf}f\\
&=E_{a_2}\left(\eta_2-\xi_2 f\right)\left(\frac{1}{1-D}+\frac{E_{a_1}}{E_1-mf}\right)\varepsilon+E_{a_1}E_{a_2}\left(1-D\right)\varepsilon
\end{aligned}
\tag{5-84}
$$

动静组合体的损伤本构模型中，可将黏弹性本构模型用有效弹性模量 $E(1\text{–}D)$ 替换损伤前的弹性模 E，对式(5-85)进行求解时先不考虑损伤特性：

$$
\begin{aligned}
&\left[\left(E_{a_1}+E_{a_2}\right)+\left(\eta_2-\xi_2 f\right)\right]\sigma+E_{a_2}\left[\left(\alpha_2+E_{a_1}\right)+\left(\eta_2-\xi_2 f\right)\alpha_2\right]f\\
&+\frac{\left(E_{a_1}+E_{a_2}\right)\left(\eta_2-\xi_2 f\right)}{E_1-mf}\dot{\sigma}+\frac{E_{a_1}\left(1+\alpha_1 E_{a_2}\right)\left(\eta_2-\xi_2 f\right)}{E_1-mf}f\\
&=E_{a_2}\left(\eta_2-\xi_2 f\right)\left(1+\frac{E_{a_1}}{E_1-mf}\right)\dot{\varepsilon}+E_{a_1}E_{a_2}\varepsilon
\end{aligned}
\tag{5-85}
$$

式中，E_{a_1}、E_{a_2} 分别用 $E_{a_1}\left[1-D\left(f_0+f\right)\right]$ 和 $E_{a_2}\left[1-D\left(f_0+f\right)\right]$ 替换，其中 f_0 为初始含水率。

5.4.4　动载煤样统计损伤本构模型验证

利用 5.4.3 节建立的一维动静组合本构模型，对所做实验结果进行对比验证，确定不同饱水作用下本构模型的各个参数。相同轴向静载不同饱水煤样的本构模型拟合参数见表 5-3。

表 5-3　相同轴向静载不同饱水煤样的本构模型拟合参数

拟合参数	饱水情况		
	自然状态	饱水 3d	饱水 7d
平均应变率/s^{-1}	89	105	107
平均动态强度/MPa	46.71	30.39	28.20
模量参数 E_{a_1}/GPa	14.65	16.85	20.07
模量参数 E_{a_2}/GPa	21.97	25.28	30.11
静载时间的实测值 t_0/s	60	60	60
黏性参数 η/(GPa · s)	0-1000	0-1000	0-1000
概率分布参数 $w/10^{-3}$	7.8	7.5	8.1
概率分布曲线的形状系数 w_2	6	5.5	4.5

将表 5-3 的本构模型参数代入式(5-83)和式(5-84)的表达式中，在 MATLAB 计算软件中得出其本构响应曲线，并与利用本构模型得到的本构曲线和实际结果进行对比，其他试样也比照该方法进行对比，由图 5-21 可以看出，所显示的本构模型参数合理，能够准确地描述试验结果。

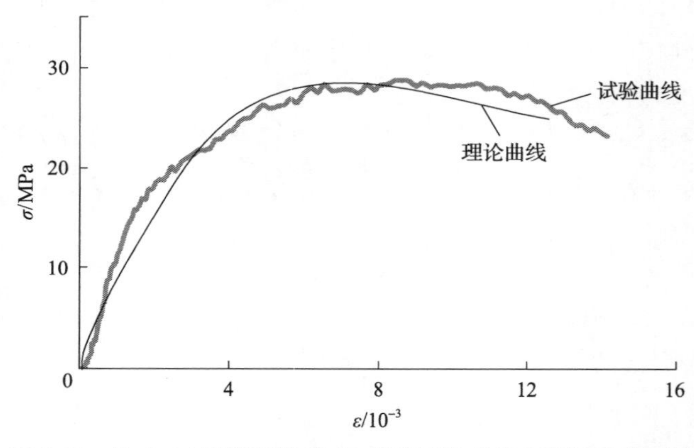

图 5-21　饱水 3d 煤样平均应力-应变试验曲线与理论曲线对比

参 考 文 献

[1] Eberhardt E. Brittle rock fracture and progressive damage in uniaxial compression[D]. Saskatoon: University of Saskatchewan, 1998.

[2] Eberhardt E, Stead D, Stimpson B. Quantifying progressive pre-peak brittle fractue damage in rock during uniaxial compression[J]. International Journal of Rock Mechanics and Mining Sciences, 1999, 36(3): 361-380.

[3] 郑少河, 朱维申. 裂隙岩体渗流损伤耦合模型的理论分析[J]. 岩石力学与工程学报, 2001, 20(2): 156-159.

[4] 黄明利. 岩石多裂纹相互作用破坏机制的研究[D]. 沈阳: 东北大学, 1999.

[5] Wong R H C, Chau K T. The coalescence of frictional cracks and the shear zone formation in brittle solids under compressive stresses[J]. International Journal of Rock Mechanics and Mining Sciences, 1997, 34(3/4): 335-366.

[6] 黄炳香. 煤岩体水力致裂弱化的理论与应用研究[J]. 煤炭学报, 2010, (10): 1765-1766.

[7] 曹吉成. 浸水炮孔爆破水介质作用机理分析及应用[J]. 中国矿业, 2009, 18(12): 87-90.

[8] 陈士海. 试论风化含水岩石的爆破破碎机理[J]. 煤矿爆破, 1997, (2): 25-26.

[9] 杜俊林, 罗云滚. 水不耦合炮孔装药爆破冲击波的形成和传播[J]. 岩土力学, 2003, 24(s): 616-618.

[10] 林英松, 朱天玉, 蒋金宝. 水中爆炸激波对水泥试样作用的数值模拟分析[J]. 爆炸与冲击, 2006, 26(5): 462-467.

[11] 诸武扬. 断裂力学基础[M]. 北京: 科学出版社, 1979.

[12] 李灏. 断裂力学[M]. 济南: 山东科学技术出版社, 1980.

[13] 陈红江. 裂隙岩体应力—损伤—渗流耦合理论、试验及工程应用研究[D]. 长沙: 中南大学, 2010.

[14] 黄理兴. 动载作用下岩石断裂裂纹的扩展与控制[J]. 岩土力学, 1989, (1): 53-60.

[15] 张志呈. 岩体爆破裂纹扩展速度实验研究[J]. 爆破器材, 2000, 29(3): 1-8.

[16] Kemeny J, Cook N G W. Effective moduli non-linear deformation and strength of a cracked elastic solid[J]. International Journal of Rock Mechanics & Mining Sciences & Geomechanics Abstracts, 1986, 23(2): 107-118.

[17] Laws N, Brockenbroyh J R. The effect of microcrack systems on the loss of stiffness of brittle solids[J]. International Journal of Solids & Structures, 1987, 23(3): 621-623.

[18] Horii H, Nemat-Nasser S. Compression-induced microcrack growth in brittle solids: axial splitting and shear failure[J]. Journal of Geophysical Research, 1985, 90: 3105-3128.

[19] Horii H, Nemat-Nasser S. Brittle failure in compression: splitting faulting and brittle-ductile transition[J]. Physical and Engineering Science, 1986, 319(1549): 337-374.

[20] Steif P S. Crack extension under compressive loading[J]. Engineering Fracture Mechanics, 1984, 20: 463-473.

[21] Lehner F, Kachanov M. On modelling of “winged” cracks forming under compression[J]. International Journal of Fracture, 1996, 77: 65-75.

[22] Baud P, Reuschle T, Charlez P. An improved wing crack model for the deformation and failure of rock in compression[J]. International Journal of Rock Mechanics & Mining Sciences & Geomechanics Abstracts, 1996, 33(5): 539-542.

[23] Ashby M F, Hallam S D. The failure of brittle solids containing small cracks under compressive stress states[J]. Acta Metallurgica, 1986, 34: 497-510.

[24] 王元汉, 徐钺, 谭国焕, 等. 改进的翼型裂纹分析计算模型[J]. 岩土工程学报, 2000, 22(5): 612-615.

[25] 李银平, 伍佑伦, 杨春和. 岩石类材料滑动裂纹模型[J]. 岩石力学与工程学报. 2007, 26(2): 278-284.

[26] 中国航空研究院. 应力强度因子手册[M]. 北京: 科学出版社, 1993.

[27] 李灏, 陈树坚. 断裂理论基础[M]. 成都: 四川人民出版社, 1983.

[28] Mehta P K, Nonteiro P J M. Concrete: Microsstructure, Properties and Materials[M]. Prentice-Hall: Indian Concrete Institute, 1997.

[29] Yaman I O, Heam N, Aktan H M. Active and non-active porosity in concrete part I: experimental evidence[J]. Materials and Structures, 2002, 35(3): 102-109.

[30] Ross C A, Jerome D M, Tedesco J W, et al. Moisture and strain rate effects on concrete strength[J]. ACI Material Journal, 1996, 93(3): 293-300.

[31] Xie H P, Sanderson D J. Fractal effect of rapidly propagation cracks[C]. Proceedings of the 2nd International Conference on Nonlinear Mechanics, Beijing, 1995: 341-344.

[32] Freund L B. Dynamic Fracture Mechanics[M]. Cambridge: Cambridge University Press, 1990.

[33] 杨成林. 瑞利波勘探[M]. 北京: 地质出版社, 1993.

[34] 范天佑. 断裂动力学的进展[J]. 力学进展, 1986, (1): 1-13.

[35] 田象燕, 高尔根, 白石羽. 饱和岩石的应变率效应和各向异性的机理探讨[J]. 岩石力学与工程学报, 2003, 22(11): 1789-1792.

[36] 尚嘉兰, 沈乐天, 赵宇辉, 等. Bukit Timah 花岗岩的动态本构关系[J]. 岩石力学与工程学报, 1998, 17(6): 634-641.

[37] Zheng D, Li Q B. An explanation for rate effect of concrete strength based on fracture toughness including free water viscosity[J]. Engineering Fracture Mechanics, 2004, 71: 2319-2327.

[38] Rossi P, van Mier J G M, Bouday C, et al. The dynamic behavior of concrete: influence of free water[J]. Materials and Structures, 1992, 25(9): 509-514.

[39] Atkinson C, Cook J M. Effect of loading rate on crack propagation under compressive stress in a saturated porous material[J]. Journal of Geophysical Reseach, 1993, 98(B4): 6383-6395.

[40] 王斌, 李夕兵, 尹士兵, 等. 饱水砂岩动态强度的 SHPB 试验研究[J]. 岩石力学与工程学报, 2010, (5): 145-151.

[41] 袁璞, 马瑞秋. 不同含水状态下煤矿砂岩 SHPB 试验与分析[J]. 岩石力学与工程学报, 2015, 34(S1): 2888-2893.

[42] 王海龙, 李庆斌. 饱和混凝土静动力抗压强度变化的细观力学机理[J]. 水利学报, 2006, (8): 958-962.

[43] 王海龙, 李庆斌. 不同加载速率下干燥与饱和混凝土抗压性能试验研究分析[J]. 水力发电学报, 2007, 26(1): 84-89.

[44] 王海龙, 李庆斌. 湿态混凝土抗压强度与本构关系的细观力学分析[J]. 岩石力学与工程学报, 2006, 25(8): 1531-1536.

[45] 詹金武, 张乃烊, 黄明, 等. 冲击荷载作用下含水泥质砂岩的损伤规律研究[J]. 有色金属(矿山部分), 2015, 67(6): 44-48.

[46] 丁育青, 汤文辉, 徐鑫, 等. 单轴压缩下非饱和黏土动态力学性能试验研究[J]. 岩土力学, 2013, 34(9): 2546-2549.

[47] 丁宁, 金龙, 张建. 自由水含量对高应变率下水泥砂浆动态力学性能的影响[J]. 混凝土, 2013, (10): 128-132.

[48] Wu S, Chen X, Zhou J. Influence of strain rate and water content on mechanical behavior of dam concrete[J]. Construction and Building Materials, 2012, (36): 448-457.

[49] 朱志武, 宁建国, 刘煦. 冲击载荷下土的动态力学性能研究[J]. 高压物理学报, 2011, 25(5): 444-450.

[50] Winkler K, Nur A. Friction and seismic attenuation in rocks[J]. Nature, 1979, 277: 528-531.

[51] Winkler K, Nur A. Seismic attenuation: effect of pore fluids and friction sliding[J]. Geophysics, 1982(1): 1-14.

[52] 葛洪魁, 陈颙, 林英松. 岩石动态与静态弹性参数差别的微观机理[J]. 石油大学学报(自然科学版), 2001, 25(4): 34-36.

[53] 王明洋, 范鹏贤, 李文培. 岩石的劈裂和卸载破坏机制[J]. 岩石力学与工程学报, 2010, 29(2): 234-241.

[54] 张晖辉, 刘峰, 常福清. 岩石损伤破坏过程声发射试验及其能量特征分析[J]. 公路交通科技, 2011, 28(3): 48-54.

[55] 王海龙, 李庆斌. 饱和混凝土的弹性模量预测[J]. 清华大学学报(自然科学版), 2005, (6): 761-763, 775.

第6章 动静组合加载含水煤样的破坏与能量耗散特征

煤岩作为一种复杂的非均质地质材料，在失稳破坏过程中始终与外界发生物质和能量的交换，煤矿工程中的煤岩不仅承受着煤岩自重静载作用，还受到机械能、热能、辐射能等的影响，这些能量转移将发生热辐射、红外辐射、声发射等现象。因此，研究煤岩变形失稳破坏的系统并非一个孤立系统或封闭系统，而是开放系统，应利用非平衡热力学的研究方法[1,2]。

试样在试验机加载下，试验机和试样之间发生能量转移，试样内部损伤的微观能量发生转移，试样失稳破坏产生碎屑弹射的动能。煤岩脆性材料的变形失稳破坏是一个能量耗散的不可逆过程，外载荷对煤岩体所做的功一部分导致煤岩体应力-应变发生变化外，另一部分被消耗掉，导致煤岩内部损伤。煤岩在外载荷作用下，内部微裂纹孕育、扩展，随着应力的增加，裂纹逐渐增大、汇合，导致煤岩强度降低，经过应力场的不断调整，沿某方位形成宏观大裂纹，导致岩石整体破坏，煤岩破坏过程伴随多种能量转移。

所有煤岩类材料的变形破坏都是一个热力学过程，是物体和外界中的能量不断传递、转化的过程[3]。当煤岩从一种状态转化为另一种状态时，外界对煤岩做功，外来能量被煤岩吸收后又分流，一部分促使煤岩发生弹性变形，从而以释放弹性能的形式存在，另一部分促使岩石内部原生微裂隙缺陷进一步发育，并产生新的微裂纹，使得岩石的储能极限逐渐降低，易造成岩石整体破坏。

对于受载煤岩体系统，其能量转过程大致分为能量输入、能量积聚、能量耗散、能量释放4部分，如图6-1所示。能量输入主要包括机械能(外力对系统做功)和环境变化转移的热能(环境温度变化)，其中机械能较多，输入的能量一部分以弹性变形能的形式积聚在煤岩体内，是可逆的，卸荷时可释放出来，另一部分以塑性变形能、损伤能等形式耗散掉，是不可逆的，较少部分以摩擦热能等形式释放出去；当弹性变形能储存到一定极限，超过煤岩体系统所承受的极限值时，系统失稳破坏，向外界释放之前吸收的能量，释放的能量包括动能、摩擦热能、辐射能等。煤岩体变形至失稳破坏中的能量转化是一个动态的过程，表现为机械能、应变能、损伤能等的转化与相互平衡，对于煤岩系统的变形状态，均有特定的能量状态与其相对应。煤岩材料能量的转化由应变硬化和应变软化机制来实现，应变硬化机制是系统从外界输入的能量转化为煤岩体系统的应变能，应变软化机制将岩石系统内的应变能转化为损伤能、热能等其他能量，即将较高品质的能量转化成较低品质的能量[4,5]。

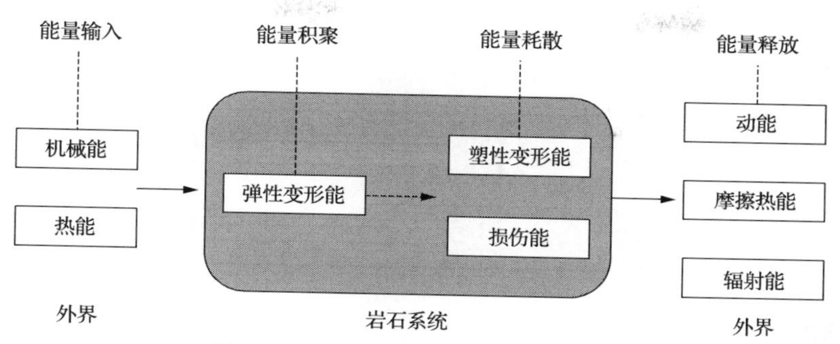

图 6-1　受载岩石系统的 4 个能量过程

能量驱动岩石的变形破坏主要有两种机制，如图 6-2 所示：其一是外界的能量输入使得岩石内部产生损伤、塑性变形等能量耗散行为，能量耗散使得岩石强度降低，从能量的角度来看，岩石储存弹性能的能力，即储能极限 E_c 降低；其二是岩石内积聚的弹性能的增加，使岩石整体破坏的能量源 E_e 增加。前者使岩石抵抗破坏的能力降低，后者使驱动岩石破坏的能力增强，两条曲线相交时，岩石便发生整体破坏。

图 6-3 为砂岩在不同变形受力阶段的能量演化，可将其能量转化过程大致分为能量积聚阶段、能量耗散阶段、能量释放阶段。能量耗散是煤岩脆性材料失稳破坏的外在表现，是不同形式能量之间相互转化的结果，发生不可逆的能量耗散[6]。因此，能量耗散反映了试样内部微缺陷不断演化和强度不断弱化的结果。

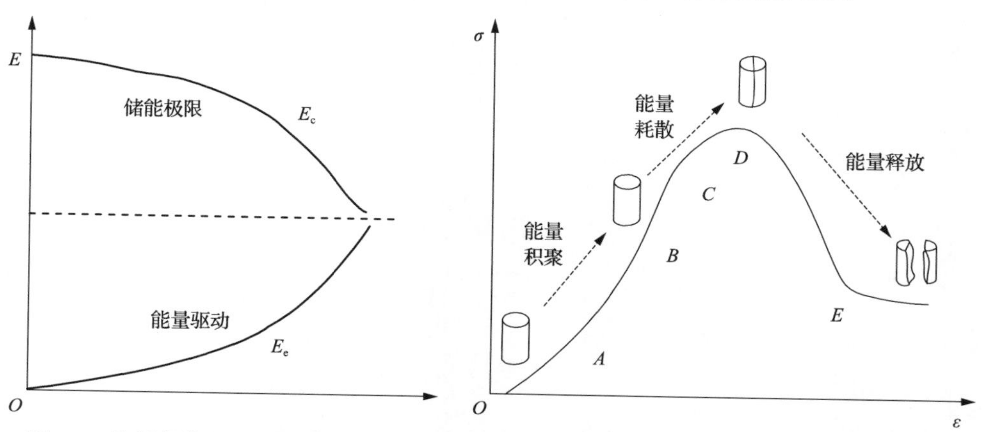

图 6-2　能量促使岩石破坏的两种机制　　图 6-3　岩石的应力-应变曲线与能量演化关系

谢和平等对岩石破坏的能量转移关系进行了大量研究[7-11]，通过能量分析对岩石变形破坏行为进行定量描述，其中，采用损伤演化方程可以从宏观上描述损伤变量，确定岩石静态或单轴动态压缩性能。而煤体作为特殊的多孔介质，关于含水煤样动态破坏和能量转化之间的关系的研究较少。

从能量守恒的角度出发，分析了不同含水状态煤样一维动静组合中动态压缩的能量耗散转化规律，进一步探讨了能量耗散对试样动态压缩过程力学性能的影响，并利用分形理论对一维动静组合加载下煤样的破碎块度进行分析研究，探索破碎块度与能量耗散之间的相互关系。

6.1 动静组合加载含水煤样的破坏模式分析

6.1.1 含水煤样动态破坏形态分析

1) 高速摄像试样破坏过程

选用 FASTCAM SA1.1 高速数字式摄像机对 SHPB 动态冲击过程进行摄像，高速相机全画幅在 1024×1024dpi 的分辨率下可以实现 5400fps① 的拍摄速度，最低分辨率时速度高达 675000fps。本试验选用的帧频率为 100000fps，像素为 192×192Px 分辨率，约每 10μs 拍摄 1 张照片。试样加载条件分别为预静载加载和动载加载，其中预静载为轴向加压 12MPa，动载通过 0.4MPa 的气压驱动子弹撞击入射杆施加。为改善拍摄效果，选用 PAALLTE 高强度无频闪光同轴光源，高速数字式摄像机系统如图 6-4 所示。对自然煤样和饱水 7d 煤样进行一维动静组合加载试验拍摄，分析煤样表面裂纹的扩展特征，探讨自然煤样和饱水 7d 煤样的动态破坏过程，分析煤样表面裂纹扩展和碎片弹射的动态特征。

图 6-4 FASTCAM SA1.1 高速数字式摄像机系统

① fps 表示每秒显示帧数（frames per second）。

为观测试样在冲击动力作用下的破坏过程，对自然状态、饱水 3d、饱水 7d 的具有代表性的试样进行高速摄像，监测试样表面裂隙扩展和破碎块度动态画面。选择具有代表性的图片表达试样动态破坏过程。图 6-5 为所拍摄的自然煤样（B2-1）的部分照片，依据高速相机的抓拍时机，保持高速相机和应力波加载同步进行，以试样首次受到冲击的时间为应力变化的起始点。运用同样的方法，选择部分有代表性的饱水 7d 煤样（D3-2）与自然煤样破碎过程进行对比，分析煤样的破碎块度和破碎延迟时间。

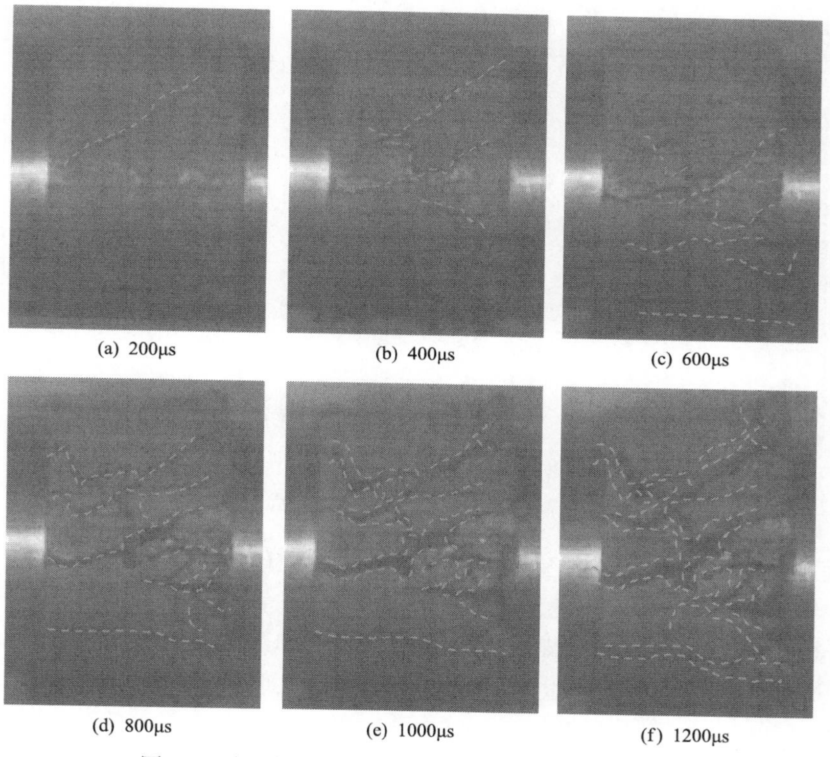

图 6-5　自然煤样（B2-1）动态破坏过程高速相机照片

图 6-6 为饱水 7d 煤样（D3-2）动态破坏过程高速相机照片。将自然煤样和饱水 7d 煤样进行对比分析，饱水 3d 煤样不再详细进行图片裂纹扩展介绍，但在分形统计中对 3 种饱水状态的煤样的颗粒、维数均有阐述。

自然煤样（B2-1）冲击过程中，第 200μs 时煤样出现单条裂纹；第 400μs、600μs 时裂纹明显增多，而且裂纹贯穿整个试样；第 800μs 时煤样裂纹数量进一步增多，裂纹之间的宽度逐渐增大，且伴随有小裂纹产生；第 1000μs、1200μs 时煤样裂纹之间的宽度逐渐增大，煤样整体性发生变化，失去承载能力，颗粒开始向外弹射。煤样裂隙从开始启动到完全破坏历时 1200μs，煤样破碎块度相对较大。

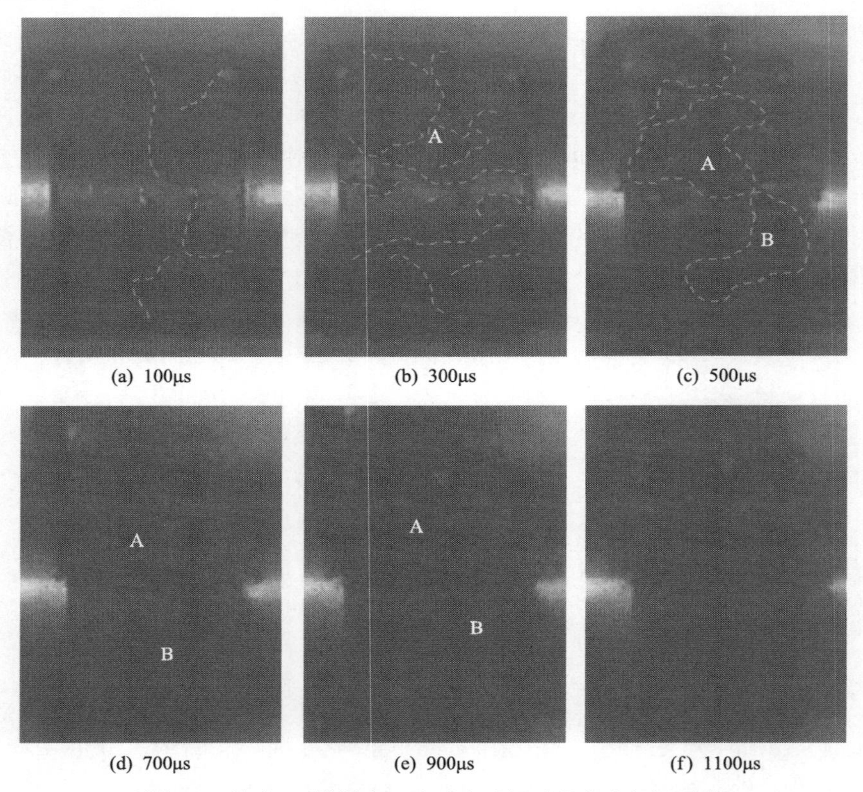

(a) 100μs　(b) 300μs　(c) 500μs

(d) 700μs　(e) 900μs　(f) 1100μs

图 6-6　饱水 7d 煤样(D3-2)动态破坏过程高速相机照片

饱水 7d 煤样(D3-2)冲击过程中,第 100μs 时煤样明显出现多条裂纹;第 300μs 时煤样出现大量裂纹，且大量裂纹贯通，但煤样保持完整状态；第 500μs 时煤样出现较多裂纹,且裂纹之间相互沟通,煤样 A 区和 B 区裂纹之间的宽度逐渐增大,试样发生严重变形；第 700μs 时煤样 *A* 区和 *B* 区均产生较宽的裂隙，大量煤样颗粒向四周弹射，煤样完整性被破坏；第 900μs、1100μs 时大量煤样颗粒向外弹射，颗粒较小。

对比自然煤样和饱水 7d 煤样的动态破坏过程,自然煤样动态破坏持续时间较长，且煤样破坏的颗粒较大，煤样完整性持续时间较长，而饱水 7d 煤样动态破坏持续时间较短，且破碎的颗粒较小。其原因是煤样中含有大量的孔隙，自然煤样孔隙中含有空气，而饱水 7d 煤样的孔隙中含有较多水分。

对测试的自然煤样和饱水 7d 煤样的破坏过程进行统计分析，采用自然煤样(B2-1)和饱水 7d 煤样(D3-2)作为代表分析试样破坏特征。饱水 7d 煤样含水率增加，孔隙和裂隙均含有水，预加静载时煤样处于弹性状态，孔隙及裂隙均被压缩，此时裂隙受到孔隙水压力作用。

动载作用时应力波作用到煤样裂隙及裂隙水，孔隙压缩不变形，相当于孔隙水压力给煤裂隙壁作用力，饱水 7d 煤样破坏时间变短。同时，饱水对裂隙黏结具有弱化作用，裂隙黏结力减小，在应力波作用下容易开裂，所以煤样颗粒破碎较细小。

2) 自然煤样和饱水 7d 煤样破坏颗粒统计分析

图 6-7～图 6-12 为自然煤样和饱水 7d 煤样的破坏特征。对破碎后的煤样颗粒的质量进行统计，颗粒分级分别为：颗粒长度小于 30mm，颗粒长度小于 10mm，颗粒长度小于 5.0mm。并对颗粒长度进行筛分，统计煤样各个分级的质量，计算其质量百分比(%)。

(1) 自然煤样和饱水 7d 煤样静载单轴压缩试验中，自然煤样破碎后煤样的整体性较为明显，长度小于 30mm 颗粒质量占总质量的范围是 26%～33%；饱水 7d 煤样破碎后整体性较差，长度小于 30mm 颗粒质量占总质量的范围是 39%～74%。

(2) 自然煤样和饱水 7d 煤样在一维动静组合加载中，自然煤样的破碎颗粒平均尺寸大于饱水 7d 煤样，自然煤样破碎后长度小于 30mm 颗粒质量占总质量的范围是 69.6%～82.5%，饱水 7d 煤样破碎后长度小于 30mm 颗粒质量占总质量的范围是 83.8%～94.1%。

(3) 三轴静载和三维动静组合加载时，自然煤样和饱水 7d 煤样破碎块度较大，有些煤样仍然保持加载前的形状，破坏后的颗粒区别较小。因煤样受围压约束作用，在三维条件下饱水对破坏后的颗粒分析影响较小。

(a) A1　(b) A2　(c) A3

图 6-7　单轴压缩条件下自然煤样破坏形式

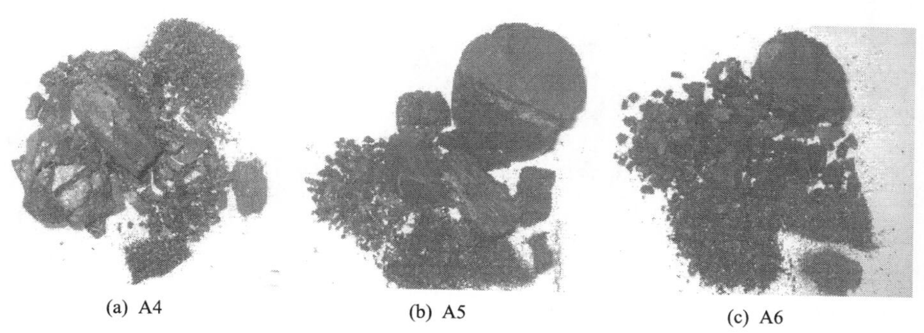

(a) A4　(b) A5　(c) A6

图 6-8　单轴压缩条件下饱水 7d 煤样破坏形式

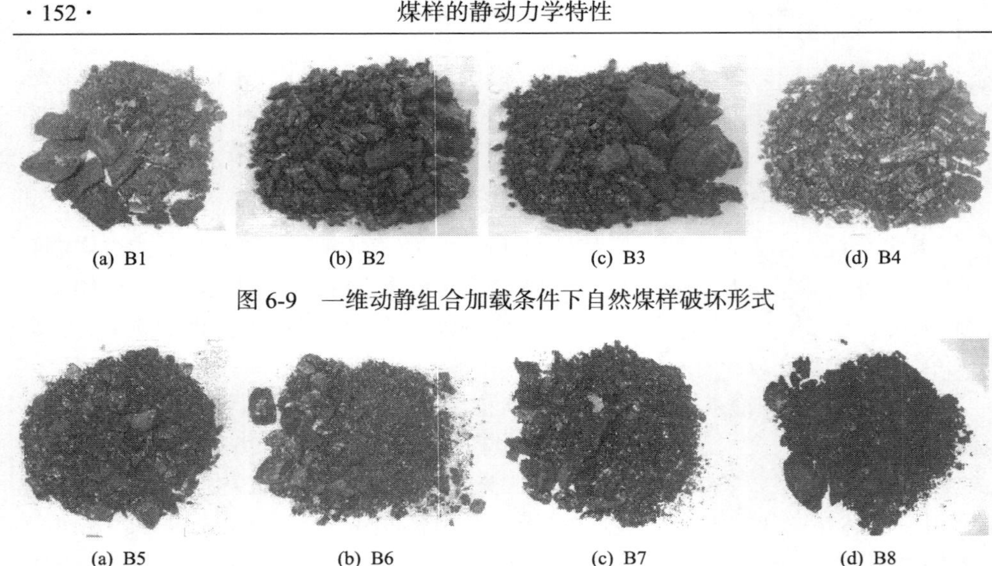

(a) B1　(b) B2　(c) B3　(d) B4

图 6-9　一维动静组合加载条件下自然煤样破坏形式

(a) B5　(b) B6　(c) B7　(d) B8

图 6-10　一维动静组合加载条件下饱水 7d 煤样破坏形式

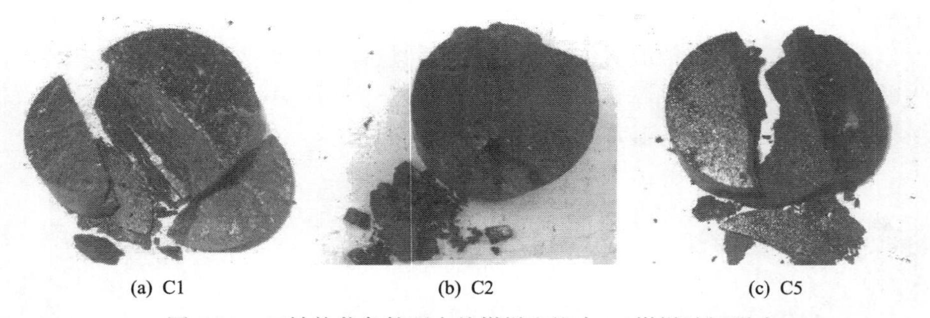

(a) C1　(b) C2　(c) C5

图 6-11　三轴静载条件下自然煤样和饱水 7d 煤样破坏形式

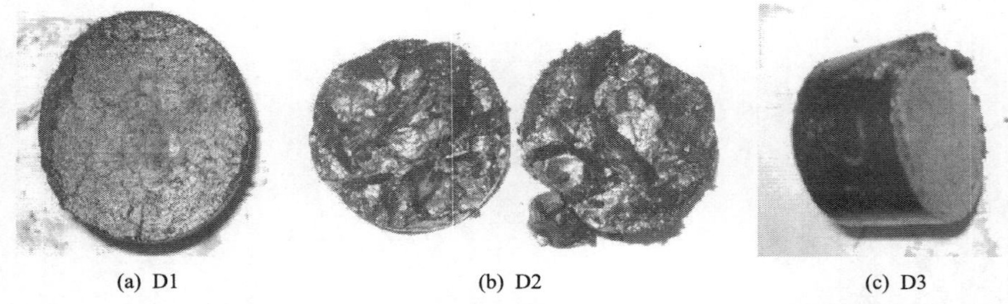

(a) D1　(b) D2　(c) D3

图 6-12　三维动静组合加载条件下自然煤样和饱水 7d 煤样破坏形式

煤样和砂岩的冲击试验破坏形态[12]有较大的差别，砂岩出现典型条状剥落碎片形态，碎片的长度较大，为 20～30mm，条状剥落碎片两边呈斜面，呈现不同的断裂方式：一端呈现表面较为平整，表面有岩粉分布，局部有擦痕出现，以张剪性破坏为主；另一端呈现较为明显的层状台阶破坏，台阶棱较为明显，表面无明显岩粉分布，以张性破坏为主。对冲击作用下典型煤样的破坏砂岩碎片进行整理，重新组合摆放，如图 6-13 所示。因煤样为多孔、多裂隙介质，受冲击后煤样破碎颗粒较小，未能呈现砂岩的“X”形共轭破坏特征。

(a) 煤样破坏实物图

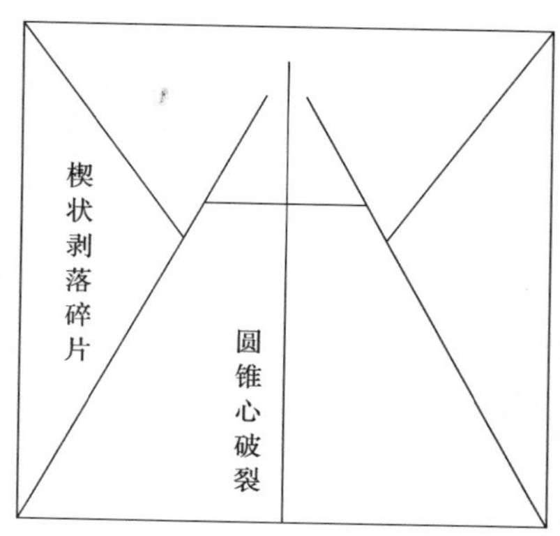

(b) 煤样破坏断裂分布示意图

图 6-13　砂岩煤样扰动破坏形态

6.1.2　岩石分形理论应用

分形几何是由 Mandelbrot 创建并发展起来的，其原意是不规则、支离破碎的意思，以某种方式与整体相似的形体称为分形；随后建立了分形几何学，以不规则几何形态为研究对象，逐渐形成分形理论[13,14]。而维数是几何对象的重要特征量，也是某点位置所需的独立坐标数目。分形维数是分形几何的主要概念，最早是由 Hausdorff 提出。分形几何主要研究一些具有自相似性、自反演性的不规则图形及具有自平方性的分形变换和自仿射分形集等。传统的几何学无法对不规则图形进行研究，因此目前多数研究者进行自相似性的分形几何研究。

直线是一维的，平面图形是二维的，空间图形是三维的，从一维到三维的图形测量都是以长度为基础的，它们的几何量(长度、面积、体积)分别与长度的一次方、二次方、三次方成正比。分形理论认为维数不一定是整数，也可以是分数，如图 6-14 和图 6-15 所示[15]。

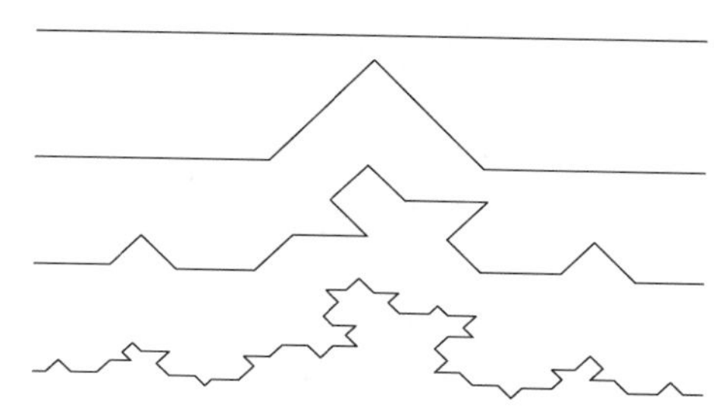

图 6-14　三次科赫(Koch)曲线

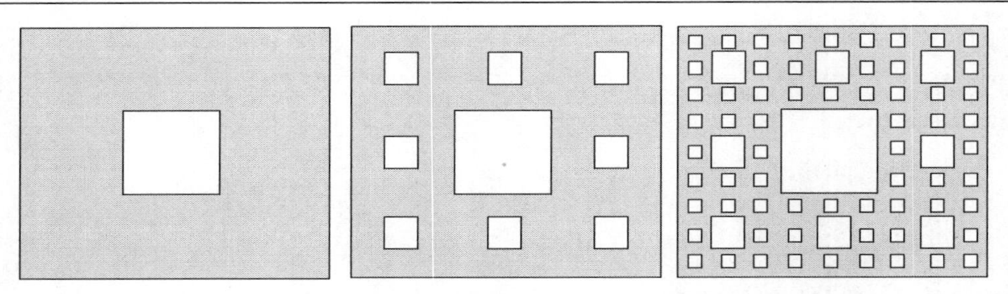

图 6-15 谢尔平斯基(Sierpinski)地毯

自然界中的分形，其自相似性并非严格的自相似性，而是统计意义下的自相似性。自相似性就是需满足标度不变性，即没有长度特征，在分形的局部区域内，随着放大后可以推断其原来形态特征，适当地放大或缩小几何尺寸，它的不规则性、整体形态、复杂程度特征等均不会发生变化。自相似性分形认为维数是连续变化的，且仅只在一定特征尺寸内具有自相似。

近些年分形理论在岩石力学领域的应用取得了较大的进展，谢和平等[16]运用分形理论对岩石的断裂、破碎加载关系等进行了研究，认为岩石内部微裂纹的发育、扩展、贯通，到最终出现宏观破碎，均具有分形特征，表现为较好的统计意下的自相似性。认为岩石断裂表面是分形，断裂表面粗糙度分形维数反映岩石断裂的形式(沿晶断裂、穿晶断裂及复合断裂)及断裂的临界能耗，并得到以下关系：

$$G_{\text{crit}} = 2\gamma_{\text{s}} l^{1-d} \tag{6-1}$$

式中，G_{crit} 为岩石的临界扩展力；γ_{s} 为单位宏观量度面积的表面能；l 为晶体尺寸；d 为断裂表面粗糙度分形维数。

另外，还开展了分形维数在岩石损伤分析中的应用研究，岩石断口的不规则性也反映了岩石在损伤断裂过程中的能量耗散，断口表面的分形维数与岩石在损伤断裂中的能量耗散之间有如下关系：

$$d = K_1 - K_2\gamma_{\text{f}} \tag{6-2}$$

式中，K_1、K_2 为岩石常数，与岩石结构、应力方式有关；γ_{f} 为岩石断裂时的损伤能量耗散率。通过断口分析，可得到岩石经历的断裂过程及耗散的能量。

李功伯等[17]分析岩石破裂过程时采用分形研究，岩石的破碎过程可看成一个大的四面椎体破碎的 4 个角被分割出来，形成 4 个小四面体和一个较难破碎的核，小四面体再次破碎变成更小的四面体和核，依次进行下去，以至无穷，如图 6-16 所示。不同层次碎块之间符合自相似条件，可认为岩石破碎过程是一个分形的生产过程，研究得出岩石破碎块度的分布规律：

$$y_n = \left(\frac{x_n}{k}\right)^{3-d} \tag{6-3}$$

式中，x_n 为粒级大小(或筛孔尺寸)；y_n 为相对于 x_n 的碎粒及筛下体积比例关系；k 为待定常数。

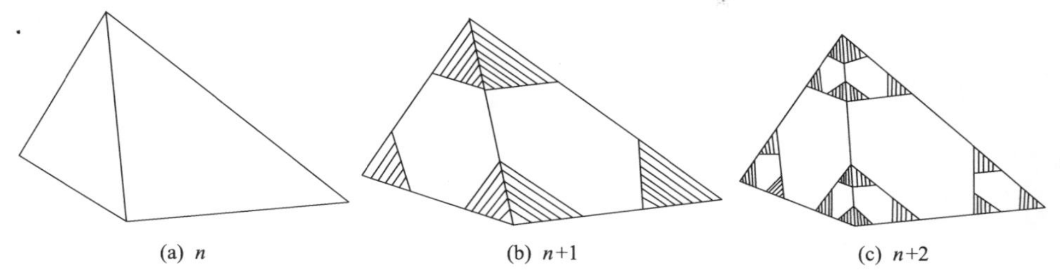

图 6-16　岩石破碎过程的分形模型

6.1.3　煤样动态破坏与分形统计

岩石破碎块度分布直接反映煤岩的破坏特征，间接反映煤样在动载作用下的破碎效果。根据国家标准《建设用卵石、碎石》(GB/T 14685—2011)和《建设用砂》(GB/T 14684—2011)的要求，利用圆孔筛对煤样碎块进行筛分，筛分设备采用多级筛，如图 6-17 所示，选用筛孔尺寸分别为 20mm、5mm、3.5mm、1mm、0.2mm 共计 5 个等级的筛孔，对每个等级筛分质量进行称量。

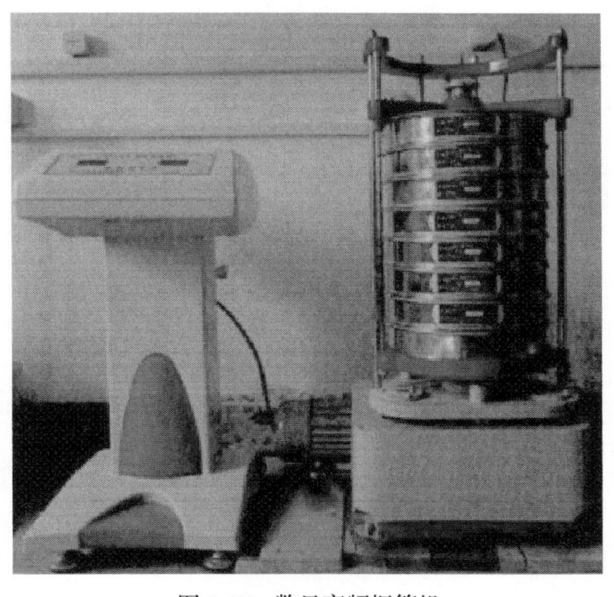

图 6-17　数显高频振筛机

统计自然状态、饱水 3d、饱水 7d 三种状态下的煤样一维动静组合冲击试验煤样筛分累计质量，并按照式(6-4)和式(6-5)计算分形维数。含水煤样动载作用下筛分统计见表 6-1。

表 6-1　含水煤样动载作用下筛分统计表

煤样序号	饱水状态	直径/mm	长度/mm	能耗密度/(J/cm³)	冲击破碎粒径分类					平均块度/mm	分形维数
					20mm	5mm	3.5mm	1mm	0.2mm		
1	自然状态	4.95	3.06	0.49	68.7	4.3	2.8	2.8	0.1	17.09	1.67
2		4.98	3.09	0.57	62.6	6.3	7.8	3.1	0.2	16.42	1.79
3		4.98	3.04	0.62	70.3	5.4	6.9	4.5	0.2	15.84	1.80
4		4.96	3.11	0.63	60.1	4.8	7.6	5.4	0.2	16.11	1.79
1	饱水 3d	4.99	3.04	0.25	57.5	9.4	8.4	6.5	0.2	14.56	1.87
2		4.96	2.87	0.40	54.4	10.8	10.2	6.2	0.4	14.04	1.96
3		4.96	2.97	0.37	49.1	9.1	9.3	8.2	0.3	14.06	1.94
4		4.98	3.08	0.20	55.1	9.6	9.6	5.5	0.2	15.04	1.82
5		4.96	3.1	0.33	57.3	7.5	7.5	6.4	0.3	14.29	1.92
6		4.95	3.04	0.30	53.6	8.6	8.7	7.8	0.3	14.59	1.93
1	饱水 7d	4.96	3.1	0.34	53.7	9.6	8.5	5.1	1.2	12.50	2.18
2		4.96	3.04	0.21	47.1	15.3	8.6	8.3	0.7	13.18	2.14
3		4.96	2.98	0.42	44.6	12.9	13	12.4	1.1	12.08	2.24
4		5.00	3.06	0.42	50.93	8.8	8.6	6.9	1.2	11.85	2.25
5		4.99	3	0.39	53.9	9.8	6.4	4.7	1.2	12.01	2.21
6		4.95	3.14	0.30	47.3	16.2	8.9	8.2	0.8	13.54	2.16

对煤样破坏碎片分形维数的计算采用质量等效边长分形维数计算公式[18]：

$$D = 3 - \alpha \tag{6-4}$$

$$\alpha = \frac{\lg(m_r / m)}{\lg r} \tag{6-5}$$

式中，m_r 为粒径小于 r 的碎片质量；m 为试样碎块的总质量。

从煤岩破碎块度方面分析能量传递性质与破坏方式的关联性。煤岩的宏观破碎是其内部微裂隙不断发育、扩展和贯通造成的，从微观损伤发展至宏观破碎，其具有统计自相似性，其碎块尺寸-数量服从幂律分布，有

$$n_r = n_{r0}\left(R/r_{\max}\right)^{-D} \tag{6-6}$$

式中，$r_{\max}$ 为试样碎块的最大尺寸；R 为试样碎块特征尺寸；D 为试样碎块尺

寸-数量分布的分形维数；n_{r0} 为具有最大尺寸的碎块数量；n_r 为试样某尺寸的碎块数量。

岩石试样破碎质量-数量分布可表示为[19]

$$n_m = n_{m0}\left(m/m_{\max}\right)^{-b} \tag{6-7}$$

式中，n_{m0} 为试样破碎具有最大碎块的数量；$m_{\max}$ 为试样碎块的最大质量；b 为试样碎块质量-数量分布的分形维数；n_m 为试样碎块质量大于或等于 m 的碎块数量；m 为试样碎块的总质量。

与式(6-5)比较，并考虑到 $m \propto r^3$，有

$$D = 3b \tag{6-8}$$

根据式(6-7)可知脆性材料在各种破坏方式下试样碎块的块度分形维数在 1.44～3.54，由此可知不同块度分形维数下试样碎块尺寸-数量分布情况，假设 $n_{r0}=2$，$r_{\max}=10\text{mm}$，D 分别取 1.5、2.0、2.5、3.0、3.5 五种情形，由图 6-18 可知，岩石试样碎块块度分形维数越大，试样碎块数量-尺寸分布曲线越陡峭，表明岩石试样小尺寸碎块越多。

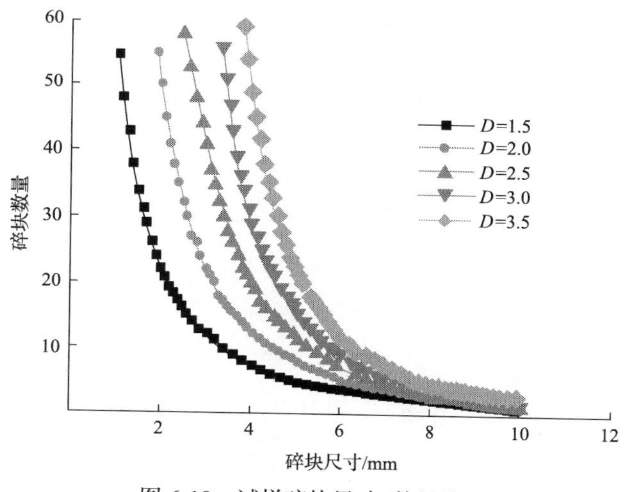

图 6-18　试样碎块尺寸-数量关系

6.2　一维动静组合加载含水煤样能量耗散特征

6.2.1　动静组合加载能量构成及耗散

1) SHPB 试验能量耗散组成

SHPB 试验中利用能量守恒定律，得到下列冲击过程中系统各能量计算表

达式[20]：

$$E_{\mathrm{I}} = \frac{A_{\mathrm{e}}}{\rho_{\mathrm{e}} C_{\mathrm{e}}} \int_0^{\mathrm{t}} \sigma_{\mathrm{I}}^2(t)\mathrm{d}t \tag{6-9}$$

$$E_{\mathrm{R}} = \frac{A_{\mathrm{e}}}{\rho_{\mathrm{e}} C_{\mathrm{e}}} \int_0^{\mathrm{t}} \sigma_{\mathrm{R}}^2(t)\mathrm{d}t \tag{6-10}$$

$$E_{\mathrm{T}} = \frac{A_{\mathrm{e}}}{\rho_{\mathrm{e}} C_{\mathrm{e}}} \int_0^{\mathrm{t}} \sigma_{\mathrm{T}}^2(t)\mathrm{d}t \tag{6-11}$$

$$E_{\mathrm{S}} = E_{\mathrm{I}} - E_{\mathrm{R}} - E_{\mathrm{T}} \tag{6-12}$$

式中，A_{e} 为压杆截面积；ρ_{e} 为试样密度；C_{e} 为应力脉冲在入射杆中的波速；$\sigma_{\mathrm{I}}(t)$、$\sigma_{\mathrm{T}}(t)$、$\sigma_{\mathrm{R}}(t)$ 分别为入射波、透射波、反射波的应力；E_{I}、E_{R}、E_{T}、E_{S} 分别为试验过程中入射能、反射能、透射能、吸收能。

试样能量耗散主要由 3 部分组成：①岩石吸能 E_{FD}，主要使煤岩试样产生新的断裂表面和裂纹扩展，以及在碎块中产生微细裂纹；②碎块弹射动能 E_{K}，主要指在冲击试验中试验碎片蹦出所表现的动能；③其他形式能量 E_{O}，主要指其他如热能、辐射能等耗散的能量。

因为试样耗散的能量 E_{O} 很小，所以计算过程可忽略，冲击试验过程中岩石试样吸收能 E_{S} 可表示为

$$E_{\mathrm{S}} = E_{\mathrm{FD}} + E_{\mathrm{K}} \tag{6-13}$$

在 SHPB 试验中，中、高应变率加载试样碎片的弹射速度的测定非常困难，故 E_{K} 的确定存在难度。Zhang 等[21]利用高速摄像机对冲击试验中岩石碎块的速度进行了测定，并计算了相关碎块的动能，其结果见表 6-2。

表 6-2　SHPB 试验中各部分能量的分配　　（单位：J）

试样编号	E_{B}	E_{L}	E_{R}	E_{T}	E_{S}	E_{K}	E_{FD}
214	13.22	12.50	10.67	0.019	1.811	0.064	1.747
215	14.03	13.30	11.76	0.020	1.520	0.069	1.451
213	19.88	18.75	16.52	0.024	2.206	0.108	2.098
227	31.05	27.66	25.36	0.039	2.261	0.155	2.106
M223	13.09	12.44	10.88	0.010	1.550	0.070	1.480
M222	16.12	15.22	13.28	0.009	1.931	0.068	1.863
M221	16.64	15.66	13.67	0.010	1.980	0.124	1.856

注：E_{B} 为撞杆动能或输入加载系统的能量；E_{L} 为试样吸收的能量。

综上可知，岩石试样碎块弹射动能 E_K 随岩石吸能 E_{FD} 的增加而增大，但是，其所占比例较小，平均约为 5.05%。试样岩石吸能 E_{FD} 与岩石试样吸收的能量 E_S 的关系如图 6-19 所示，二者具有良好的线性关系。且岩石吸能占主要部分，平均约为 94.95%。基于上述分析，在冲击试验过程中，确定煤岩试样碎块弹射速度具有较大难度，所以在试验研究中，试样的岩石吸能 E_{FD} 将直接用试样吸收的能量 E_S 来近似代替，或者表示为 $E_{FD}=K\cdot E_S$（K 为比例系数），对试验结果影响较小。

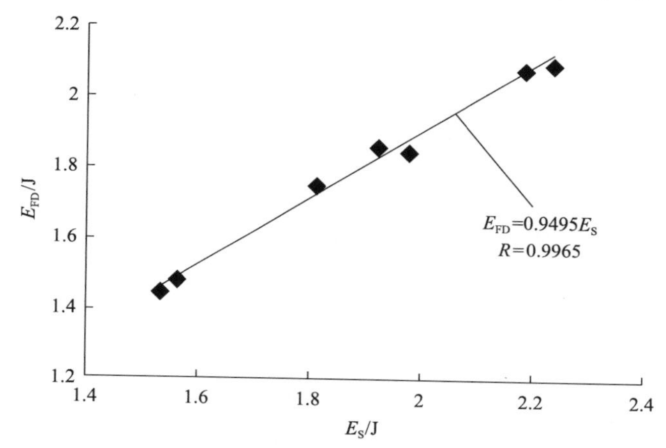

图 6-19　岩石吸能 E_{FD} 与岩石试样吸收的能量 E_S 间的关系

2）动静组合加载试样能量耗散理论

在动静组合加载 SHPB 试验系统中式(6-9)～式(6-12)局部发生变化。静载试验中无围压，整个试验过程仅轴向应力参与做功，施加试样的轴向变形能密度 w_S 为

$$w_S=\int\sigma_1\mathrm{d}\varepsilon_1=\int_0^{\varepsilon}\sigma(t)\mathrm{d}\varepsilon(t) \tag{6-14}$$

式中，σ_1 为试样中某一点所受轴向静载应力；$\mathrm{d}\varepsilon_1$ 为试样某一点在轴向静载作用下的变形；$\sigma(t)$ 为应力随时间变化的函数；$\varepsilon(t)$ 为应变随时间变化的函数。试样的应变能为 $E_{静S}=V_S w_S$（V_S 为岩样体积），轴向预静载下试样的应变能 E_S 认为是应力-应变曲线与应变轴形成的封闭区域的面积，经计算，12MPa 预静载附加到自然煤样、饱水 3d 煤样、饱水 7d 煤样的平均应变能分别为 14.49J、11.89J、7.15J。

冲击试验中，试样发生破坏，碎块飞出，该部分碎块损耗能量，试样碎块动能 E_d 可表示为

$$E_d=\eta U_e V_S \tag{6-15}$$

式中，η 为弹性应变能转化为动能的比例系数；U_e 为单位体积的弹性应变能。

在动静载组合加载试验中，试样吸收的能量应是静载能量与冲击过程中的能量之和。因此，动静组合加载试验中的试样入射能要考虑静载提供的能量。

入射能总量为

$$E_{\text{in-total}} = E_{\text{S}} + E_{\text{I}} = V_{\text{S}} w_{\text{S}} + E_{\text{I}} \tag{6-16}$$

无用耗散或对外做功的总能量为

$$E_{\text{out-total}} = E_{\text{R}} + E_{\text{T}} + E_{\text{d}} \tag{6-17}$$

假设试验系统是一个与外界没有热传递的封闭系统，一维动静组合加载下试样破坏时，试样吸收的能量为

$$\begin{aligned} E_{\text{S}} &= E_{\text{in-total}} - E_{\text{out-total}} = V_{\text{S}} w_{\text{S}} + E_{\text{I}} - E_{\text{R}} - E_{\text{T}} - E_{\text{d}} \\ &= V_{\text{S}} \int_0^{\varepsilon} \sigma_1 \mathrm{d}\varepsilon(t) + \frac{A_{\text{e}}}{\rho_{\text{e}} C_{\text{e}}} \int_0^t \sigma_{\text{I}}^2(t) \mathrm{d}t - \frac{A_{\text{e}}}{\rho_{\text{e}} C_{\text{e}}} \int_0^t \sigma_{\text{R}}^2(t) \mathrm{d}t - \frac{A_{\text{e}}}{\rho_{\text{e}} C_{\text{e}}} \int_0^t \sigma_{\text{T}}^2(t) \mathrm{d}t - \eta U_{\text{e}} V_{\text{S}} \end{aligned} \tag{6-18}$$

试样的能耗密度为 $\kappa = E_{\text{S}}/V_{\text{S}}$，为反映试样在动静组合冲击过程各能量占入射能总和的权重，利用耗散能率(耗散率)、反射能率(反射率)和透射能率(透射率)来反映波及试样的能量传递特征。

从式(6-18)中可以看出，试样吸收的能量不仅与冲击载荷相关，还与预加轴向静载有关，当静载不变时，试样吸收的能量 E_{S} 随冲击载荷的增大而增大，但要考虑预加静载处于煤样单轴抗压强度的阶段，因为预加静载可以使煤样集聚大量的弹性能。当冲击载荷的强度较大时，试样吸收能量；当冲击能较小时，试样表现出释放能量的特征，即吸收能为负值，宫凤强等[22]对此进行了阐述。

6.2.2　含水煤样的能耗密度与入射能关系

在改进 SHPB 系统中给冲头提供动能，冲击系统的入射杆为入射杆附加了入射能，然后入射能传递到试样，不同含水状态试样对入射能的响应直接影响试样的能量吸收、耗散、传递。表 6-3 给出动静组合加载不同饱水煤样物理力学参数。

表 6-3　动静组合加载不同饱水煤样物理力学参数

煤样	饱水状态	静预载/MPa	直径/mm	长度/mm	密度/(g/cm³)	应变率/s⁻¹	入射能/J	耗散能/J	能耗密度/(J/cm³)	峰值强度/MPa	平均块度/mm	分形维数
A1	自然状态	12	4.95	3.06	1.34	107	80.07	29.12	0.49	46.93	17.09	1.67
A2			4.98	3.09	1.33	131	103.67	34.05	0.57	46.50	16.42	1.79
A3			4.98	3.04	1.48	117	111.62	36.83	0.62	43.47	15.84	1.80
A4			4.96	3.11	1.30	111	110.00	38.13	0.63	49.96	16.11	1.79

续表

煤样	饱水状态	静预载/MPa	直径/mm	长度/mm	密度/(g/cm³)	应变率/s⁻¹	入射能/J	耗散能/J	能耗密度/(J/cm³)	峰值强度/MPa	平均块度/mm	分形维数
B1	饱水 3d	12	4.99	3.04	1.35	124	55.3	14.57	0.25	34.27	14.56	1.87
B2			4.96	2.87	1.37	106	88.08	23.68	0.40	35.77	14.04	1.96
B3			4.96	2.97	1.33	97	80.96	21.50	0.37	30.46	14.06	1.94
B4			4.98	3.08	1.37	87	44.22	11.87	0.20	27.31	15.04	1.82
B5			4.96	3.1	1.32	118	64.69	19.90	0.33	33.89	14.29	1.92
B6			4.95	3.04	1.35	119	61.58	17.42	0.30	24.62	14.59	1.93
C1	饱水 7d	12	4.96	3.1	1.35	156	83.08	20.56	0.34	13.50	12.50	2.18
C2			4.96	3.04	1.35	115	61.48	12.01	0.21	17.73	13.18	2.14
C3			4.96	2.98	1.41	128	98.36	24.00	0.42	40.63	12.08	2.24
C4			5	3.06	1.33	113	108.47	24.97	0.42	43.47	11.85	2.25
C5			4.99	3	1.36	97	80.48	22.80	0.39	31.50	12.01	2.21
C6			4.95	3.14	1.34	128	76.6	18.06	0.30	23.88	13.54	2.16

自然煤样能耗密度为 0.49～0.63J/cm³；饱水 3d 煤样能耗密度为 0.20～0.40J/cm³；饱水 7d 煤样能耗密度为 0.21～0.42J/cm³。不同饱水状态煤样入射能与能耗密度关系如图 6-20 所示，自然煤样、饱水 3d 煤样、饱水 7d 煤样的入射能与能耗密度增幅均呈正相关，二者具有良好的线性关系。

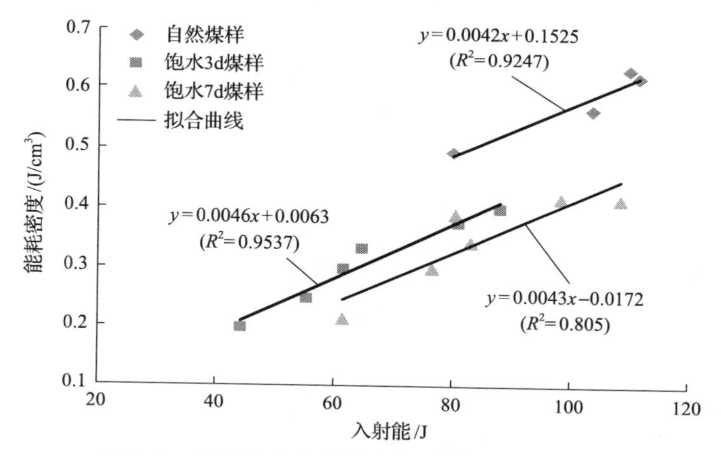

图 6-20 不同饱水状态煤样入射能与能耗密度关系

相同入射能条件下，自然煤样的能耗密度大于饱水 3d 煤样的能耗密度，饱水 3d 煤样的能耗密度大于饱水 7d 煤样的能耗密度。与自然煤样相比，饱水煤样的能耗密度明显偏低，水作用下煤样能耗密度变化特征显著；同时，饱水 3d 煤样和饱水 7d 煤样的能耗密度回归线较近，因煤具有较好的渗透浸水性，饱水 3d 以后煤样的能耗密度特征相差不明显。

6.2.3　含水煤样各能量传递效率分析

耗散能、反射能、透射能与入射能的比值为对应的各能量比率，能量比率能够反映动态冲击下煤样对波的响应特征。根据能量守恒定律，计算得出不同饱水状态的耗散能、反射能、透射能与入射能的比值。煤样耗散率、反射率、透射率与饱水状态的关系如图 6-21 所示，不同饱水状态的平均透射率范围为 0.03～0.08，平均耗散率范围为 0.23～0.34，平均反射率范围为 0.58～0.73，从能量特征分析，入射能的主要能量以反射的形式消耗掉。保持静载不变，在不同饱水状态下进行冲击试验，可知耗散率与透射率随着饱水时间的增加均呈逐渐降低的趋势，而反射率随饱水时间的增加而增加。总体上，试样在动静组合加载过程中反射率高于透射率、耗散率。

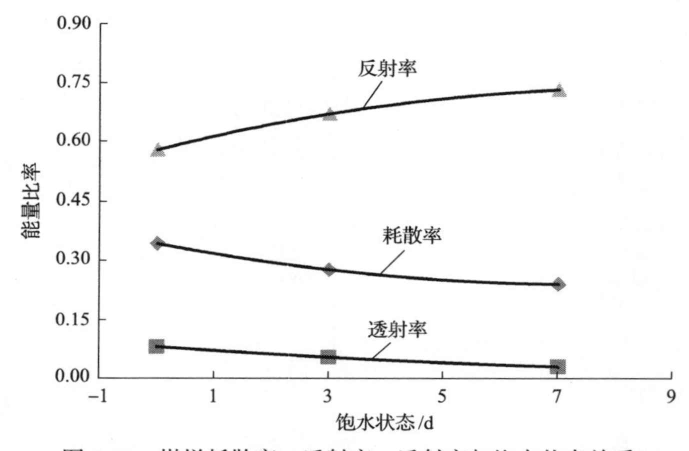

图 6-21　煤样耗散率、反射率、透射率与饱水状态关系

一维动静组合加载不同饱水状态的能量吸收差异明显，随煤样饱水时间的增加，煤样单位体积能量吸收逐渐减小，煤样破坏需要的能量变小，煤样动载强度降低，表明饱水对煤样强度有弱化效应。自然煤样到饱水 3d 煤样平均各能耗率变化梯度较大，饱水 3d 煤样到饱水 7d 煤样各平均能耗率变化梯度较小，表明煤样的渗透性较强，饱水 3d 以后煤样的裂隙吸水趋于饱和，后期煤样饱水对耗散能变化影响较小。

6.2.4　含水煤样动态强度与耗散率关系分析

根据一维动静组合加载试验测试结果可知，自然煤样、饱水 3d 煤样、饱水 7d 煤样动态抗压强度平均值分别为 46.72MPa、30.05MPa、28.45MPa，不同含水状态煤样动态抗压强度有较大差别，随饱水时间的增加动态抗压强度逐渐降低，如图 6-22 所示。饱水 7d 煤样其中 2 个煤样的动态抗压强度比较特殊，在此不做分析。

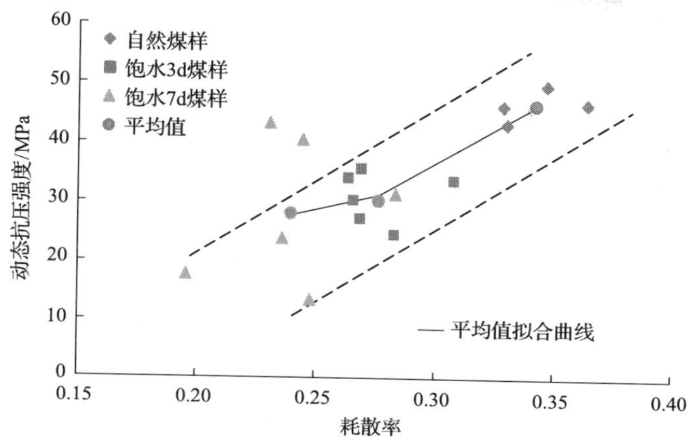

图 6-22　不同饱水煤样耗散率与动态抗压强度关系

自然煤样耗散率为 0.33～0.36，平均值为 0.34；饱水 3d 煤样耗散率为 0.26～0.31，平均值为 0.28；饱水 7d 煤样耗散率为 0.20～0.28，平均值为 0.24。自然煤样到饱水 3d 煤样的耗散率降低 17.65%，饱水 3d 煤样到饱水 7d 煤样耗散率降低 14.29%，耗散率降低趋势较为明显。煤样自身的物理性质决定了耗散率的大小，随着煤样动态抗压强度的增加耗散率逐渐增加，饱水 7d 至饱水 3d 的增加梯度较小，饱水 3d 至自然状态下的增加梯度较大。

能量耗散与岩石强度及损伤有直接关系，反映了试样的强度变化趋势。根据热力学定律，能量转化是物质物理变化过程，是煤岩试样破坏时能量驱动下的一种状态失稳。动静组合加载下，煤样的能量耗散主要体现在其内部微裂纹的闭合，扩展和裂隙的串接、沟通、错动等，最终导致煤样的黏聚力丧失，宏观表现为煤样的破坏及动态强度的大小。

平琦[23]利用 SHPB 系统进行了砂岩冲击作用下能量耗散与动态抗拉强度的关系研究，图 6-23 为砂岩试样动态抗拉强度和试样吸收能的关系，砂岩试样动态抗拉强度随试样吸收能的增加近似呈对数关系增强，其关系如式(6-19)所示：

$$\sigma_{dt} = 5.280 \ln E_S + 1.768 \left(R^2 = 0.8678\right) \tag{6-19}$$

式中，σ_{dt} 为动态抗拉强度；E_S 为岩石试样吸收能。

随着砂岩试样吸收能不断增加，试样中能量传递速度加快，而试样内原有微裂纹未能及时起裂或贯通，试样变形滞后，且滞后现象随试样吸收能不断增加会越来越明显，试样动态抗拉强度出现强化效应。

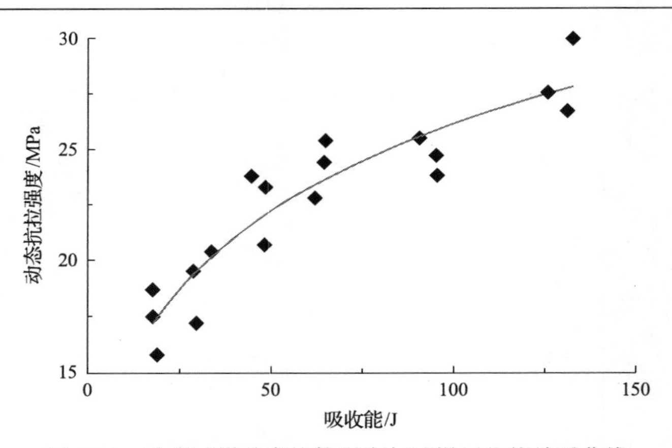

图 6-23　砂岩试样动态抗拉强度与试样吸收能关系曲线

6.3　煤岩变形破坏的能量转化作用

从能量的角度分析，煤岩的应力应变状态都对应着一种相应的能量状态，煤岩体内能量状态的演化，促使煤岩体发生不同的变形破坏状态。试验进一步证明，煤岩试样在不同的加载路径、速率、一维或三维应力状态下表现出的破坏特征并不相同，加载速率和路径不同决定了外界向煤岩体输入的路径不同，决定着煤岩体内部能量的分配方式和转化。因为煤岩碎块形成前必然会产生宏观破裂面，而宏观破裂面又是由小裂纹扩展贯通形成，小裂纹是由更小的微裂纹发育形成，所以，在碎块形成过程中，能量耗散起到重要作用，尤其是表面能形式的耗散，煤岩试样的耗散能与破坏后的尺寸-数量分布有着密切的联系。

根据对一维动静组合加载煤样破坏的筛分结果，对不同含水状态煤样粒度进行统计，并对粒径进行统计分析。图 6-24 为不同饱水状态煤样平均块度与能耗密度关系，平均块度计算方法参考刘晓辉等[32]的研究。可以看出：不同饱水状态煤样的能耗密度与平均块度的关系差异明显，自然煤样平均块度为 15.84～17.09mm，平均值为 16.37mm；饱水 3d 煤样平均块度为 14.29～15.04mm，平均值为 14.43mm；饱水 7d 煤样平均块度为 11.85～13.54mm，平均值为 12.53mm；饱水 7d 煤样平均块度与饱水 3d 煤样相比降低 13.17%，自然煤样平均块度大于饱水 3d 煤样和饱水 7d 煤样。煤样的能耗密度与平均块度呈负相关，二者具有良好的线性关系。饱水 3d 煤样和饱水 7d 煤样与自然煤样相比，饱水煤样能耗密度与平均块度拟合曲线相比明显偏低。

图 6-25 为不同饱水状态煤样分形维数与能耗密度关系，自然煤样的分形维数为 1.67～1.80，平均值为 1.76；饱水 3d 煤样的分形维数为 1.82～1.96，平均值为

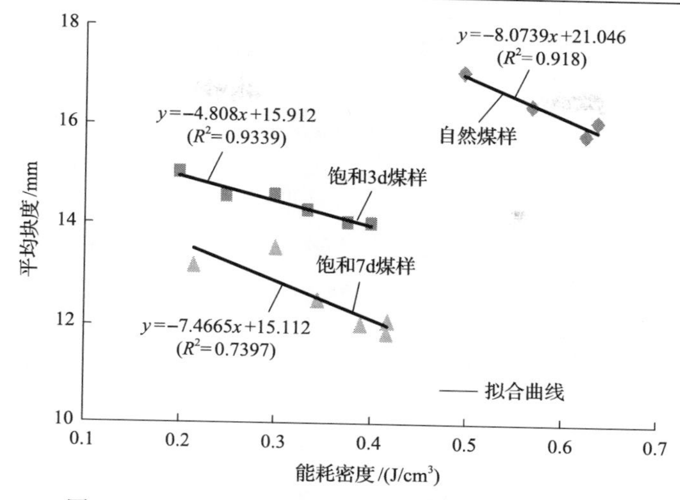

图 6-24　不同饱水状态煤样平均块度与能耗密度关系

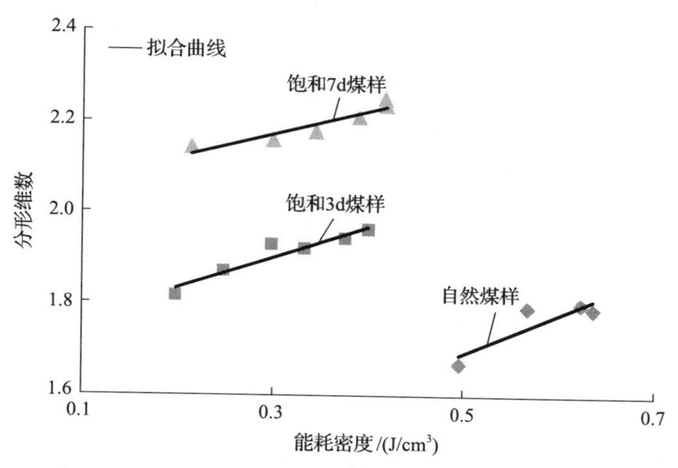

图 6-25　不同饱水状态煤样分形维数与能耗密度关系

1.91；饱水 7d 煤样的分形维数为 2.14～2.25，平均值为 2.20。相同能耗条件下，自然煤样平均分形维数小于饱水 3d 煤样和饱水 7d 煤样，饱水 7d 煤样平均分形维数与饱水 3d 煤样相比增加 15.18%。自然煤样、饱水 3d 煤样、饱水 7d 煤样的能耗密度与分形维数均呈正相关，二者具有良好的线性关系。煤样的分维数随着能耗密度的增加而提高，因煤样内部节理发育较多，呈现各向异性，煤样在饱水作用下，裂隙充水软化，使裂隙的承载能量降低，较小的能量使裂隙贯通、串接。动载冲击下，煤样破碎块度越小，分形维数越大。

将煤岩碎块看作同等体积的球体，煤岩破坏前后体积相等，假设破坏后形成 N 个等体积的碎块[24]，经推算新形成的裂隙面的表面能 E_s 为

$$E_{\mathrm{s}}=\left(\sum 4\pi r^{2}-2\pi RH-2\pi R^{2}\right)\gamma_{\mathrm{s}} \tag{6-20}$$

$$\sum \frac{4}{3}\pi r^{3}=\pi R^{2}H \tag{6-21}$$

式中，$r_{球}$ 为等效球体碎块的半径；R 为圆柱形试样的半径；H 为试样的高度；γ_{s} 为试样表面自由能，是指岩石每形成单位裂纹面积所需的能量，可表征材料抵抗裂纹扩展的能力，对于脆性材料，若测试用的试样满足一定的尺寸要求，则 γ_{s} 是材料常数。

假设破坏后形成 N 个等体积的碎块，那么，联立式(6-33)和式(6-34)，可以得到：

$$N=\frac{\left(E_{\mathrm{s}}/\gamma_{\mathrm{s}}+2\pi RH+2\pi R^{2}\right)^{3}}{36\pi^{3}R^{4}H^{2}} \tag{6-22}$$

考虑实验室试验中采用的试样尺寸为 $\phi 50\mathrm{mm}\times 100\mathrm{mm}$，即 R=25mm，H=100mm，并考虑具有不同抵抗裂隙扩展能力的岩石，γ_{s} 分别取为 0.25mJ/mm^2、1.25mJ/mm^2、2.25mJ/mm^2，依据式(6-35)可知试样耗散能与等效碎块数量的关系，如图 6-26 所示。

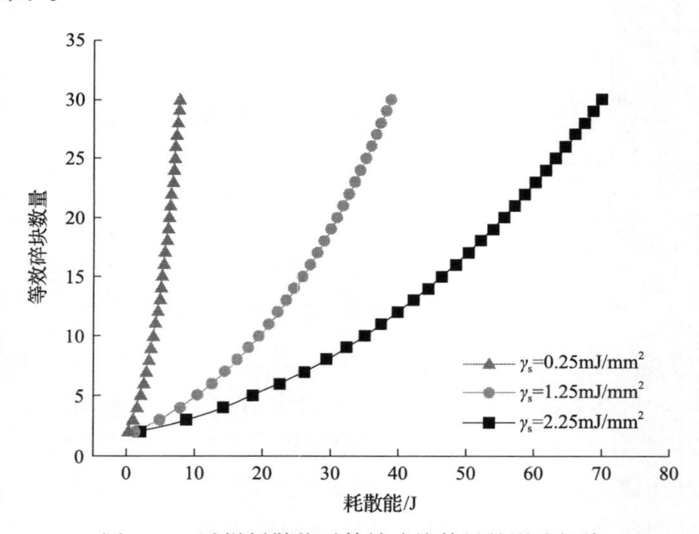

图 6-26　试样耗散能对等效碎块数量的影响规律

从图 6-26 可以看出，试样损伤变形中耗散能越多，失稳破坏后产生的等效碎块数量越多，碎块尺寸越小；若 γ_{s} 越大，即试样抵抗裂纹扩展的能量越强，内部能量越难转化成裂隙或孔隙扩展的表面能，也便难以形成更多的碎块。因此，试样破坏失稳过程中耗散能越大，试样的破碎块度分形维数越大。

实验室试验也进一步证明了岩石破碎块度与能量耗散的相关特征，对岩石破坏失稳能量耗散和破碎块度关系进行了单轴压缩试验[33]，加载采用位移控制，加载速率为 1×10^{-3}mm/s。将岩石失稳破坏归纳为8种不同形式，在加载过程中试样能量耗散越大，破坏后所形成的碎块越多，尺寸越小，从单一破裂面到岩石分成两块再到呈粉末碎屑状破坏，说明能量耗散对岩石破碎块度具有决定性作用。图6-27为花岗岩单轴压缩破坏形态，表6-4为岩石压缩破坏形态与岩石吸收能量的关系。

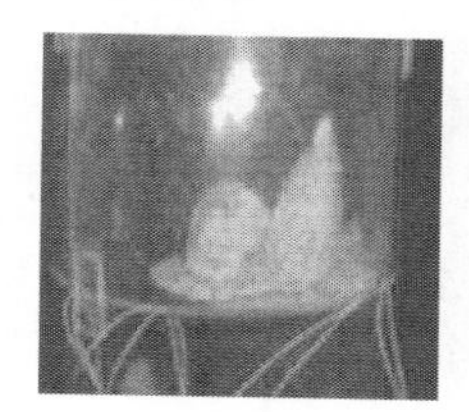
(a) 1L1，大碎块状(e=0.45mJ/mm^3)

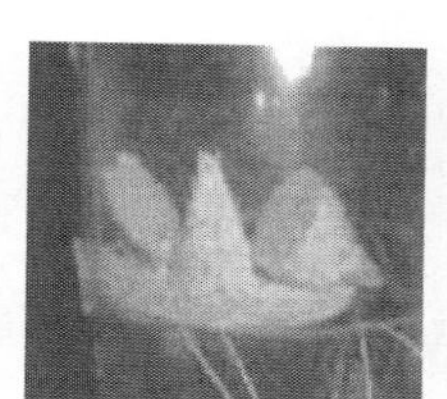
(b) 1L2，大碎块状(e=0.49mJ/mm^3)

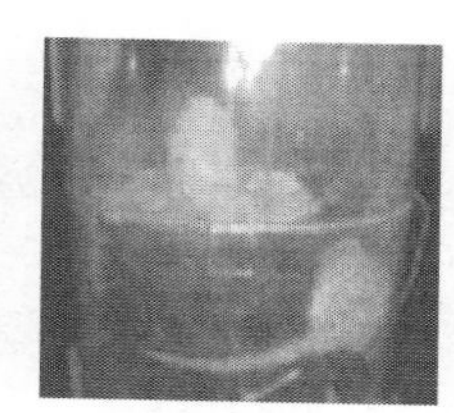
(c) 1L3，大碎块状(e=0.46mJ/mm^3)

(d) 1M1，粉碎状(e=0.68mJ/mm^3)

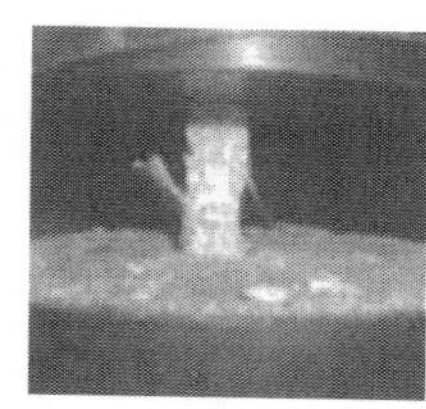
(e) 1S1，小碎块状(e=0.51mJ/mm^3)

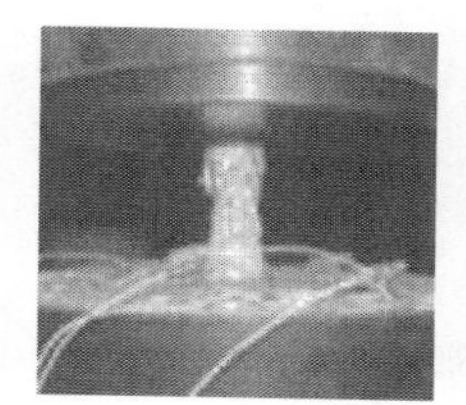
(f) 1S2，小碎块状(e=0.61mJ/mm^3)

(g) 1S3，小碎块状(e=0.56mJ/mm^3)

(h) 1M2，粉碎状(e=0.86mJ/mm^3)

图6-27　花岗岩单轴压缩破坏形态

e-单位体积吸收能量

表6-4　岩石压缩破坏形态与岩石吸收能量的关系

岩样	抗压强度 σ_c/MPa	极限应变 $\varepsilon_c/10^{-6}$	外载总功 W/J	单位体积吸收能量 e/(mJ/mm^3)	破坏形态	
					类型	特征描述
花岗岩1M2	199	2019	189.74	0.86	粉碎状	破坏以粉末状碎屑为主
花岗岩1M1	187	3317	167.79	0.68	粉碎状	
花岗岩1S2	201	4357	23.36	0.61	小碎块状	破坏后形成小岩块及大量碎屑
花岗岩1S3	210	3807	23.03	0.56	小碎块状	
花岗岩1S1	193	4061	21.39	0.51	小碎块状	
花岗岩1L2	182	3310	169.55	0.49	大碎块状	破碎后形成大岩块及大量碎屑
花岗岩1L3	209	4486	216.56	0.46	大碎块状	
花岗岩1L1	195	3380	192.23	0.45	大碎块状	

注：外载总功 W 及单位体积吸收能量 e 采用压缩破坏时的临界失稳点作为积分终点进行计算。

参 考 文 献

[1] DegGroot S R, Mazur P. 非平衡态热力学[M]. 陆全康, 译. 上海: 上海科学技术出版社, 1981.

[2] 李如生. 非平衡态热力学和耗散结构[J]. 北京: 清华大学出版社, 1986.

[3] 马本堃, 高尚惠, 孙煜. 热力学与统计物理学[M]. 北京: 人民教育出版社, 1980.

[4] 赵忠虎, 谢和平. 岩石变形破坏过程中的能量传递和耗散研究[J]. 四川大学学报, 2008, 40(2): 26-31.

[5] 郑在胜. 岩石变形中的能量传递过程与岩石变形动力学分析[J]. 中国科学 B 辑, 1990, (5): 524-537.

[6] 高文学, 刘运通. 冲击载荷作用下岩石损伤的能量耗散[J]. 岩石力学与工程学报, 2003, 22(11): 1777-1780.

[7] 平琦. 砂岩动静态拉伸力学性能试验与对比分析[J]. 地下空间与工程学报, 2013, 8(2): 246-252, 290.

[8] 谢和平, 鞠杨, 黎立云. 基于能量耗散与释放原理的岩石强度与整体破坏准则[J]. 岩石力学与工程学报, 2005, 24(17): 3003-3010.

[9] 黎立云, 徐志强, 谢和平, 等. 不同冲击速度下岩石破坏能量规律的实验研究[J]. 煤炭学报, 2011, 36(12): 2007-2011.

[10] 彭润东, 谢和平, 鞠杨. 砂岩拉伸过程中的能量耗散与损伤演化分析[J]. 岩石力学与工程学报, 2007, 26(12): 2526-2531.

[11] 谢和平, 彭瑞东, 鞠杨. 岩石变形破坏过程中的能量耗散分析[J]. 岩石力学与工程学报, 2004, 23(21): 3565-3570.

[12] 殷志强. 高应力储能岩体动力扰动破裂特征研究[D]. 长沙: 中南大学, 2011.

[13] 谢和平. 分形岩石力学[M]. 北京: 科学出版社, 1996.

[14] 张济忠. 分形[M]. 北京: 清华大学出版社, 1995.

[15] 傅晏. 干湿循环水岩相互作用下岩石劣化机理研究[D]. 重庆: 重庆大学, 2010.

[16] 谢和平, 高峰, 周宏伟, 等. 岩石断裂和破碎的分形研究[J]. 防灾减灾工程学报, 2003, 3(4): 1-9.

[17] 李功伯, 陈庆寿, 徐小荷. 分形与岩石破碎特征[M]. 北京: 地震出版社, 1997.

[18] 何满潮, 杨国兴, 苗金丽, 等. 岩爆试验碎屑分类及其研究方法[J]. 岩石力学与工程学报, 2009, 28(8): 1521-1529.

[19] 高峰, 谢和平, 赵鹏. 岩石块度分布的分形性质及细观结构效应[J]. 岩石力学与工程学报, 1994, 13(3): 240-246.

[20] 李夕兵, 古德生. 岩石冲击动力学[M]. 长沙: 中南工业大学出版社, 1994.

[21] Zhang Z X, Kou S Q, Jiang L G, et al. Effects of loading rate on rock fracture: racture characteristics and energy partitioning[J]. International Journal of Rock Mechanics and Mining Sciences, 2000, 37(5): 745-762.

[22] 宫凤强, 李夕兵, 刘希灵, 等. 一维动静组合加载下砂岩动力学特性的试验研究[J]. 岩石力学与工程学报, 2010, 29(10): 2076-2085.

[23] 平琦. 煤矿深部岩石动态力学特性试验研究及其应用[D]. 淮南: 安徽理工大学, 2013.

[24] 张志镇. 岩石变形破坏过程中的能量演化机制[D]. 徐州: 中国矿业大学, 2013.

[25] 赵忠虎, 鲁睿, 张国庆. 岩石失稳破裂的能量原理分析[J]. 金属矿山, 2006, (10): 17-21.

[26] 彭瑞东, 谢和平, 周宏伟. 岩石变形破坏过程的热力学分析[J]. 金属矿山, 2008, (3): 61-65.

[27] 赵忠虎, 鲁睿, 张庆. 岩石破坏全过程中的能量变化分析[J]. 矿业研究与开发, 2006, 26(5): 8-11.

[28] 张晖辉, 刘峰, 常福清. 岩石损伤破坏过程声发射试验及其能量特征分析[J]. 公路交通科技, 2011, 28(3): 48-54.

[29] 刘向峰, 汪有刚. 声发射能量累积与煤岩损伤演化关系初探[J]. 辽宁工程技术大学(自然科学版), 2011, 30(1): 1-4.

[30] 余为, 缪协兴, 茅献彪, 等. 岩石撞击过程中的升温机理分析[J]. 岩石力学与工程学报, 2005, 24(9): 1535-1538.

[31] 姜耀东, 赵毅鑫, 刘文岗, 等. 煤岩冲击失稳的机制和试验研究[M]. 北京: 科学出版社, 2009.

[32] 刘晓辉, 张茹, 刘建峰. 冲击加载下煤岩破碎块度与耗能关系的试验研究[J]. 中国煤炭, 2014, 6: 45-49.

[33] 谢和平, 彭瑞东, 鞠杨, 等. 岩石破坏的能量分析初探[J]. 岩石力学与工程学报, 2005, 24(15): 2603-2608.